广东省社会科学院
广东海洋史研究中心　主 办

中文社会科学引文索引（CSSCI）来源集刊

【第十四辑】

海洋史研究

Studies of Maritime History Vol.14

李庆新 / 主编

SSAP 社会科学文献出版社
SOCIAL SCIENCES ACADEMIC PRESS (CHINA)

《海洋史研究》学术委员会

目　录

专题论文

学术述评

专题论文

海洋史研究（第十四辑）
2020 年 1 月　第 3～14 页

论希腊化时期罗德岛海上势力的兴衰

徐松岩　李 杰*

从公元前 4 世纪末叶到前 2 世纪中叶，在东地中海历史上，罗德岛战略地位甚为重要，由于地处希腊化三大王国之间，一直是三国垂涎的海上要地，加上海盗活动日益猖獗，罗德岛的生存和发展时常面临严重威胁。现代研究者往往笼统地强调罗德岛与外部敌对势力的斗争，但对于斗争的过程以及对罗德岛国力兴衰的具体影响则有待于深入探析。在与马其顿、塞琉古和海盗集团等势力的互动与博弈中，这些外部因素一方面刺激罗德岛，使其海权意识增强，从而推动其海上势力的发展；另一方面又成为其对外政策制定和实施的出发点。笔者拟主要以古典史料为依据，着重从罗德岛与外部势力互动、博弈的视角，探究其海上势力的兴衰及其原因。

一　罗德岛海上势力发展概况

据考证，希腊黑暗时代晚期，多利亚人移居罗德岛（指岛屿），先后建立三个城邦：林多斯（Lindus）、雅丽索斯（Ialysus）和卡米洛斯

* 徐松岩，西南大学历史文化学院、希腊研究中心教授；李杰，西南大学历史文化学院研究生。
本文是重庆市研究生科研创新项目“罗马与海盗：共和时期罗马海上势力的发展”（CYS18101）阶段性研究成果。

(Camirus)。古风时代，这三个城邦由僭主统治，公元前 490 年臣服于波斯。公元前 478 年，它们加入提洛同盟，遂成为雅典的属国，公元前 412/411 年，与开俄斯等邦一起，反抗雅典的统治，投向斯巴达。公元前 408/407 年，可能出于安全和商业上的考虑，三个城邦宣布联合，史称罗德岛国[①]。公元前 4 世纪初期，罗德岛建立民主制，把城邦居民编入德莫（村社）。马其顿王国兴起并征服希腊后，罗德岛一度受制于亚历山大。

亚历山大逝世后，“继业者之战”遂起，罗德岛趁机独立。之后，“继业者”们纷纷兴建新城，建立各自的政治中心。许多东方城市的新建或重建，使东地中海的贸易趋于繁荣，[②] 罗德岛趁势发展。至公元前 2 世纪中叶，其海上势力的发展达到极盛，成为爱琴海乃至整个地中海地区重要的海运中心和海上强国，同时亦成为影响希腊化诸王国之间、罗马和希腊化诸国之间博弈的重要因素。罗德岛的海上势力在政治、经济和军事层面均有所发展。

其一，就政治层面而言，罗德岛实行中立政策，凭借雄厚实力和良好声誉，多次出任“仲裁者”角色，[③] 不仅是诸希腊化王国拉拢的对象，[④] 还是希腊化三大强国矛盾冲突的“缓冲阀”、海上城邦独立自由的“捍卫者”。从公元前 3 世纪到前 2 世纪中叶，罗德岛多次调解各国冲突，如在拜占庭冲突期间，罗德岛在托勒密和塞琉古之间斡旋，成功地劝服托勒密释放安德罗玛科斯（Andromachos，塞琉古王子）[⑤]；第四次叙利亚战争期间，安条克三

---

① 英文文献中的“Rhodes”一词有地域观念的“罗德岛”和国家观念的“罗德岛国”两种含义。本文所说“罗德岛”，如未另加说明，皆指罗德岛国。

② Michael I. Rostovtzeff, “The Hellenistic World and Its Economic Development,” *The American Historical Review*, vol. 41, no. 2 (Jan., 1936), p. 236.

③ 一个国家或个人能否成为仲裁者，依据的主要条件便是其声誉，仲裁者的声誉越高，其仲裁结果越有说服力，罗德岛因其良好声誉，成为希腊城邦中最负盛名的仲裁者。参见 Sheila L. Ager, *Interstate Arbitrations in the Greek World, 337 – 90 B. C.*, Berkeley: University of California Press, 1996, p. 12。

④ Diodorus Siculus, *Library of History*, trans. Russel M. Geer, 20. 81；以下所引古典作品，凡未另注明者，皆据哈佛大学“洛易卜古典丛书”（“The Loeb Classical Library”）翻译。公元前 227/226 年，罗德岛发生地震灾害，希腊化王国和许多城邦纷纷援助，参见 Polybius, *The Histories*, trans. W. R. Paton, 1923, 5. 88 – 90. 4；Klaus Bringmann 认为，希腊化王国和希腊城邦之所以援助罗德岛，主要在于双方拥有共同的利益。参见 Klaus Bringmann, “The King as Benefactor: Some Remarks on Ideal Kingship in the Age of Hellenism,” in Anthony Bulloch et al eds., *Images and Ideologies: Self-Definition in the Hellenistic World*, Berkeley, Los Angeles and London: University of California Press, 1993, p. 13, p. 15。

⑤ Polybius, *The Histories*, trans. W. R. Paton, 1922, 4. 51. 1 – 6；托勒密，即托勒密埃及王国。

世进逼埃及，罗德岛应埃及请求，积极参与调停、仲裁；[1] 公元前 220 年到前 217 年，希腊爆发同盟战争（Social War），罗德岛担心马其顿王国趁势做大，便极力调停，促成和谈；[2] 第一次马其顿战争期间，罗德岛与托勒密、雅典等国一道再次参与调停，取得一些成果。[3] 罗德岛调停地区争端、维护区域和平，实质上是为了维护自身海运贸易的畅通，提升其在区域政治中的影响力。若其核心利益受到威胁，罗德岛亦不惜动用战争手段予以维护；公元前 220 年，拜占庭对穿过博斯普鲁斯海峡的船只征税，此举损害了包括罗德岛在内相关邦国的利益，一些城邦纷纷求助于罗德岛。罗德岛遂以海上诸邦领袖的身份，派遣使者前往拜占庭交涉，遭到拒绝后，领导海上诸邦向拜占庭宣战，同时使出外交手段从中斡旋，[4] 拜占庭被迫接受和谈，放弃之前的要求[5]。罗德岛对此次冲突强硬且灵活的处置，不仅维护了自身及其他城邦的海事利益，也借此巩固了其海上强国的地位，提升了在东地中海地区的政治影响力。

其二，就经济层面而言，罗德岛依凭其得天独厚的区位优势，大力发展海运贸易。罗德岛拥有数个天然良港，组建了一个大型奴隶市场。据狄奥多罗斯（Diodorus Siculus）记载，商人们时常往返于罗德岛和埃及之间，罗德岛为此获利丰厚，埃及已然成其最重要的贸易伙伴之一。[6] 从公元前 3 世纪开始，随着埃及海上势力的衰落，罗德岛继而成为东地中海地区的海运中心，尤其在马其顿衰败之后，其海运中心地位更为稳固，加上有罗马庇护，罗德岛贸易航线四通八达，其商人的踪迹东到叙利亚、腓尼基、奇里乞亚和潘菲利亚，西到西班牙、非洲和高卢，东北至克里米亚的希腊城市，北及喀尔巴阡山区。[7]

---

① Polybius, *The Histories*, trans. W. R. Paton, 1923, 5. 63.

② Polybius, *The Histories*, trans. W. R. Paton, 1923, 5. 100. 9 – 11.

③ Livy, *Roman History*, trans. F. G. Moore, 1943, 27. 30. 3 – 5.

④ Richard M. Berthold, *Rhodes in the Hellenistic Age*, Itiiaca and London: Cornell University Press, 1984, pp. 95 ~ 96.

⑤ Polybius, *The Histories*, trans. W. R. Paton, 1922, 4. 51. 5 – 52. 9.

⑥ Diodorus Siculus, *Library of History*, trans. Russel M. Geer, 20. 81. 4.

⑦ Michael I. Rostovtzeff, "The Hellenistic World and Its Economic Development," p. 242; Lionel Casson, "The Grain Trade of the Hellenistic World," p. 172；随着埃及在爱琴海海权的衰落，罗德岛继而兴起，成为爱琴海地区的海运中心。罗德岛的陶罐遍布希腊海岸，这充分表明罗德岛海运贸易曾经的兴盛局面。参见 Vit Bubenik, *Hellenistic and Roman Greece as a Sociolinguistic Area*, Amsterdam and Philadelphia: John Benjamings Publishing Company, 1989, p. 52；在亚历山大里亚所发现的双耳陶罐中，来自罗德岛的陶罐就占据 5/6；此外，在雅典等地也发现许多来自罗德岛的双耳陶罐。参见 François Chamoux, *Hellenistic Civilization*, trans. Michel Roussel, Blackwell Publishing Company, 2002, pp. 311 – 312.

除了保卫本国海运贸易的安全外，罗德岛海军也为他国海运护航，从中获取酬金。公元前178年，罗德岛应帕尔修斯的请求，派遣一支舰队护送其新娘（塞琉古四世的女儿）前往马其顿，获得不菲的酬金。[①] 此外，罗德岛颁布《罗德岛法》作为海运航行的准则，此法令得到东地中海所有商人的遵守，[②] 为后来罗马的海商法和拜占庭帝国的《罗德海商法》（*Rhodian Sea Law*）的形成奠定了基础。罗德岛打击海盗雷厉风行，从而赢得了“商人之友”的美称。[③]

其三，就军事层面而言，罗德岛融合希腊三列桨战舰和海盗的二列桨希米奥里亚战船的优点，造出三列桨希米奥里亚战舰；此种战舰机动性较强，成为罗德岛海军的主力战舰。从古代史家的记载中，尚难以确定罗德岛战舰的总数，但亦可一窥其非凡的海军实力。据波利比阿（Polybius）记载，在第二次马其顿战争前夕的一次海战中，罗德岛以损失3艘战舰的微小代价，击沉马其顿大小舰船50艘，俘获7艘舰船及其船员，重创马其顿海军。无怪乎波利比阿称罗德岛为“海洋事务的主宰”。[④] 据斯特拉波（Strabo）记载，罗德岛大力建造兵工厂，制造各式武器设备，尤其对造船厂的管理甚为严密；他认为罗德岛在很长一段时期内控制着海洋。[⑤] 实际上，从公元前3世纪末叶至前2世纪中叶，罗德岛在很大程度上掌握了爱琴海地区的制海权，其强大海军既是打击海盗和维护海运安全的重要保障，也是制服他国和海上扩张的坚实后盾。

二　与列强博弈中不断壮大海上势力

从公元前4世纪末叶到前2世纪中叶，罗德岛逐渐从一个弹丸岛国崛起而成为爱琴海地区的海上霸主，掌握爱琴海制海权达半个多世纪。罗德岛的海上势力实际上是在与外部诸强的互动、博弈中发展起来的。

其一，德米特留围攻战对罗德岛海上势力的发展影响深远。公元前306

---

① Polybius, *The Histories*, trans. W. R. Paton, 1926, 25. 4. 8 ~ 10; Appian, *Roman History*, trans. , Horace White, 1912, Macedonian affairs, 11. 2.

② Michael I. Rostovtzeff, “The Hellenistic World and its Economic Development,” p. 242.

③ Diodorus Siculus, *Library of History*, trans. Russel M. Geer, 20. 81. 3 – 4; Pilip de Souza, *Piracy in the Graeco-Roman World*, New York: Cambridge University Press, 1999, p. 49.

④ Polybius, *The Histories*, trans. W. R. Paton, 1922, 4. 47. 1.

⑤ Strabo, *The Geography of Strabo*, trans. H. L. Jones, 1929, 14. 2. 5.

年，马其顿王子德米特留奉其父安提柯之命，派遣使者前往罗德岛，要求罗德岛与其缔结盟约，提供战舰，共同对抗托勒密；在遭到罗德岛断然拒绝后，德米特留便决定对其用兵。公元前305年，他率领庞大舰队（包括200余艘战舰和170多艘运输船）围攻罗德岛，岛上军民同仇敌忾；在托勒密、卡山德等外部势力的援助下，[①] 德米特留围攻一年未果，损失惨重，只能撤离，罗德岛这一蕞尔小国抵挡住了强大的安提柯势力。

这场战役对罗德岛海上势力的崛起意义重大。第一，战争的胜利既向外界表明罗德岛保持中立政策的可行性，[②] 也体现了其维护国家独立的能力和决心，增强了其当政者与军民对于中立政策的自信心。第二，战争的胜利巩固了罗德岛的独立地位，提升了其国家声誉。在某种意义上，德米特留围攻战是罗德岛历史发展的转折点，[③] 标志着罗德岛开始从默默无闻的岛国转变为爱琴海上重要的政治力量。第三，战争的经验教训对罗德岛之后发展海军的政策意义深远。在战争中，罗德岛海军实力有限，但作战勇敢、策略得当，起了关键作用。[④] 有学者指出："德米特留的失败主要在于无法封锁罗德岛的港口，切断其与外部的联系……"[⑤] 事实上，罗德岛此后建设强大海军、发展海运贸易的国策，与此战的经验、教训不无关系。第四，此战争激发了罗德岛军民的爱国热忱，增强了国家的凝聚力，实现空前团结。[⑥] 第五，在某种程度上，此战推动了东地中海地区三足鼎立局面的形成，为罗德岛发展海上势力提供了相对稳定的国际环境。德米特留本欲攻占罗德岛，扩大海军实力，借以对抗托勒密，但围攻战的失败重挫了安提柯的锐气，打乱了德米特留的战略构想。战后，双方虽签订盟约，但前提是不联手对付托勒密，[⑦]

① Diodorus Siculus, *Library of History*, trans. Russel M. Geer, 1954, 20.88.7-9, 20.96.1-3.

② Richard M. Berthold, *Rhodes in the Hellenistic Age*, p. 79.

③ Richard M. Berthold, *Rhodes in the Hellenistic Age*, p. 80.

④ Diodorus Siculus, *Library of History*, trans. Russel M. Geer, 20.93.2-5, 20.97.3-6; Plutarch, *Lives*, *Demetrius*, trans. Bernadotte Perrin, 1920, 22.1.

⑤ Richard M. Berthold, *Rhodes in the Hellenistic Age*, p. 78.

⑥ Diodorus Siculus, *Library of History*, trans. Russel M. Geer, 20.98.4-9, 20.84.2-5；决战之前，不愿参与守城的外族人遭到驱逐，阵亡将士的孩子得到安置，愿意参与守城的奴隶得到释放，其他罗德岛人或负责后勤保障，或操作战舰，或为轻装步兵。斯特拉波认为，罗德岛政府很关心平民，所以得到人们拥护，战时不缺乏人力，参见 Strabo, *The Geography of Strabo*, trans. H. L. Jones, 1929, 14.2.5。

⑦ Diodorus Siculus, *Library of History*, trans. Russel M. Geer, 20.99.1-3; Plutarch, *Lives*, *Demetrius*, trans. Bernadotte Perrin, 1920, 22.4.

由此推动了马其顿、托勒密和塞琉古三足鼎立局面的形成。

其二，海盗行为对罗德岛海上势力的发展有特殊的意义。一方面，与海盗的博弈促进了罗德岛海洋意识的增强，推动了其国家机器的完善和海上势力的发展。在反海盗过程中，罗德岛加强了对海洋的管控，包括颁布有关航运准则的《罗德岛法》以及建立军港、训练海军、完善战舰装备。尤其值得一提的是，为了打击海盗行为，罗德岛综合海盗的二列桨希米奥里亚战船和希腊三列桨战舰的优点，造出三列桨希米奥里亚战舰，此种战舰轻巧快捷，成为罗德岛海军的主力战舰，亦是其掌控爱琴海制海权的重要利器。另一方面，罗德岛以打击海盗为“政治宣传”口号，为发展海上势力提供了道义上的依据。在对外战争中，罗德岛往往树起反海盗大旗，污化对手，聚拢势力，其中最为典型的例子当为其对克里特岛上几个城邦的战争。公元前3世纪末叶，马其顿国王腓力五世鼓励克里特部分地区实施劫掠，爱琴海诸岛国受到威胁，罗德岛遂以此为理由，聚集同盟的力量，予以打击，结果克里特海盗纷纷投降，希拉皮特那（Hierapytna）等城邦也被迫与罗德岛签订不平等的互助条约，罗德岛至此控制了爱琴海地区的海盗行为，并将其势力扩展至克里特岛一带。

其三，在与希腊化诸国和各城邦的互动博弈中，罗德岛秉持中立政策，但又总会予以灵活变通、适时调整，为罗德岛海上势力发展提供政策保障。一方面，罗德岛奉行中立政策，竭力在大国之间寻求平衡。由于其地处希腊化三大王国之间，与任何一国结盟都意味着要得罪另一国甚至另外两国，如若处置不当，便有可能引来灭顶之灾，因而罗德岛以“仲裁者”身份自居，逐渐成为爱琴海诸岛国的“海上领袖”。另一方面，在其核心利益受到大国威胁时，它又适时调整战略，借助他国势力予以抗衡。它在第二次马其顿战争和安条克战争时期的政策调整可以为证。公元前3世纪末叶，马其顿先鼓动克里特部分城邦实施海盗劫掠，后又与塞琉古密谋，意欲东西并进，瓜分埃及领土，致使罗德岛的国家安全受到重大威胁。为了维护自身利益，罗德岛明知引入罗马势必会使东地中海局势愈加复杂，但还是采取务实政策，向罗马求援，这正印证了贝特霍尔德（Richard M. Berthold）的看法：“维持均势并非罗德岛的目的，而仅仅是达到最终目的的手段，其最终目的便是维护和促进商业贸易、国际影响以及独立与安全。”[1] 之后，在罗马干预下，

① Richard M. Berthold, “The Rhodian Appeal to Rome in 201 B. C.,” *The Classical Journal*, vol. 71, No. 2 (Dec., 1975 - Jan., 1976), pp. 106 - 107.

克里特的海盗纷纷投降，罗德岛基本上清除了爱琴海地区的海盗。随后，罗德岛与罗马、帕加马联合对抗马其顿。马其顿大败后，罗德岛不仅获得尼西罗斯（Nisyrus）、佩里亚（Peraea）等土地，而且建立了以自己为盟主的“海上联盟”（Nesiotic League），将爱琴海岛国大都置于自己的掌控之下。[①]第二次马其顿战争的结束，标志着罗德岛将在地中海发挥更大的仲裁者作用。[②] 公元前2世纪初，安条克三世意欲西进，复兴塞琉古王国，罗德岛再遭威胁，它随即调整战略，凭借罗马之力予以抗衡，塞琉古惨败，安条克三世被迫接受《阿帕米亚和约》（“Treaty of Apamea”），凭借战争中的突出表现，罗德岛获得吕西亚和卡里亚南部地区，其势力达到极盛。

从公元前3世纪末叶到前2纪中叶，罗德岛成为爱琴海海上势力中心。政治上，罗德岛既是爱琴海诸岛国的领袖、东地中海的海上霸主，对于诸希腊化王国之间、罗马和希腊化势力之间的博弈也时常产生重要影响；经济上，罗德岛海运贸易四通八达，继埃及之后，成为东地中海甚至整个地中海地区的海运中心；军事上，罗德岛注重海军建设，掌握了爱琴海地区的制海权。但第三次马其顿战争后，罗德岛海上势力日渐衰微，沦为罗马东扩的工具。

三 罗马的敌视与罗德岛的式微

第三次马其顿战争前夕，腓力五世之子帕尔修斯在东地中海地区不断扩充实力，此事引起罗马担忧；在帕加马的吁请下，罗马进入希腊，第三次马其顿战争爆发，结果帕尔修斯战败，马其顿被肢解。战后，罗马对罗德岛在战争中犹豫观望的态度甚为不满，对其实施严厉的惩罚：剥夺所属地卡里亚、吕西亚的土地；免费开放提洛岛；向罗德岛课以重税。

罗马的敌视态度、惩罚措施致使罗德岛国力日益衰落。就政治层面而言，有如下影响。其一，罗马剥夺卡里亚、吕西亚等地的举措，无疑使罗德岛在小亚细亚大陆上的政治影响力遭到毁灭性打击。[③] 其二，与罗马交恶致使罗德岛国内外生存环境急剧恶化；第三次马其顿战争后，正当罗德岛派遣

---

① Richard M. Berthold, *Rhodes in the Hellenistic Age*, p. 142.

② Sheila L. Ager, “Rhodes: The Rise and Fall of a Neutral Diplomat,” *Historia: Zeitschrift für Alte Geschichte*, Bd. 40, H. 1 (1991), p. 23.

③ Richard M. Berthold, *Rhodes in the Hellenistic Age*, pp. 202 – 203.

使者前往意大利谋求罗马谅解之际，考努斯（Caunus）的附属城市发生叛乱，与此同时，米拉萨（Mylasa）和阿拉班达（Alabanda）攻击罗德岛的北部领土，占据了欧洛姆斯（Euromus）的众多城市。[①] 罗德岛虽平定了这些动乱，但无疑付出了巨大代价。其三，在某种意义上，罗德岛逐步沦为罗马的附属国。罗马的敌视态度致使罗德岛深感不安，多次遣使向罗马示好，请求加盟，[②] 罗马最后虽同意其加盟，但所谓“加盟”意味着其独立地位基本丧失[③]。就经济层面而论，卡里亚、吕西亚等地的暴乱本已使罗德岛遭受了重大的经济损失，而罗马的经济制裁更使其雪上加霜。公元前 167 年，罗马免费开放提洛岛港口，大批商船从罗德岛转停提洛岛，罗德岛的港口税收骤减，从之前的 100 万德拉克马锐减到 15 万德拉克马，同时罗马向罗德岛课以重税。这些举措终致罗德岛财政拮据，难以维持庞大海军，更无法镇压海盗。[④] 罗德岛的海上势力从此逐渐衰败。公元前 155 年到前 153 年，罗德岛在第二次克里特战争中遭到惨败。[⑤] 之后，罗德岛逐渐沦为罗马进一步东扩的工具，在罗马打击米特拉达梯、剿灭海盗的过程中效力。公元 43 年，罗德岛正式被罗马吞并。

至于罗马为何严惩罗德岛，国外学者有多种解析。[⑥] 事实上，罗马之所以如此，主要是从公元前 2 世纪初开始，双方利益冲突所致。

---

① Strabo, *The Geography of Strabo*, trans. H. L. Jones, 1929, 14. 2. 3; Livy, *Roman History*, trans. Alfred C. Schlesinger, 1951, 45. 25. 11 – 13; Polybius, *The Histories*, trans. W. R. Paton, 1927, 30. 5. 11 – 15.

② Polybius, *The Histories*, trans. W. R. Paton, 1927, 30. 5. 1 – 4, 30. 19. 14 – 16, 30. 21. 1 – 2; Livy, *Roman History*, trans. Alfred C. Schlesinger, 1951, 45. 25. 4 – 7; Diodorus Siculus, *Library of History*, trans. F. R. Walton, 1957, 31. 5. 1 – 2b.

③ 参见 FranÇois Chamoux, *Hellenistic Civilization*, trans. Michel Roussel, Blackwell Publishing Company, 2002, pp. 118 – 119。

④ Polybius, *The Histories*, trans. W. R. Paton, 2012, 30. 31. 7 – 13; M. Grant and R. Kitzinger, *Civilization of the Ancient Mediterranean: Greece and Rome*, New York: Charles Scribner's Sons, 1988, p. 841.

⑤ Diodorus Siculus, *Library of History*, trans. F. R. Walton, 1957, 31. 43 – 45; Polybius, *The Histories*, trans. W. R. Paton, 2012, 33. 17.

⑥ Helmut Koester 认为，罗马惩罚罗德岛，很大程度上是出于经济动因。他认为，罗马元老院受到商业游说集团的强大压力，所以向罗德岛施压，要求对方放弃对小亚细亚大陆土地的所有权，并严格限制贸易活动，以便符合罗马人占主导地位的提洛岛的利益。参见 Helmut Koester, *History, Culture and Religion of the Hellenistic Age*, New York and Berlin: Walter De Gruyter, 1995, p. 19; Sheila L. Ager 认为，罗马惩罚罗德岛主要是出于政治动机。他认为，马其顿和塞琉古衰败之后，罗德岛对于罗马而言，已不再具有之前的价值。参见 Sheila L. Ager, *Interstate Arbitrations in the Greek World, 337 – 90 B. C.* , pp. 336 – 337。

第一，二者嫌隙由来已久。吕西亚叛乱和罗德岛护送帕尔修斯新娘之事，导致双方产生隔阂。吕西亚地区原为安提柯三世控制，公元前189年，随着安提柯战败，罗马将其赠予罗德岛，吕西亚对此大为不满，遣使向罗马申诉，罗马为了安抚双方，并未在此问题上强硬表态，只声称吕西亚应“作为礼物”赠予罗德岛，但双方都对此说法做出有利于自己的阐释：吕西亚人声称获得了自由，罗德岛人则宣称吕西亚归属于自己。[①] 由此，吕西亚发生叛乱，而罗马并未给罗德岛以支持。公元前178年，罗德岛历时十年，耗资巨大，终于镇压了叛乱，但就在这一年，罗德岛应帕尔修斯的请求，派遣一支舰队护送其新娘前往马其顿，[②] 此举可能引发了罗马的疑虑和不满。[③] 此时，恰逢吕西亚再度遣使向罗马元老院申诉，声称本国遭到罗德岛的残酷虐待，罗马便借机宣称：吕西亚不应被作为臣民遭受虐待，而应该将其视为朋友和同盟者。[④] 罗马的声明无疑是引发冲突的诱因；不久，吕西亚再度叛乱，并得到帕加马国王欧麦尼斯（Eumenes）的积极支持，罗德岛无视罗马声明，出兵镇压。罗马开始怀疑罗德岛的企图和“忠心”，罗德岛则对罗马在吕西亚问题上反复无常的表态甚为不满，“反罗马”情绪渐生。[⑤]

第二，双方因政治利益发生冲突。第二次马其顿战争之前，罗马和罗德岛在抵制马其顿与塞琉古崛起、维持地中海均势等方面有着共同的利益；但

---

① Polybius, *The Histories*, trans. W. R. Paton, 1926, 22.5.1 - 8.

② Polybius, *The Histories*, trans. W. R. Paton, 1926, 25.4.8 - 10; Appian, *Roman History*, trans., Horace White, 1912, Macedonian affairs, 11.2.

③ Richard M. Berthold 认为，罗德岛护送帕尔修斯新娘一事引起了罗马的不满，罗马由此借吕西亚问题来警告罗德岛。参见 Richard M. Berthold, *Rhodes in the Hellenistic Age*, p.176; Peter Derow 认为，菲利普五世之后，帕尔修斯继位为马其顿国王，他与许多邦国建立了同盟关系，在爱琴海地区的影响力大增，成为爱琴海地区一支重要的势力，罗马对此甚为忧虑，而罗德岛护送帕尔修斯新娘一事更是直接触碰了罗马的敏感神经。参见 Peter Derow, "The Arrival of Rome: From the Illyrian Wars to the Fall of Macedon," in Andrew Erskine, eds., *A Companion to the Hellenistic World*, Blackwell Publishing Ltd, 2003, p.67。

④ Polybius, *The Histories*, trans. W. R. Paton, 1926, 25.4.1 - 7; Livy, *Roman History*, trans. Evan T. Sage and A. C. Schlesinger, 1938, 41.6.8 - 12; Appian, "Roman History," trans. Horace White, *The Mithridatic Wars*, 1912, 9.62. 很显然，罗马依据与罗德岛关系的亲疏变化，做出完全相异的表态，使自己成为罗德岛和吕西亚之间纠纷的仲裁者，而吕西亚实际上已成为罗马手中的一枚棋子。起初，罗马以牺牲吕西亚拉拢罗德岛，随后，在与罗德岛关系恶化时，又鼓动吕西亚“反叛”，借此惩罚、牵制罗德岛。参见 Sheila L. Ager, *Interstate Arbitrations in the Greek World, 337 - 90 B. C.*, pp.277 - 278。

⑤ Richard M. Berthold, *Rhodes in the Hellenistic Age*, p.178.

战后，尤其是《阿帕米亚和约》之后，地中海局势发生重大变化。其一，马其顿和塞琉古相继遭到削弱，埃及则由于内乱一蹶不振，而作为罗马战时盟友的罗德岛则获利甚多，不但获得大片海外领土，还巩固了在爱琴海地区的海上霸主地位，对外政策的独立意愿也变得更加强烈。其二，对罗马而言，战争的胜利激发了其进一步征服、扩张的欲望，对外政策变得更加蛮横[①]，对希腊事务大肆介入[②]，双方政治利益间接上发生冲突。在第三次马其顿战争中，双方的政策主张明显不同，罗马多次失利，几易主将，仍力图彻底打垮马其顿，维护自己的霸主地位，而罗德岛国内则出现分歧，[③] 加上吕西亚问题的影响，"反罗马"呼声渐起，部分官员试图抵制罗马东扩，维持地中海均势。笔者认为，罗马之所以削弱罗德岛，主要是因为罗德岛的均势政策已"变相阻碍"其东扩。此外，对罗德岛势力增长的担忧亦是罗马对其惩罚的重要动机。[④]

第三，双方经济利益的冲突。对罗德岛而言，四通八达的海运贸易一直是其海上势力赖以发展的基础，为了营造海运的安定环境，罗德岛一直以来极力维持地区和平，坚定奉行打击海盗的政策。但从公元前 2 世纪起，罗马扩张造成地中海局势十分混乱：其一，战争造成大量流民无家可归，流落海上；其二，罗马打垮了东地中海地区原有的政治势力之后，并未承担起维护

---

① 罗马在吕西亚问题上，完全以罗德岛和吕西亚之间纠纷的仲裁者自居，把吕西亚作为牵制罗德岛的工具。参见 Richard M. Berthold, *Rhodes in the Hellenistic Age*, pp. 174 – 176。

② 第二次马其顿战争中，埃及、罗德岛等国引入罗马以抑制马其顿和塞琉古的扩张势头。在一定程度上，罗马因此成了希腊城邦的"保护者"。从此，罗马大规模介入希腊事务，成为东地中海地区地缘政治中不可或缺的势力。参见 Arthur M. Eckstein, *Mediterranean Anarchy, Interstate War and the Rise of Rome*, Berkeley, Los Angeles and London: University of California Press, p. 306。

③ 对第三次马其顿战争的态度，罗德岛内部出现两种声音：其一，派兵支持罗马，对抗马其顿；其二，采取观望态度，试图从中调停。Erich S. Gruen 认为，罗德岛内部只是对两种外交策略的选择存在不同看法，而非在选择依附者方面有所冲突，两派本质上殊途同归，都是为了维护罗德岛的独立和稳定，而最后罗德岛执行的政策也恰好是两派折中的结果，即：有限支持罗马，试图从中调解。参见 Erich S. Gruen, "Rome and Rhodes in the Second Century B. C.: A Historiographical Inquiry," *The Classical Quarterly*, vol. 25, No. 1 (May, 1975), pp. 70 – 71。

④ Richard M. Berthold 认为，随着马其顿、塞琉古的衰败，罗马不再需要罗德岛、帕加马这些"二流国家"的好意，并可能将它们视为其东方秩序的威胁。参见 Richard M. Berthold, *Rhodes in the Hellenistic Age*, p. 205。第三次马其顿战争之后，罗马对帕加马也日益敌视，Peter Derow 认为，这是因为二者在某些方面产生冲突，尤其帕加马的崛起对罗马在东方的影响力有所冲击。参见 Peter Derow, "The Arrival of Rome: From the Illyrian Wars to the Fall of Macedon," in Andrew Erskine, eds., *A Companion to the Hellenistic World*, p. 69。

海域安全航行的责任，反而有意裁减海军、废弃军港。① 这些因素促使海盗活动东山再起，从而对罗德岛的海运贸易造成严重的负面影响。对罗马而言，罗德岛对东地中海海运贸易的垄断可能引发了罗马商人集团的嫉妒和不满，② 元老院受到商人阶层的压力，才对罗德岛施以严厉制裁。

罗马对罗德岛的削弱和压制并非偶然，而是双方矛盾长期集聚的结果。罗德岛在第三次马其顿战争中的态度，为罗马采取削弱行动提供了借口。二者关系的恶化，实质上反映了地中海霸主罗马与区域性海上霸主罗德岛的利益冲突，表明罗马对罗德岛的对外政策的不满和罗德岛对罗马扩张的忧虑。

罗德岛地处希腊化三大强国之间，时常遭受海盗袭扰，但不可忽视的是，罗德岛的海上势力恰恰是在与马其顿王国、塞琉古王国、海盗势力等外部势力的互动、博弈中逐步成长起来的。可以说，外部环境尤其外部敌对因素刺激了罗德岛海洋意识的觉醒，促进了其国家机器的发展与完善，推动了其海上势力的崛起。

但罗德岛自身国土面积狭小、国力有限，无法凭借一己之力与任何大国相抗衡，只能审时度势，借助外力谨慎周旋。在埃及、马其顿、塞琉古等势力纷纷衰败之后，罗德岛继而成为罗马东扩中的又一个障碍，最终难逃被征服的命运。

On the Rise and Fall of the Maritime Force of Rhodes during the Hellenistic Period

Xu Songyan, Li Jie

Abstract: Rhodes is the fourth largest island in the Aegean sea. In the history of ancient Mediterranean civilization, it is a maritime hub linking up Asia minor, the Greek mainland and Egypt. From the end of the fourth century BC, Rhodes, being among the three great hellenistic kingdoms, has been a strategic area coveted by several great powers. Increasingly active piracy has threatened the

① C. G. Starr, *The Infleunce of Sea Power on Ancient History*, New York: Oxford University Press, 1989, p. 61.

② Helmut Koester, *History, Culture and Religion of the Hellenistic Age*, p. 19.

survival and development of Rhodes. But the maritime force of Rhodes has developed gradually in the interaction with the foreign powers such as hellenistic kingdoms and the pirates. By the middle of the second century BC, Rhodes, following the kingdoms of Macedonia and Seleucid, was another obstacle to the eastward expansion of Rome. Owing to Rome's sanctions, Rhodian maritime force fell gradually.

Keywords: Hellenistic Period; Rhodes; Maritime Force; the Siege of Demetrius; Piracy

（执行编辑：徐素琴）

海洋史研究（第十四辑）
2020 年 1 月　第 15～31 页

近代早期亚洲海域华人天主教徒的活动与角色

吕俊昌*

在亚洲海洋史、华人华侨及其社会网络的研究中，以往较多关注商业贸易层面，① 对宗教文化方面的关注相对集中于民间信仰层面，② 天主教领域的研究目前仍不多见。③ 中西交通史家方豪指出："明代天主教史之第一页，

* 吕俊昌，聊城大学历史文化与旅游学院讲师，太平洋岛国研究中心研究人员。
本文系山东省社会科学规划项目"宗教殖民与菲律宾华人的文化适应研究"（18CLSJ19）的阶段性成果。

① 相关研究众多，较有代表性的综合梳理参见钱江《古代亚洲的海洋贸易与闽南商人》，《海交史研究》2011 年第 2 期。

② 参见郑莉《明清时期海外移民的庙宇网络》，《学术月刊》2016 年第 1 期。

③ 张先清应是最早关注该议题的学者，他指出明末闽南人的贸易和儒学网络与天主教传播的紧密联系，以及华商与天主教之间的"互惠式"关系，不过其立足点及讨论重点在闽南，而非海外华人天主教徒群体；参见 Zhang Xianqing, "Trade, Literati and Mission: The Catholic Social Network in Late-Ming Southern Fujian," in M. Antoni J. Üçerler, S. J. eds., *Christianity and Cultures: Japan and China in Comparison*, 1543 - 1644, Rome: Institutum Historicum Societatis Iesu, c2009, pp. 169 - 199；张先清：《明末闽南天主教会的社会网络》，《小历史：明清之际的中西文化相遇》，商务印书馆，2015，第 61～84 页；张先清、牟军：《16、17 世纪的华南海商与天主教传播》，《学术月刊》2014 年第 11 期。李毓中则回顾了通晓葡语的华人通事个体的不同表现，强调他们是不同文化之间的"接触点"；参见李毓中《帝国接触"缝隙"中的"他者"：澳门学中的华人通事研究回顾》，澳门大学澳门研究中心编《全球视野下的澳门学》，社会科学文献出版社，2012，第 26～42 页。宾静则考察了 18 世纪清朝禁教时期，中国天主教徒在欧洲和东南亚地区进修的情况；参见宾静《清朝禁教时期华籍天主教神职人员的国外培养》，《世界宗教研究》2015 年第 6 期。

应始于中国人在海外之信教及外国教士向华侨之传教。此辈最早接受教义之华侨，散布于卧亚（即印度果阿，笔者注）、麻六甲（即满剌加）、安南、马尼拉等处；中国境内之最先奉教者，则为沿海之岛民。”① 16世纪后天主教的东传经过南亚、东南亚地区，从研究视野来看，此论断可谓极有见地。本文将在前人研究基础上，以近代早期（主要是16～18世纪）亚洲海域（东南亚及其周边地区）的华人天主教徒为对象，对这一跨域人群的活动与角色做进一步的探究，展示其被忽视或隐藏的身份，管中窥豹，以期对天主教传播史、华侨华人史、海洋史研究提供些许启示。

一 华人教士：传教事业的拓展者

历史上华人教徒很早就出现在南亚和东南亚地区。1510年，葡萄牙殖民者侵占印度沿海地区，建立了果阿等殖民据点，天主教会也随之展开传教活动，不久这里也有了华人教徒的身影。

这些华人很多是葡萄牙人收买的奴隶，教会希望将其中一些培养为传教士的助手以利其向中国传教。比如，一直陪伴在耶稣会士沙勿略（St. Francois Xavier）身边的华人教徒安多尼（Antonio de Santa Fe），据说：“在卧亚城公举的学生中，他是最有德行的。”② 方豪称这必是明末最早信教的华人之一。③ 安多尼在果阿学习拉丁语、葡语七八年后便协助沙勿略在上川岛向华人传教。1552年12月沙勿略在上川岛去世后，他于次年2月启程将沙勿略遗体护送至马六甲，接着在东南亚地区传教，1558年在果阿辅导望教生。④ 马来半岛地区很早就有华人移民在此进行商业贸易，1511年葡萄牙人占领马六甲，16世纪40年代葡萄牙探险家平托（Fernand Mendez Pinto）说在马六甲出现“葡国化的信徒”⑤。这表明当时马六甲已经有了华人天主教徒。16世纪末，马六甲有7400名天主教徒，其中存在一定比例的华人。⑥

---

① 方豪：《中西交通史》下册，上海人民出版社，2008，第480页。

② 裴化行（H. Bernard）：《天主教十六世纪在华传教志》，萧濬华译，商务印书馆，1937，第77页。

③ 方豪：《中国天主教史人物传》，宗教文化出版社，2007，第46页。

④ 金国平、吴志良：《谁是中国第一位天主教徒》，阎纯德主编《汉学研究》第8集，中华书局，2004，第353～362页。

⑤ 裴化行（H. Bernard）：《天主教十六世纪在华传教志》，第56页。

⑥ Robert Hunt etc. eds., *Christianity in Malaysia: A Denominational History*, Selangor Darul Ehsan: Pelanduk Publications, 1992, p. 7.

一些中国神父通过学习或传教的方式与东南亚地区建立了密切联系。越南在 16 世纪初就出现葡萄牙与西班牙传教士，但直到 17 世纪初耶稣会进入后，天主教的事业才有所进展，而该会到越南的第一个传教者便是澳门华人丘良禀（Dominique Mendez）。他于 1610 年加入耶稣会，因为语言流利、善于讲解教理，在 1621～1626 年被派至安南南圻传教。[①] 1626 年西班牙占领中国台湾北部后，多明我会对中国的传教事业正式展开。一些中国教徒便直接到当时西班牙在亚洲的殖民中心菲律宾马尼拉学习或进行宗教活动。这其中包括中国首位主教罗文藻（Gregorio Lopez）。1633 年左右他在福建福安受洗，1635 年前往菲律宾，后于 1650 年在马尼拉加入多明我会，并在圣托马斯大学学习。1654 年 7 月 4 日，罗文藻在马尼拉总主教见证下晋铎，据说他在晋铎后举行第一次弥撒“使马尼拉全城一致满意并使华人教徒备感欢乐”[②]。在这之后，罗文藻一直在中国行教，鉴于他在中国禁教时期为 2500 多人施洗的成就，罗马传信部在 1673 年决定晋升其为主教，1674 年任命其为南京代牧的通谕。不过传信部的决定挑战了西班牙保教派的权威，马尼拉的多明我会总会长表示反对，甚至在 1683 年 5 月 10 日罗文藻来到马尼拉后，遭其软禁于多明我会修道院，被要求只向华人传教，二者关系僵化。[③] 直到 1684 年乘马尼拉的最高法院和教会冲突之际，他才逃回中国；次年在广州祝圣为主教。[④] 罗文藻与马尼拉存在着密切的联系，不幸的是最后一次赴马尼拉是一次糟糕经历。另一名来自福建的中国神父 Pablo Domingo Ngien 曾在 1760 年到 1762 年 9 月间掌管马尼拉华人社区八连（Parian）教堂的传教事务，三年中为 1885 名华人受洗，受洗人数约是前 20 年（1740～1759）的两倍（909 人）。[⑤] 中国神父向华人传教从心理上拉近了两者的距离，可

---

① 费赖之（Louis Pfister）:《在华耶稣会士列传及书目》，冯承钧译，中华书局，1995，第 129～130 页。

② Pascal M. D'Elia, *Catholic Native Episcopacy in China*: *Being an Outline of the Formation and Growth of the Chinese Catholic Clergy*, *1300 - 1926*, Shanghai: T'usewei Printing Press, 1927, p. 31.

③ 顾卫民:《“以天主和利益的名义”: 早期葡萄牙海洋扩张的历史（1415 - 1700）》，社会科学文献出版社，2013，第 395～396 页。

④ 方豪:《中国天主教史人物传》，第 327～338 页。

⑤ Nariko Sugaya, “The Expulsion of Non-Christian Chinese in the Mid-18th Century Philippine: It's Relevance to the Rise of Chinese Mestizos,” in Teresita Ang See& Go Bon Juan ed., *The Ethnic Chinese*: *Proceeding of the International Conference on Changing Identities and Relations in Southeast Asia*, Manila: Kaisa Para Sa Kaunlaran, Inc., 1994, p. 114.

见华人神父对亚洲地区天主教传播事业的贡献。

值得一提的是福建人冯文子（Juan Fung de Santa Maria），以往认为他只是普通商人信徒，为躲避迫害才对官府声称在菲律宾经商，但实际上他也是多明我会士之一。他于1736年进入马尼拉圣约翰修院学习，1744年加入多明我会，并在马尼拉生活约十年，直到1747年回国。[①] 回国后的冯文子成为多明我会1748～1753年在华传教的主力。“每至一处，即有昔日传教男妇，依亲旁戚，咸赴听讲教规，或十余人、七八人不等，冯文子遂将在吕宋所闻所见天主教规，一一讲论。”[②] 除他之外，1748年左右，从马尼拉培训归来的漳州后坂教徒有严伯多禄、严多明我、严玫瑰、多玛斯、罗西满、江多玛斯等。[③] 这些人对教会在华事业的拓展也起到重要作用。

18世纪初，教廷与中国之间发生著名的“礼仪之争”，清朝统治者开始“怀疑远人”[④]，外籍传教士多数撤离中国，中国本土教徒（特别是中下层人士）开始承担传教的任务，部分人在西方传教士的引领下直接到海外“进修”。除了去往欧洲之外，华人耶稣会士如罗如望、龙安国还分别在暹罗住院和交趾支那的巴利亚学习进修；费若瑟和苏若翰也曾在马尼拉进修培养。巴黎外方传教会则从1666年开始先后在暹罗、越南、印度、马来亚等地设立的修道院中培养来自中国川滇黔地区的教士。许多神父在那里接受任命，如李安德在暹罗待了15年，于犹地亚修道院完成学业，1726年回到福建、湖广等地传教。部分中国教徒则在中国遭受驱逐后到暹罗定居生活。[⑤] 也有赴安南、缅甸者。[⑥] 包括前述罗文藻、冯文子等，上述中国教徒在海外的传教活动基本是这一背景下进行的。各个修会都有一定的华人教徒在海外进行宗教传播活动。

一些华裔（混血）教徒也在对华及其周边地区的传教事业中发挥作用。

① 张先清：《官府、宗族与天主教：17—19世纪福安乡村教会的历史叙事》，中华书局，2009，第134、236页。

② 中国第一历史档案馆编《清中前期西洋天主教在华活动档案史料》第1册，中华书局，2003，第234页。

③ 林泉：《福建天主教史纪要》，福建省天主教两会，2002，第59页。

④ 参见陶飞亚《怀疑远人：清中前期的禁教缘由及影响》，《复旦学报》（社会科学版）2009年第4期。

⑤ 参见宾静《清朝禁教时期华籍天主教神职人员的国外培养》，《世界宗教研究》2015年第6期。

⑥ 方豪：《中西交通史》下册，第666页。

中日混血儿倪雅谷（Jacques Niva，1579～1638），擅长西式宗教绘画，1601年作为中国传教区的画师而被范礼安派至澳门，后来在内地省份绘制教堂壁画，是利玛窦身边重要的绘画助手，并得到他极佳的评价。[①] 1636年陆有机（Manuel Gomes）在上海的耶稣会住院，借用葡语和汉语教意大利神父学习中国语言，其父亲是爪哇人，母亲是在澳门长大的中国人，在陆有机的指导下，神父很快掌握了"四书"等中文典籍。[②] 华菲混血儿（Chinese Mestizo，即密斯提佐，亦译作"米斯蒂佐"，专指华侨与菲律宾当地人通婚所生的后裔）Ignacio de Santa Teresa Noruega 在被授予奥古斯丁神父之圣职后，于1701年来中国传教。1678～1685年，华人密斯提佐 Bro Julian Cruz 曾经以杂役的身份来到中国为耶稣会士服务，几年后经过罗马总主教的批准而加入耶稣会，直到1714年去世。[③] 另一位是1987年被罗马追封为圣徒的菲律宾华菲密斯提佐洛伦佐（Lorenzo Ruiz），1600年左右出生于马尼拉，父亲是华人。据说他从小就参与教堂活动，成年后担任堂区秘书及教堂司事。1636年6月，洛伦佐随两名神父一同前往日本，不幸因为禁教之故而被捕入狱，次年9月殉教。[④]

总之，在海外华侨华人社区中不乏华人天主教徒的身影，他们既是教会向中国周边地区传教的得力助手，也是为向中国本土传教所培养的人才，对天主教在亚洲的传播发挥了重要作用。中国教徒与海外华人社区往来密切，华人及华裔教徒则也可能来往中国。华人天主教徒建立起与教会的密切联系，他们的神职人员的身份与其他华人群体有所不同。

二　中间人：向导、使者与通事

华人移民东南亚后，因为各种原因在当地暂居或定居。在传教士的引导

---

① 荣振华（Joseph Dehergne）：《在华耶稣会士列传及书目补编》，耿昇译，中华书局，1995，第459页。

② 柏里安（Liam Mathew Brockey）：《东游记：耶稣会在华传教史（1579—1724）》，陈玉芳译，澳门大学出版社，2014，第198页。

③ John N. Schumacher, *Growth and Decline*: *Essays on Philippine Church History*, Quezon City: Ateneo de Manila University Press, 2009, pp. 52 - 53.

④ Pablo Fernandez, O. P. , *History of the Church in the Philippines*, *1521 - 1898*, Manila: National Book Store, Inc. 1979, p. 176; （中国台湾）道明会网站：http://www.catholic.org.tw/dominicanfamily/saints_ japan. htm，访问时间：2015 - 09 - 04.

下，一些华人加入天主教，他们大多懂得葡萄牙语或西班牙语，教徒身份与语言便利促进了与西方人的沟通，从而达成某些协议，如通过西方人的认可，担任向导、使者与通事等中间人角色。

西班牙人占领马尼拉后，试图以菲律宾为跳板打开对华传教的大门，不过由于葡萄牙保教权的制约，加之明廷对西洋人的敌视，所以传教计划一直未果。这种困境在“林凤事件”之后取得突破。1575 年前后，广东海盗林凤拥众逃往马尼拉，明朝把总王望高（Omocon）赴菲与总督共同围剿。1575 年 6 月，王望高带着林凤被围困的消息复命，菲总督也趁机派传教士拉达（Martin de Rada）与士兵使华。此行由一名懂得西班牙语的华人 Hernando（据考证中文名为陈辉然[①]）担任通事，当拉达神父面见兴泉道台时，陈辉然居中翻译，并特别向中方解释了西方教士不跪拜的原因，避免了争议。[②]

对这些通事来说，通晓双语是前提，而这些双语人才一般都是天主教徒，更为重要的是能获得双方的信任。比如，一名懂得葡萄牙文的华人 Juan Fernandes 因为翻译水平较高得到了据台荷兰人的赏识，恰好解决了荷兰人想要了解敌对方葡萄牙人情况的问题。[③] 澳门华人 Salvodor Diaz 在据台荷兰人与中国人贸易或者与福建官方打交道时担任翻译，不过他在获得了荷兰人的信赖后，却在 1626 年逃到澳门将所获得的信息作为交易交给葡萄牙人。[④] 此举让荷兰人大为恼火，当然双方的关系也因此破裂。

利用担任向导或通事的机会，华人也可以实现自身的利益目标。1579 年，西班牙方济各会首次中国之行中，有一名为 Juna Nico 的华人。他原本是被囚禁在吕宋的俘虏，被传教士赎身后成为他们赴华的向导，[⑤] 所以不排除其做向导是为摆脱牢笼之苦的目的。1590 年，华人教徒兼社区监督（governor） Francisco Zanco 和华人船长 Thomas Syguan 答应带西班牙教士赴

① 参见汤开建《明隆万之际粤东巨盗林凤事迹详考——以刘尧诲〈督抚疏议〉中林凤史料为中心》，《历史研究》2012 年第 6 期。

② 〔西〕胡安·冈萨雷斯·德·门多萨：《中华大帝国史》，孙家堃译，译林出版社，2011，第 144 ~ 146 页。

③ 江树生译注《荷兰联合东印度公司台湾长官致巴达维亚总督书信集 Ⅱ 1627 ~ 1629》，台湾文献馆、台湾历史博物馆，2010，第 364 页。

④ 迪亚士：《1622 ~ 1626 年，囚禁在福尔萨》，（澳门）《文化杂志》2012 年总第 75 期。

⑤ 崔维孝：《明清之际西班牙方济会在华传教研究（1579—1732）》，中华书局，2006，第 65 页。

华传教，受到西班牙教士的极大欢迎。[①] 这两名华人与西班牙人达成协议，在接下来的6年内，每年都可以免税载一船货物来菲贸易。[②] 船长Syguan还让传教士向欠其债务的华人施加压力，清偿相关债务。这也不乏先例，据说，之前高母羡（Juan Cobo）神父就因为在生意上帮助过一名华人，而收到了他在漳州妻子的感谢信。[③] 总之，在引导传教士赴华的过程中，上述华人教徒也积极利用这一契机，以争取对自身有利的发展空间。

1603年因为“机易山事件”，西班牙殖民者对马尼拉华人进行了大屠杀，在事后与明朝的交涉中，由华人教徒Juan de San来负责福建巡抚与菲律宾总督之间的信函传递工作。[④] 在此期间，他获悉明朝没有派兵攻打菲律宾的计划，这让西班牙人如释重负。[⑤] 据说该名华人在马尼拉生活多年，得到西班牙人的赏识，西班牙人称他为甲必丹或船长（captain）。也有学者以西语“Juan”与“黄”音近，认为他就是《东西洋考》里所记载的黄某，[⑥] 即言“奸商黄某者与酋善，辄冒领他货，称为某子甲姻党”。[⑦] 果如此，那么这些有地位的华人教徒与西班牙人之间也形成了一定的共谋关系。

一些长期定居菲律宾的华人教徒，除了能够在天主教入华过程中发挥引导作用外，还可以参与其他涉外事务。16世纪后期，丰臣秀吉逐渐统一日本，对外侵略野心日益膨胀。1592年即致书马尼拉，强令西班牙人朝贡：“奉我为王，即来纳土称臣，否则即将兴兵讨伐。”[⑧] 当年6月，菲律宾总督为解危局，派遣多明我会士高母羡出使日本，与其同行的还有华人教徒Antonio Lopez和Juan Sami。Antonio Lopez的情况也可以让我们了解西班牙人对这一类角色的要求。在西班牙人眼中，他能力出众、虔诚而富有慈善精神、热心资助教会，且担任华人社区监督；[⑨] 正因此，西班牙人才愿意让

---

① Alfonso Felix, Jr. eds., *The Chinese in the Philippines, 1570 - 1770*, Manila: Solidaridad Publishing House, 1966, p. 129.

② Alfonso Felix, Jr. eds., *The Chinese in the Philippines, 1570 - 1770*, p. 131.

③ Blair & Robertson, *The Philippine Islands, 1493 - 1898*, Cleveland: The Arthur H. Clark Co., 1903 - 1909, vol. 7, pp. 235 - 236.

④ Blair & Robertson, *The Philippine Islands, 1493 - 1898*, vol. 14, p. 138.

⑤ Blair & Robertson, *The Philippine Islands, 1493 - 1898*, vol. 16, pp. 44 - 47.

⑥ 陈国栋：《马尼拉大屠杀与李旦出走日本的一个推测（1603—1607）》，《台湾文献》2009年第3期。

⑦ 张燮：《东西洋考》卷五，“东洋列国考·吕宋”，中华书局，1981，第93页。

⑧ 张维华：《明史欧洲四国传注释》，上海古籍出版社，1982，第71页。

⑨ Blair & Robertson, *The Philippine Islands, 1493 - 1898*, vol. 30, p. 233.

他一同赴日。

不过高母羡在1592年底返菲途中船只失事，Antonio Lopez所带信息便成为此行的关键来源，他描述了丰臣秀吉对菲岛的野心，提醒总督对在菲日本侨民保持警惕。值得深思的是，他还告诫西班牙人不能信任“异教徒华人”，因为其中许多人与日本联系密切。后来为进一步核实消息，菲督再派两名方济各会士赴日探知消息，这次通事名单中又有了一位名为Antonio Melo的华人教徒。① 总之，由于身处菲律宾与日本之间，又与西班牙人关系密切，且立场相对中立，一些华人教徒得以为西班牙人的外事活动（传教与政事）提供较有价值的服务。

因为双方关系的密切而担任通事一职的，还有华人教徒的后代密斯提佐。他们会直接从西班牙殖民当局那里谋取一份差事。比如，在殖民者掌管的海关部门，因办理大量来自中国东南沿海地区船货的报关、检查、交接等事务，需要通事与船长交流，辨识船长字迹，将其翻译成西班牙语及登记相关事宜。这样在马尼拉海关，通常会有一名通晓西班牙语和闽南话的华人密斯提佐，并搭配一名能识汉字的华人教徒在工作。作为中间人，通事翻译华人船长的货物、人员等信息时要以上帝的名义宣誓无误。例如，Manuel de Ledo，马尼拉的华裔，不识汉字，但会说闽南话，在1685年曾先后与3名识汉字的华人教徒（Francisco Sapsap、Dionicio Conio、Francisco Samyo）一同担任翻译，仅从1657～1687年统计来看，以Manuel de Ledo为代表的密斯提佐先后担任通事超过10年之久，尽管从名字上已经看不出任何华人的痕迹。除了通事外，他们还有其他兼职身份，比如，通事Manuel de Ledo、Gaspar Gonzalez分别担任军营训练师、最高法院会计官，Pedro Quintero Tiongio则是掌管华人船只进出的船务长。② 贸易收入是殖民地的重要经济来源，所以这些拥有专业技能、无语言障碍、间或具备公务人员身份的信教华人，当然更易获得西方人的认可，同时也可以看出有天主教背景的华人或华裔族群，在早期全球化时代出于生存或发展的考虑，其政治或文化认同可能已经发生了变化，或可说这是一种“文化适应”的体现。

① 陈荆和：《十六世纪之菲律宾华侨》，香港，新亚研究所东南亚研究室刊，1963，第86～87页。

② 方真真：《华人与吕宋贸易（1657—1687）：史料分析与译注》第一册，新竹，台湾清华大学出版社，2012，第29～33、175、422页

三 主流职业：商人与手工业者

历史上一些赫赫有名的、亦商亦盗的华人也拥有天主教徒的身份。据葡人平托所述，16 世纪 40 年代他们在中国沿海遇到了一名驾船从琉球驶往北大年、名为 Quiay Panjao 的华人“海盗船长”，“无论是习惯还是衣着均已葡化”。[①] 再比如，颜思齐（Pedro）、李旦（Andre）[②]、郑芝龙等人，只是由于他们的事业重心无关宗教领域，因而在传教角度对他们的探讨不多。以郑芝龙为例，郑氏家族很早就到广东澳门做生意，[③] 1621 年郑芝龙为寻母舅也来到澳门，在澳门受洗后取教名为 Nicolas Gaspard，同时学习葡萄牙语。荷兰人称其为一官（I-quan），离开澳门后郑芝龙去过马尼拉，“从事低下的工作”——搬运工及小贩工作，[④] 然后迁至日本平户。至于郑芝龙信仰天主教的程度，据《巴达维亚城日记》记载，郑芝龙每日在其宅举行圣祭及其他天主教仪式，到过福建安海之人也曾见郑芝龙及其家人正在膜拜神及男女圣徒像（有异于一般中国人的膜拜对象）的情景。[⑤] 不过他的举动未受西方人的认可：“虽曾受洗，信仰过基督教，生活却像个异教徒，所以他们不愿与他打交道”，“一官虽曾受洗，却无视基督教的戒律；因为葡人从未看见他对耶稣基督的信仰超过他对偶像的礼拜”，“他们不记得他说过有关福音、圣礼的事，或者遵行过上帝和教会的戒律”，“他生活的方式根本不像基督徒”。[⑥] 究其原因，“盖当时在澳门一带领洗入教的，事先并未接受严格考察

① 〔葡〕费德南·门德斯·平托：《远游记》上册，金国平译，葡萄牙航海大发现事业纪念澳门地区委员会等，1999，第 163～165 页。

② Anthony Farrington eds, *The English Factory in Japan, 1613 – 1623*, vol. 1, London: The British Library, 1991, p. 381.

③ 陈支平：《从新发现的〈郑氏族谱〉看明末郑芝龙家族的海上活动及其与广东澳门的关系》，《明史研究》2007 年第 10 辑。

④ 张先清：《17 世纪欧洲天主教文献中的郑成功家族故事》，《学术月刊》2008 年第 3 期；李毓中：《明郑与西班牙帝国：郑氏家族与菲律宾关系初探》，《汉学研究》第 12 卷第 2 期，1998；Joaquín Martínez de Zúñiga, *An Historical View of the Philippine Islands*, trans. John Maver, ESQ, London: Thomas Davison, whitefriars, 1814, p. 299.

⑤ 〔日〕村上直次郎、中村孝志译注《巴达维亚城日记》第 3 册，程大学译，台湾省文献委员会编印，1990，第 72 页。

⑥ 〔西〕帕莱福等：《鞑靼征服中国史·鞑靼中国史·鞑靼战纪》，何高济译，中华书局，2008，第 65 页。

与训练，事后亦未继续加以督促与劝导”。[①] 实际上不得不说郑芝龙洞悉大势，眼界开阔，他显然明白在澳门社会成为一名天主教徒和懂得葡语的益处。他在澳门的女儿巴尔卡斯（Ursola de Bargas）嫁给了土生葡人罗德里格斯（Antonio Rodrigues）。1646 年女儿被父亲接到晋江安海镇后，郑芝龙特意将府宅最大的前厅辟为天主堂，据说是“一座漂亮的祷告堂”。方济各会利安当、文度辣以及耶稣会士聂伯多，都曾借住于祷告堂并受到盛情款待。而女婿罗德里格斯则从澳门给郑芝龙带来了一批黑人雇佣军，他们作战英勇，懂得铸铳法，[②] 为郑氏海上帝国的建立发挥了至为重要的作用。总之，郑芝龙的身边不乏各色天主教徒的身影，他本人亦颇受影响。他自身虽未严格遵循教会的戒律，但毋庸置疑的是天主教徒的身份对其事业的开创与发展都具有积极的促进作用。

除郑氏家族外，还有更多的来往于中国与南洋之间的普通商人教徒，比如，在 1657～1687 年，有几艘船来往于福建和马尼拉，其船主都是天主教徒，如 Reymundo Tionhu、Francisco Hianco、Don Ygnacio 等，这些入港的船上也载有一些华人教徒。[③] 这些贸易人群中，除了华人教徒外，也有一些混血密斯提佐，如林伯，他祖籍漳州龙溪，“番名郎夫西”（西文应为 Don Jose），在一老戈（Ilocos，伊洛戈区）出生、成家立业。一次他从一老戈地区装运米麦等货物到马尼拉换取福建需要的永春布匹时，不幸遭风而于 1755 年进入厦门港。[④] 据说 18 世纪时，菲律宾的沿海和岛际贸易中，很多是由华人或密斯提佐掌管的。[⑤]

16～18 世纪，除了经商者外，许多华人教徒还从事手工业等行业。早在 1546 年左右就有一名为迭戈（Diego）的宁波人和一名为埃斯特班（Esteban）的广东人（被统称为 chino）被葡萄牙人掳至伊比利亚半岛，并在成年后于塞维利亚从事制鞋、裁缝等工作，后甚至与印第安人结婚定居。[⑥] 1671 年，葡萄牙旅行家在果阿住过华人教徒开的小旅馆。[⑦] 门多萨曾

---

① 方豪：《中国天主教史人物传》，第 220 页。

② 金国平、吴志良：《郑芝龙与澳门——兼谈郑氏家族的澳门黑人》，《海交史研究》2002 年第 2 期。

③ 方真真：《华人与吕宋贸易（1657—1687）：史料分析与译注》第一册，第 171、420～435 页。

④ 故宫博物院编《史料旬刊》第 1 册第 10 辑，国家图书馆出版社，2008，第 757～759 页。

⑤ 陈希育：《中国帆船与海外贸易》，厦门大学出版社，1991，第 248 页。

⑥ Nancy E. van Deusen，“Indios on the Move in the Sixteenth-Century Iberian World，” *Journal of Global History*，vol. 10，no. 3.（Nov 2015）. pp. 387－409.

⑦ 〔英〕博克塞：《欧洲早期史料中有关明清海外华人的记载》，杨品泉译，《中国史研究动态》1983 年第 2 期。

经对16世纪末马尼拉的华人教徒有过简短的描述："在马尼拉城附近，河的另一侧有一村落，里面全都住着受洗的中国人，他们在那里享受福音的自由。这些人中有些是匠人，如鞋匠、裁缝、银匠、铁匠和其他工匠，此外还有一些商人。"① 相关的记载还有很多，比如，18～19世纪，传教士在向菲律宾推广中国式耕牛犁地技术时，一些华人教徒就在其中发挥了重要作用。② 1755年，马尼拉华人教徒的职业分布除上述所列外，还有甜点师、药剂师、理发师、木匠等五花八门的行业。③ 18世纪中期，马尼拉华人教徒中很多从事织布业。据清朝档案记载，1748年漳州府龙溪县后坂严氏家族子侄、女婿到菲律宾后从事的都是织布业，该家族与天主教存在密切的关系，严氏子侄往吕宋之前就已经是天主教徒，④ 相信这种身份也会有利于他们在菲律宾拓展生计。事实也的确如此，西班牙殖民当局和教会采取相关激励措施鼓励华人信教、与本地妇女通婚，他们的后代也就是前面提及的华菲密斯提佐，对菲律宾历史和社会产生了重大影响。⑤

值得一提的是，教徒的身份在更广范围上扩大了华人的活动空间。16世纪初，广东人Pedro曾在印度帮助葡萄牙人造火炮和船只。一些华人教徒乘着西班牙大帆船（galleon）跨洋抵达美洲。这些人以水手、手工业者、商人和劳工为主，墨西哥阿卡普尔科（Acapulco）的皇家造船厂里，就有华人劳工和手工业者在工作，他们还协助建造圣地亚哥要塞及其他公共工程。1590年，曾经担任华人社区监督的华人Juan Baptista de Vera也曾去过阿卡普尔科；而另一名出生于澳门、定居马尼拉、精通火药技术的华人Antonio Perez则被授权乘坐大帆船到达墨西哥。华人的火炮技术对菲律宾和墨西哥都发挥过重要的作用。⑥

---

① 〔西〕胡安·冈萨雷斯·德·门多萨：《中华大帝国史》，第268页。

② 〔菲〕费尔南多·西亚尔西塔：《马尼拉大帆船：一个文明的摇篮》，戴娟译，南开大学世界近现代史研究中心编《世界近现代史研究》第10辑，社会科学文献出版社，2013，第30页。

③ Alfonso Felix Jr. eds., *The Chinese in the Philippines, 1550－1770*, pp. 207－208.

④ 《清高宗实录》卷315"乾隆十三年五月下"，中华书局，1985，第169页；中国第一历史档案馆编《清中前期西洋天主教在华活动档案》第1册，中华书局，2003，第165～166页。

⑤ Edgar Wickberg, "The Chinese Mestizo in Philippine History," *Journal of Southeast Asian History*, vol. 5. no. 1, (Mar 1964). pp. 62－100；中文版参见魏安国（Edgar Wickberg）《菲律宾历史上的华人混血儿》，吴文焕译，菲律宾华裔青年联合会，2001。

⑥ Edward R. Slack, Jr., "Signifying New Spain: Cathay's Influence on Colonial Mexico via the *Nao de China*," in Walton Look Lai and Chee-beng Tan ed., *The Chinese in Latin America and the Caribbean*, Leiden, Boston: Brill, 2010, pp. 9－12.

简而言之，商人和手工业者是16～18世纪海外华人的主体，他们也是华人教徒的主要组成部分。信教的华人有助于与西方人、本地人建立更为直接而密切的联系，扩展生存的空间，[①] 同时这些华人也对侨居地或定居地的经济发展贡献了自身的力量。

四　沟通东西：文化传播者

华人教徒在文化上的表现之一就是中华传统文化自觉或不自觉的传播者，这方面较著名的是以沈福宗（1657～1692）、樊守义（1682～1735）为代表的早期赴欧中国人，不过东南亚地区的普通华人在一定程度上也做出了相应的贡献。高母羡神父曾对菲律宾华人的文化水平做出肯定："他们一千个人中仍只有少于十人是文盲，而西班牙则完全相反，一千个农民中只有不到十个人识字。"[②] 透过一些受洗华人身份的记载不难发现华人教徒的文化水平。多明我会曾经发现一个具有与众不同学识的华人，便热心向其传教。该名华人受洗后取教名为Bartholome Tamban，一直定居在马尼拉，并为教堂服务。[③] 1589年，有一位华人中医受洗，在教会专门为华人创建的医院服务。[④] 除此之外，耶稣会士曾令一个华人佛教徒皈依天主教。耶稣会主教也曾为一名来自中国的秀才施洗，并赐名Paul。[⑤] 以上零散的资料表明，尽管南洋华人社会以商贩为主，但也存在一些有文化的华人，而且他们对天主教颇为感兴趣。

1575年6月，从福建返回菲律宾的拉达神父带回一大批中国书籍，内容涉及政治、科技、法律、医术等方方面面，这些资料经华人教徒翻译后成为他撰写《出使福建记》《记中国大明的故事》，以及门多萨撰写《中华大帝国史》（1585）的素材。除此之外，他们还在当地华人帮助下学习中文，

---

① 参见吕俊昌《西属菲律宾天主教与华人社会关系的延展与重构》，《东南亚研究》2016年第1期。

② Alfonso Felix，Jr. eds.，*The Chinese in the Philippines*，*1570－1770*，p. 141.

③ Blair & Robertson，*The Philippine Islands*，*1493－1898*，vol. 30，pp. 225－226.

④ Blair & Robertson，*The Philippine Islands*，*1493－1898*，vol. 6，p. 37.

⑤ Lucio Gutierrez，*Domingo de Sasazar*，*O. P.*，*First bishop of the Philippines*，*1521－1594*：*A Study of His Life and Work*，Manila：University of Santo Tomas，2001，pp. 247～248；Horacio de la costa，S. J.，*Jesuit in the Philippines*，*1581－1768*，Cambridge：Harvard University Press，1961，p. 69.

同时着手将中文书籍译成西班牙文。[①] 高母羡可能是在专门的中文老师 Juan Sami 的帮助下将劝善书《明心宝鉴》翻译成西班牙文的，该书也成为目前已知的第一本被翻译成西方文字的中国古籍。

值得注意的是，传教士为吸引华人入教，亦为赴华传教，曾编纂了一批"西班牙文－汉文（闽南话）"字典，据说拉达神父早在1580年就曾编过一本。目前存世最早的是1604年耶稣会士 Pedro Chirino 编纂的《汉西字典》（*Dictionarium Sino Hispa*），马尼拉圣托马斯大学档案馆另有两部"西语－汉语"词典手稿，伦敦大英图书馆也有一部《根据字母表排序的常来人语言的词汇》（*Bocabulario de la lengua sangleya por las letraz de el A. B. C.*），后3种虽然编者姓名、时间不详，但编撰时间几乎都在17世纪。据统计，类似字典目前存世至少7种，另有几种可惜已经遗失。[②] 这些字典通常采用以西班牙语标注闽南话汉字的方式，或依汉字偏旁排列，或依汉字内容主题划分，与华人生活、生计联系密切，体现较强的实用性特点。在菲律宾群岛这样的"第三地"发生的西班牙语与闽南方言互动、交流的有趣现象，充分反映近代早期华人教徒在跨文化接触中的角色和作用。

除此之外，传教士还采取了刊刻中文宣教书籍、用汉语（闽南方言）传教的方式。到目前为止发现的4种中文文献——《无极天主正教真传实录》《新刊僚氏正教便览》《新刊格物穷理便览》《天主教理》——均诞生于16世纪末17世纪初。从内容看，前两种书籍用词典雅，后两种是闽南话俚语，两者风格虽然不同，但应该都经过了华人的润色。[③] 而且上述4种中文宣教书籍均由华人教徒 Juan de Vera 和 Pedro de Vera 兄弟刊刻。前者还是菲律宾塔加洛语版的《天主教理》和拉丁语版的《玫瑰教区规章》的刊刻者。诸多中外文书籍的刊刻充分表明了当时菲律宾印刷术的发展水平，而这得益于华人移民的技术输入。明清福建地区是中国雕版、活字印刷技术发达的地区之一，是全国刊刻书籍最多的地方。[④] Juan de Vera 被誉为"菲岛的

---

① 〔西〕胡安·冈萨雷斯·德·门多萨：《中华大帝国史》，第80页。

② Henning Kloter, *The Language of the Sangleys: A Chinese Vernacular in Missionary Sources of the Seventeenth Century*, Leiden; Boston: Brill, 2011. P. Van. der Loon. The Manila Incunabula and early Hokkien Studies, Part I & II. *Asia Major*, New Series, No. 12－13, 1966－1967；周振鹤编《中欧语言接触的先声：闽南语与卡斯蒂利亚语初接触》，复旦大学出版社，2018。

③ 参见吕俊昌《在西班牙人与上帝之间：西属菲律宾的天主教华人社会》，博士学位论文，厦门大学南洋研究院，2015，第85～98页。

④ 胡应麟：《少室山房笔丛》卷四，中华书局，1958，第56～57页。

第一个闻名的印刷工”①。英国学者博克塞（Charles R. Boxer，或译博克舍、谟区查）说华人独占马尼拉的印刷事业达15年之久。除了上述兄弟外，1593～1604年间至少还有8个信教华人印刷工，印刷包括西班牙文、中文、菲律宾塔加洛文在内的文献。② 中文宣教书籍的出现充分反映宗教、技术与人群流动的关系。在与受洗华人教徒沟通的过程中，传教士们得以进一步熟悉并利用中国文化，进而更好地译述天主教教义。这些仅仅从书名采用“天主”“格物穷理”等名词就可窥一二。

1574年，菲律宾总督 Guido de Lavezaris 通过马尼拉的华商获得了福建金沙书院重印的《古今形胜之图》。后来又在华人译者的协助下，一位名叫奥古斯丁的神父将地图上的相关信息译成西班牙文，被菲律宾总督献给西班牙国王，进而开启西班牙对中国及东亚地理、人文知识理解的序幕，也为欧洲汉学研究奠定一定的基础。③

除此之外，华人教徒还为菲律宾教会建筑带来具有中国民间传统特色的元素。据说，对菲律宾天主教圣坛的基督教圣徒的精美塑像，以及奎松城圣多明我教堂的圣罗萨里塑像进行雕饰，都由华人工匠负责。④ 有趣的是，华人是以他们熟悉的观音菩萨形象雕塑圣母玛利亚的，把耶稣和他的使徒雕刻为东方人的模样，菲律宾早期的天主教艺术带有浓厚的中国色彩，这在当代保存的天主教遗迹中仍然可以观察到。其主要特点是杏眼和纤长的手指，带有明显的微笑，用象牙制成；而西方的天主教圣徒表情一般是悲伤而严肃的。这种融合中西特色的神像无疑体现华人移民对沟通祖籍地与移居地文化的贡献。

总之，华人信徒中，参与文化活动者可能人数有限，但绝不意味着他们角色轻微，甚至可以说对近代早期东西方文化传播起到至关重要的作用。这种文化的交流除了影响侨居地或定居地和西方文化外，还反过来与中国本土

---

① Blair & Robertson, *The Philippine Islands, 1493－1898*, vol. 9, p. 68; vol 30. pp. 230－231; Gregorio F. Zaide, *Philippine Political and Cultural History*, Manila: Philippine Education Co., 1957, p. 388.

② 〔英〕博克塞：《欧洲早期史料中有关明清海外华人的记载》，杨品泉译，《中国史研究动态》1983年第2期。

③ 李毓中：《“建构”中国：西班牙人1574年所获大明〈古今形胜之图〉研究》，《明代研究》2013年第21期。

④ 〔菲〕欧·马·阿利普：《华人在马尼拉》，周南京译，中外关系史学会编《中外关系史译丛》第1辑，上海译文出版社，1984，第108页。

文化形成有效的互动。华人频繁往来故里与南洋，天主教的知识在华南沿海与南洋之间才可以互通有无，所以以张燮和黄廷师为代表的闽南文士对天主教的认识方能深受南洋特别是菲律宾天主教的影响。[①] 考虑到这一方面已有研究，故不再赘述。

结 语

近代早期东南亚及周边地区华人天主教徒的活动史料相对零散，挂一漏万在所难免，不过本文的目的在于揭示这些作为“离散人群”的海外华人的另一种往往被隐藏或被忽视的身份和角色。如前所述，华人教徒跨域性的传教活动促进了天主教事业的开拓，基于信仰、语言以及利益等因素，华人教徒充当了向导、使者与通事等中间人的角色，对华商和手工业者来说，信仰天主教是适应和拓展生存空间的重要选择，华人教徒在东西方文化传播与交流中起到了重要的推动作用。

在近代早期的亚洲海域，天主教徒的网络与身份有别于通常所强调的商业网络与商人身份，以天主教信仰为核心，以不同的活动和角色为体现，海外华人教徒构建另一套跨域的社会网络。从地域而言，华人教徒的活动中心位于菲律宾马尼拉和中国澳门，这与西、葡殖民者将教会活动的“大本营”设立于此两地直接相关；不过相比而言，与宗教主题相关的澳门史研究成果突出，[②] 而对与中国隔海相望的菲律宾马尼拉的地位和角色关注度不高，因而本文对此着墨较多，但马尼拉与澳门这两个海洋港口城市在亚洲天主教史中的作用，仍值得进一步梳理。再者，华人教徒的活动以南海周边地区为中心，辐射范围远至印度、美洲、欧洲，在近代早期华人迈向全球的过程中，天主教徒的身份不容忽视。

华人天主教徒跨域的社会网络还体现一种跨族群性。从上述活动和角色来看，从事商业和手工业的华人教徒居多，这与海外华人的主流职业差别不大，但近代早期的海外华人世界缺乏类似明清时期的士大夫阶层，人数稀少的华人“文化人士”正是凭借天主教徒这一身份，打开了中西文化沟通与

---

① 参见张先清、牟军《16、17 世纪的华南海商与天主教传播》，《学术月刊》2014 年第 11 期。

② 参见汤开建《明清天主教史论稿初编：从澳门出发》，澳门大学出版社，2012；卢金玲：《明清之际澳门华人天主教徒研究》，硕士学位论文，暨南大学历史系，2006。

交流的突破口。这一身份同样适用于担任向导、使者与通事角色的华人教徒，相比不信教的普通华人，天主教徒身份可谓拉近双方关系的重要工具，以传教或学习天主教为主的华人信徒或神职人员的活动就更是如此了。所以，华人天主教徒的社会网络体现对华人族群之外的“他者”——西方殖民者与传教士、侨居地或定居地原居民的开放、接纳与认可。

天主教因素之于华人移民有助于本土化与多元文化的生成。与同时期荷属东印度群岛的新教荷兰人并不着力培养华人教徒而是着重发展贸易的政策不同，华人教徒的活动与教会建立远东天主教帝国的渴望及鼓励改宗的殖民政策密切相关；在这种情况下，部分华人面对天主教表现更多的“适应”，因此少数华人教徒直接服务于殖民当局，他们的立场和文化、信仰选择可能会发生变化，对此与其进行感性的批评，不如予以理性与客观的看待：他们的活动充分体现了华人移民融入异域主流社会的努力，他们的认同和本土化程度的加深充分展现了跨域华人教徒身份的多元性。

简而言之，华人天主教徒在既有的华人社会网络之外构建另一种活动空间，天主教之于华人教徒的活动更增添一种跨域和跨族群的多元色彩。对不同的华人个体而言，天主教可以是一种信仰、一种工具，或者仅仅是一个象征符号，但华人教徒的身份利于他们与西方人、本地人打交道，更好地适应亚洲海域的社会环境，开拓自身的生存与发展空间，而这正是华人天主教徒研究在华侨华人史、海洋史视域中的题中之义。

Activities and Roles of Chinese Catholic in Maritime Asian during Early Modern Period

Lyu Junchang

Abstract: The activities of Chinese Catholics in Maritime Asian were an important aspect of history concerning Catholicism and Chinese overseas in early modern period. Chinese Catholics' missionary activities promoted the development of the Catholicism, and they served as roles of the middleman, such as the guides, ministers and interpreters, on account of the same faith, language and profit. Being Catholic was one of the important ways to adapt and expand living space for overseas Chinese businessman and craftsmen. They played an important role in the process of cultural dissemination and exchange between the East and West. On the whole, the activities of Chinese Catholics were trans-regional and cross-ethnic. Chinese Catholics had access to vast social networks, and Chinese were more confidently to adapt to cross-border and diverse cultural environment.

Keywords: Early Modern Period; Maritime Asian; Chinese Catholics

（执行编辑 吴婉惠）

海洋史研究（第十四辑）
2020 年 1 月　第 32～49 页

海洋网络与大洋洲岛屿地区华人移民的生计变化

——基于瓦努阿图案例的研究

费　晟*

毋庸置疑，我国学界对于大洋洲岛屿地区①的历史知之甚少，而且对华人移民在这个地球海角的经历至今也含混不清。从地缘政治传统看，大洋洲岛屿孤悬于太平洋远处，与中国相去遥远。这里似乎不是近代史上华人向海外移民的主要目的地：不仅移民规模小，而且史事彰显度亦有限。② 然而以上认识存在片面性。首先，大洋洲诸岛是最早接受华人移民的海外地区之一，而且至今还在不断吸收新移民，具有绵长的历史延续性。其次，随着中国周边外交中大洋洲地位的持续提升，岛屿地区华人移民不仅深受中国发展的影响，而且成为我国拓展海外影响的重要媒介。更重要的是，大洋

* 费晟，中山大学历史学系、中山大学大洋洲研究中心副教授。

① 在国际学界，严格意义上的“大洋洲”（Oceania）通常指除澳大利亚与新西兰之外的其余太平洋岛国或地区，类似的地缘政治概念还有“南太平洋”（the South Pacific）及“澳大拉西亚”（Australasia）等。权威且全面的讨论可参见 Paul D'Arcy, “Oceania and Australasia,” in Jerry H. Bentley ed., *The Oxford Handbook of World History*, New York: Oxford University Press, 2011. p. 545；考虑到本文所涉及的大洋洲岛屿不仅包括独立的民族国家，也包含半独立的政治实体乃至大国的海外属地，作者将不使用“大洋洲岛国”而采用“大洋洲岛屿地区”这一相对宽泛的概念来展开讨论。

② 整个大洋洲地区包括澳大利亚与新西兰在内，学界有关的华人移民史与现状研究，都乏善可陈，近年来比较有代表性的研究是张秋生的《澳大利亚华人华侨史》，有关大洋洲岛屿地区的研究，中文文献仅见于陈翰笙主编的《华工出国史料汇编》第八辑“大洋洲华工”，以及澳洲学者刘渭平在香港出版的《大洋洲华人史事丛稿》（有部分涉及）。

洲岛屿地区华人移民社会得以形成和发展，与近现代中国所处的海洋网络的伸展联系紧密。在如此浩瀚海洋中点缀着的狭小陆地上，华人移民社会的存续凸显了其在全球化进程中能动性的极限，也蕴含着一种不同于大陆环境的华人离散经验。本文将在概述大洋洲岛屿地区华人社会发展演变的整体过程后，重点结合在瓦努阿图田野考察与口述访谈的资料，以国际关系研究中所用的“层次分析法”揭示海洋网络中岛屿地区华人移民生计的历史变化和意义。

一　海洋网络与大洋洲岛屿地区华人移民社会发展概况

可以确信早在西方殖民者抵达之前，中国与大洋洲岛屿地区就产生了密切联系，尤其是在毗邻东南亚的美拉尼西亚地区，这种交流很大程度上可以被视为朝贡贸易网络的衍生物，比如，1605 年西班牙航海家就曾记录巴布亚新几内亚岛附近部分岛民使用中国制造的产品，说明这里应是“久与中国人通商贸易之地区”[①]。但是，包括 18 世纪中后期开始兴起的海参贸易在内，此时中国与大洋洲虽然日益同处一个海洋网络，但缺乏直接的人员交流。华人移民成批涌入大洋洲地区并对当地产生影响还是肇始于 1850 年前后掀起的华工出国潮。这里最根本的原因就在于中国被拖进了欧美列强所构建的全球资本主义体系，尤其是华南沿海地区的劳动力资源开始根据全球市场需要被调配。太平洋贸易网成为西方自由资本主义商品倾销和原料掠夺的网络。[②] 就具体的移民输出地来看，1848 年起，有确凿证据表明，有 390 名左右的契约工从厦门被输送到澳大利亚的新南威尔士殖民地。[③] 但是在 1851 年澳大利亚爆发淘金热之后，以珠江三角洲地区农民为主的粤籍华人成为向大洋洲移民的绝对主力，奠定当地华人社会的物质与文化生活基础。

早期前往大洋洲的华人移民可以分为两类。第一类是前往澳大利亚的移

---

① 刘渭平：《巴布亚新几内亚华侨简史》，收入氏著《大洋洲华人史事丛稿》，香港，天地图书出版社，2000，第 84 页。

② 何芳川：《太平洋贸易网与中国》，《世界历史》1992 年第 6 期。

③ “Governor Sir C. A. Fitx Roy to Earl Grey. 3 Oct. 1849,” no. 1, *Accounts and Papers* (*AP*): Session 4, Feb. 8, August 1851; Vol. XL, 1851; 在 1853 年之后，随着澳大利亚淘金热兴起，珠江三角洲地区大量华人以自主移民的形式进入澳大利亚，从此在此地形成了广东人口的绝对优势。

民，大多是“赊单移民”[①]。第二类则主要存在于岛屿地区，就是以殖民地用工公司直接出面征募的华人劳工；这种形式到 19 世纪 60 年代才真正流行。第一个也是最直接的原因在于，第二次鸦片战争签订的新约使中国劳工出洋正式合法化，洋商从内地直接征募华工再无顾忌。第二个原因在于，太平洋岛屿地区迟至 19 世纪中后期才相继被列强正式瓜分和开发，用工需求也就到此时才激增。第三个原因是，这些岛屿地区自然环境与生活条件甚为严苛，不通过有计划乃至强征的雇工就很难输入劳动力。近至巴布亚新几内亚，远到波利尼西亚，都以与世隔绝的水域、孤岛环境著称，有部分华人可能是经由澳大利亚再移民至周边岛屿的，但更多华人是稍晚些时候直接向大洋洲岛屿输出的。移民社会的出现不是一蹴而就的，流动方向也可能多元而反复。[②] 显然，如果没有西方殖民者重组、扩大并运作太平洋贸易网络，华人很难出现在如此边远的海岛上，而一旦形成这种深入太平洋盆地的移民潮，华人也就可以持续利用新兴海上交通条件与殖民地开发的产业契机，向地球上最偏远的角落进发。

从 20 世纪 40 年代开始，由西方列强主导的海洋殖民网络被打破，太平洋战争的爆发使得大洋洲岛屿地区华人社会进入一个重要的转型期，其在岛屿地区不断聚集甚至局部人数超越原居民的势头被遏转了。密克罗尼西亚群岛与美拉尼西亚部分岛屿，遭受日本侵占甚至沦为激烈战斗的战场，许多华工被迫转移到澳洲或更安全的岛屿，如瑙鲁的华工就被撤离到墨尔本或吉尔伯特群岛。由于契约劳工制度待遇苛刻得令人联想到奴隶制，经过反法西斯战争的洗礼，岛屿地区均放弃恢复这一制度，而由澳大利亚实际托管的岛屿对华人移民也宣布了禁令；如此一来，华人停止了大规模且有组织地向大洋洲岛屿地区移民。

“二战”后，华人移民在岛屿地区加剧离散，华人社会的分布更为广泛，同时战后国际局势的变化也促进了岛屿地区华人移民的本土化。第一代移民中只要没有回国者，均充分入籍归化甚或与原居民联姻。这一方面使得

① “赊单”是广东话，英文为“Credit Ticket System”，意即“赊欠船票制”；指出洋做工的苦力，无力购买船票，而由招工代理人垫付，到国外以工资加利抵还，直到还清为止。它和契约苦力制的区别为“只是没有定期的文明契约”。参见张秋生《澳大利亚华人华侨史》，外语教学与研究出版社，1998，第 67 页。

② 许多前往新西兰及波利尼西亚地区的华人移民，就是从澳大利亚再移民而来的，主要是菜农和小商贩。参见陈翰笙主编《华工出国史料汇编》第八辑，中华书局，1984。

老华侨们在未来独立的岛国社会中普遍拥有较高的社会地位和融洽的社会关系；另一方面使得华人与中国的跨海联系网络被削弱了。大洋洲岛国中，人口最多、华人社区最大的巴布亚新几内亚（简称“巴新”）就是一个具有代表性的例子。由于多数存在华人移民社会的岛屿殖民地实际上沦为澳大利亚与新西兰的托管地，以巴布亚新几内亚为代表的各托管当局，都坚决推行澳大利亚国内的“白澳政策”，即禁止中国人继续移民，其结果是既有的华人群体不断凋零或为了生存而与原居民加速融合。更关键的是，1949 年后国民党败撤台湾，而新中国与大洋洲国家迟迟无法建交，因此绝大多数岛屿地区的华人移民被迫中断了与大陆的直接联系，但又不具有“回归”台湾的条件，于是更注重融入当地社会而不是依赖母国维持生计。20 世纪 50 年代末，澳大利亚开始允许在托管地出生的华人入籍。1966 年巴新当局统计数据显示，总共有 2455 名居民自认是华人，其中生于中国的华人是 566 人，但只有 282 人还保留中国国籍。① 到 20 世纪 70 年代，华人社会基本上与中国海峡两岸都不再有密切联系，其中国认同也进一步淡化。1971 年，巴布亚新几内亚有 5 万外籍人士，其中华人有 3500 人，但几乎没有一个还保有中国国籍或出生于中国。到 2000 年时，这种情况已经发展到人口普查中不再关注是否有中国人，因为全部华裔人口几乎都已经是巴新籍或澳籍。② 华人与当地原居民通婚更是推进了华人社会的本土化；对他们而言，是否嵌入一个包含中国在内的海洋交流网络，意义不大。

1960 年至 20 世纪 80 年代初，大洋洲多数岛屿地区摆脱托管身份实现独立或自治，这在很大程度导致其移民政策产生变化。一方面，尽管澳大利亚与新西兰等前宗主国继续通过一定的民事援助推动岛屿社会发展建设，但岛国自力更生的任务艰巨，各国均把发展对外商贸和吸引外资视为现代民族国家建设的手段，这就为从毗邻的亚洲重新输入移民创造了契机。另一方面，从 20 世纪 80 年代中期起至 90 年代，澳大利亚推动“脱欧入亚”的国家发展战略，这也使得大洋洲岛国进一步放松了对亚洲移民的抵触和管制。这都促成了华人新移民群体在大洋洲岛国的发展，也就是所谓“新华人移民”群体的诞生。

---

① Hank Nelson, *The Chinese in Papua New Guinea*, discussion paper of Research School of Asia and Pacific, April 2007, p. 2.

② Hank Nelson, *The Chinese in Papua New Guinea*, p. 4.

在传统的华人移民史研究中，学者通常将移民分为“过客”（sojourner）与“定居者”（settler）两类，前者强调移民的落叶归根性，后者强调移民的落地生根性。近30年来岛屿地区新兴华人移民群体中，这两种情况并存，但前者更多。大体而言新兴华人移民群体的来源有三个。第一是20世纪80年代以来东南亚华人企业在岛国开展的资源开发活动，比如，巴布亚新几内亚的森林砍伐活动。① 第二是2000年以来越来越常见的中国劳工，即中国企业开发当地矿产及其他自然资源时带来的大量务工人员。②第三是通过合法移民程序获得岛国国籍的华人，这些人主要是因婚嫁产生的亲友投靠移民及投资移民。尽管我国不承认双重国籍，但由于接收国承认双重国籍，结果形成了在岛国定居生活，但其实与国内保持更紧密联系的华人新移民群体。③

显然，在讨论太平洋岛屿地区新兴华人移民群体时，不能套用一般的移民概念。由于岛屿地区本身较少具有吸引中国普通民众长期定居的要素，大量新移民其实从未摆脱“过客”性质，看似不再回国定居，却也未必在岛屿上扎根。在跨太平洋交通网络持续便利以及中国在亚太地区影响力与日俱增的时代，岛屿华人移民的流动性空前强化，同时其生计与中国社会紧密相关。对此瓦努阿图就提供了一个典型。

二　瓦努阿图殖民地华商群体的崛起

瓦努阿图原称“新赫布里底”，位于南太平洋西部，如图1，西距澳大利亚布里斯班1900公里，东离斐济800公里，主要原住人口是美拉尼西亚人（被称为“Ni-Vanuatu”），占其总人口比例98.5%以上。瓦努阿图共由83个岛构成，但只有不超过30个岛屿有人定居，总人口27万。如图2，第一大城市是首都维拉港（Port Vila），人口约5万，第二大城市为卢甘维尔（Luganville），人口约1万。瓦努阿图在1906年正式沦为英法共管殖民地，

---

① Hank Nelson, *The Chinese in Papua New Guinea*, p. 6

② Graeme Smith, "Nupela Masta? Local and Expatriate Labour in a Chinese-Run Nickel Mine in Papua New Guinea," *Asian Studies Review*, Vol. 37, Issue 2, (June, 2013), pp. 184 - 185.

③ Stewart Firth, *Globalisation and Governance in the Pacific Islands*, E-Press of Australian National University, 2006. Chapter 6. 参见 http://press.anu.edu.au//ssgm/global_gov/html/ch06s08.html#top；访问日期，2014年9月10日。

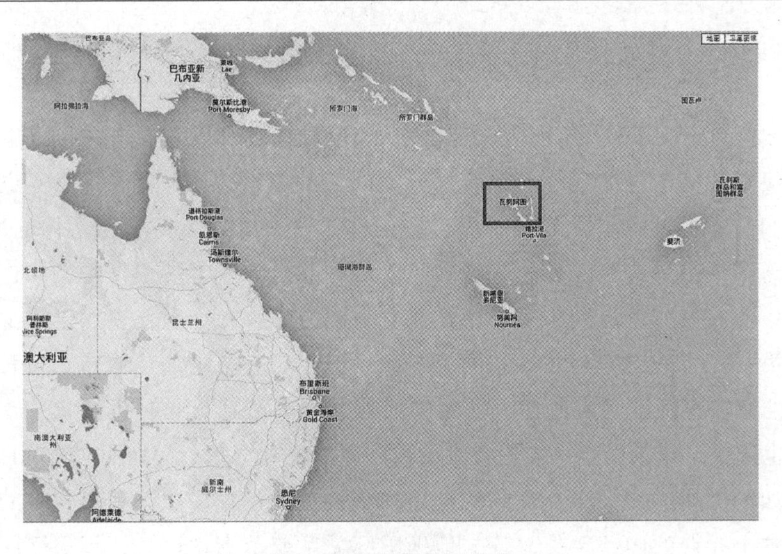

图 1　瓦努阿图地理位置

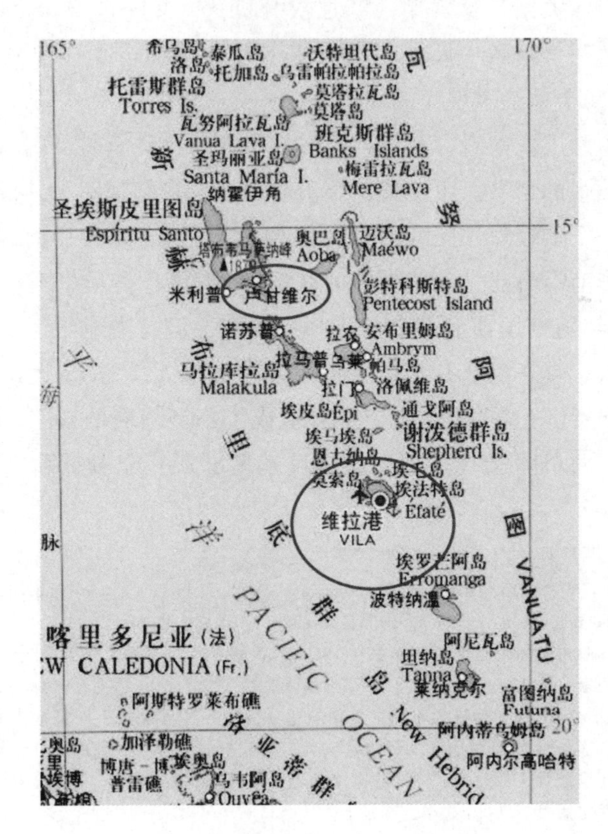

图 2　维拉港与卢甘维尔地理位置

1980 年独立，两年后与中国建交，是与我国关系最持久稳定的大洋洲岛国之一。在大洋洲岛屿地区华人社会中，瓦努阿图华人的规模又是最微小的之一。据统计，至 2017 年前后，合法定居者仅有 2000 人左右，一半以上还是近十年自大陆抵达的新移民，实属典型的少数族裔。① 然而这一现实也使得学者们的考察具有了所谓的"实验室条件"——可以更集中和具体的追踪。瓦努阿图政治局势稳定且患流行病风险低，这也为学者持续田野调研创造了有利条件。另一个有利条件在于，瓦努阿图的华人几乎全部聚居于首都维拉港及第一大省的首府卢甘维尔两个基础设施相对完整的港口城市。这种邻港而居的特点直接说明当地华人深厚的海外渊源与联系，同时也意味着在过去一个世纪中，华人的生计与更广大的内陆原居民社会缺乏密切而直接的联系。

如前文所述，大洋洲岛屿社会出现华人移民不仅取决于移民自身的取向以及本土社会的内部条件，还与地区国际关系变革密切相关，瓦努阿图也不例外。对此国际关系学界常用的"层次分析法"（level of analysis）极富启发性。就理解瓦努阿图华人社会的历史变迁来说，至少涉及国际体系、国家/社会及移民个体三个层面的问题。②

从国际体系层次来看，瓦努阿图出现华人移民完全是英国与法国在大洋洲进行殖民扩张的结果。由于殖民统治和开发，瓦努阿图与其他大洋洲岛屿被整合进同一个依赖海洋交通网络的资本主义区域市场中，而这个区域市场迅速跟中国华南沿海建立起了直接的联系。③ 据说，最早出现在瓦努阿图的华人是 1844 年随英国商船而来的厨师和木匠，但是当地已经找不到这些早期移民的后裔。真正生存并繁衍下来的第一批华人，是 19 世纪中后期开始出现的零售业者。"这些第一批定居者形成了小型华商的核心，他们在大洋洲群岛中除了两个国家（库克群岛以及基里巴斯）以外的所有岛国里一直

① Emma Guillain, "The Chinese community in Vanuatu," http://www.lfportvila.edu.vu/en/the-chinese-community-in-vanuatu/，访问日期 2018 年 10 月 1 日。

② 美国国际政治学家肯尼斯·华尔兹在 1959 年率先提出了"层次分析法"，认为可以从国际体系、国家与个人三个"意向"来理解国际关系变化。这一洞见在国际问题研究领域引起了广泛反响及应用。最终它不仅被用作问题分析的一种方法论，而且被视为问题分析的一个原则。详参〔美〕肯尼斯·华尔兹《人、国家与战争——一种理论分析》，倪世雄等译，上海译文出版社，1991；〔美〕约瑟夫·奈：《理解国际冲突：理论与历史》，张小明译，上海人民出版社，2009。

③ 参见费晟《论 18 世纪后期大洋洲地区对华通航问题》，《海洋史研究》第 12 辑，社会科学文献出版社，2018。

繁衍到今天，他们的孩子与较近抵达的人结合，延续了华人社团。”[1] 显然，传统的民族国家分析法难以适应群岛华人移民的经验。

从个体层面看，今日的瓦努阿图华人社区可以追溯至1912年来自福建的张亚宝（“Zhang Yabao” 音译），昵称“阿宝”（Ah Pow）。[2] 张亚宝是一名厨师，随专门从事英国与澳大利亚间贸易的商船“丽神号”（Euphrosyne）抵达瓦努阿图。厌倦漂泊的他决定在维拉港定居，并创办了当地第一家面包作坊，而所有的原材料都通过英商从澳大利亚进口。以制售面包起家、维生，张氏家族坚持从事零售业，繁衍至今已经有四代人，这个家族始终是维拉港最有声势的商人家族和华埠领袖。张亚宝的孙子张查理（Charles Chang）是家族掌门人，和他的叔叔张连仲一起成为瓦努阿图最大的连锁零售超市“好又多”（Au Bon Marche）的拥有者。[3] 由于资产雄厚和社会威望较高，张查理长期担任瓦努阿图华人社会中最大的公共组织中华公会（Vanuatu Chinese Club）的主席，还担任过瓦努阿图驻上海名誉总领事。在瓦努阿图这样一个缺乏产业多样化的国家，华商群体形成了举足轻重的影响力，而以家族为单位的商业活动主导了当地华人的社会生活。首都维拉港的中华公会甚至“以企业法人身份注册，并按照公司法制定章程”。[4]

从瓦努阿图本土社会层面来看，华人移民群体由商人主导并且具有紧密的海外联系绝非偶然。

首先，这是由当地经济生活依赖外部市场及进口物资的现实所决定的。与许多热带前殖民地国家一样，瓦努阿图的所谓现代经济体脱胎于殖民者建

① Bill Willmott，《太平洋华人的不同经验》，《南方华裔研究》（*Chinese Southern Diaspora Studies*），Volume 2，2008. p. 166.

② Bill Willmott，“The Origin of South Pacific Chinese Community，” in P. McGregor ed.，Australasia and the South Pacific Chinese History，Melbourne：Chinese History Museum，1995. p. 136. Bill Willmott，*A History of the Chinese Communities in Eastern Melanesia*：*Solomon Islands*，*Vanuatu*，*New Caledonia*，Working Paper，no. 12，Christchurch，N. Z.：Macmillan Brown Centre for Pacific Studies，University of Canterbury，2005. P. 7；该家族在下文称“维拉港张氏家族”。

③ 张亚宝经营业务非常广，其中包括倒卖少量鸦片，因为张亚宝本人有抽吸鸦片的嗜好，但是结婚之后就戒烟了。张亚宝有三个儿子，依次为张连方、张连升及张连仲。张查理是张连方之子。访问张连升（张亚宝之次子）；地点：张连升寓所；采访时间：2016年8月22日。采访人：费晟，张查理（张亚宝之长孙）；地点：张查理寓所；采访时间，2016年8月23日；采访人：费晟。

④ “The Companies Act：Memorandum of Association of the Chinese Club Limited，” Port Vila：The Chinese Club，1994.

立的单一作物种植园。[①] 从19世纪中后期开始，殖民地经济的支柱产业就是椰子种植，主要出口物是可以榨油的椰肉干（Copra）以及可以作药用的卡瓦胡椒（Kawa）。法国殖民者在椰子种植园中混养牛群，也形成了赢利的肉牛出口产业。但直到第二次世界大战之前，瓦努阿图都缺乏现代工业，尤其是制造业，外来劳工所占总人口比例也不高。这种经济状况造成瓦努阿图几乎所有的消费品都要依赖海外进口，早期华商如维拉港的张氏家族就是利用这样的契机从事产售一条龙的零售业，完成了财富原始积累的。太平洋战争中，瓦努阿图的军需、军备产业繁荣，为华商崛起进一步创造了契机。一方面，美国策划、组织的西南太平洋战场将瓦努阿图确立为军事补给基地和防御基地，驻扎的美军开始建设规模庞大的交通和电力设备，大幅度改变了当地的景观与消费模式，城镇居民点增扩，大众消费提振，农村则出现了肉用畜牧业繁荣以及外来病虫害。[②] 这导致两大港口区相对自给自足的自然经济体几乎瓦解，依赖出口创汇再进口消费品的经济模式不断强化。另一方面，出于备战恐慌，许多华商开始向澳大利亚与新西兰转移投资，同时强化了与澳新华人社会的经济联系，尤其是在日用消费物资领域实现了垄断性进口与经营。比如，在卢甘维尔港的美军撤离之后，留下的美军营地成为新城区的基础，华商则开始沿硬化的道路新建商铺，而在澳大利亚有投资基础的黄氏家族，逐步与澳大利亚主要的大米供应商确立了独家代理销售权。[③] 与此类似，卢甘维尔的梁氏家族开始与新西兰的农业生产商确立了土豆、洋葱及耐储蔬菜的垄断经营权，由新西兰供应商掌控的物资补给船定期访问卢甘维尔并提供新鲜的蔬菜，同时接受华商的“款待”。[④]

其次，在瓦努阿图殖民地时代，华人所处的社会地位使其能够游刃有余地维持海外交流网络。就殖民统治者而言，与其他岛殖民地不同，瓦努阿图一直处于英国与法国的共管之下，两个殖民者当局有所合作，但也有相互掣

---

① 瓦努阿图目前主要的经济产业有四个：热带农业、养牛、离岸金融及旅游观光。但该国80%以上的人口仍然依赖出口农产品种植。Usman W. Chohan, *The Case for a Legislative Budget Office in Vanuatu*, Social Science Research Network（SSRN）, 29 Jun 2017, 访问日期2018年10月1日。

② 具体参见 Judy A. Bennett, “Pests and Disease in the Pacific War: Crossing the line,” In R. P. Tucker & E. Russell（Eds.）, *Natural Enemy, Natural Ally: Towards an Environmental History of War*, Oregon State University Press, pp. 217－251。

③ 应受访人要求，故意隐去了当事人的具体名字。

④ 新西兰与澳大利亚的供应商会定期造访瓦努阿图零售商，更新或确认合同之后，通常会在华商陪同下旅游和饮宴。

肘甚至竞争的关系，这给了华人渔翁得利的意外契机。由于在南太平洋殖民地总体占有压倒性优势，英国方面对微小的瓦努阿图较为轻视，而在南太平洋殖民地有限的法国则格外珍视瓦努阿图，统治政策更为全面周到，影响为深入基层。为了与英国争夺当地民心，法国殖民者当局罕见地提供免费的基础教育，结果法语在瓦努阿图的基层公共交流中始终是主导语言。在相当长时期内，法国殖民当局以各种方式限制了英国及其区域代理人澳大利亚与新西兰的势力渗透。此外，由于距离英法本土过于遥远，瓦努阿图无力吸引欧洲裔移民，因此独立之前，瓦努阿图欧洲裔移民人口所占的整体比例也很低，职业分布有限。除了传教士群体和部分农场主外，瓦努阿图欧洲裔人口中极少见成规模的工商业从业者，很难取代或压制华商势力。相反，殖民者当局要依赖华商维持当地民间经济，因此很少轻慢华人。[①] 在存在华人移民社会的各个海外政治实体中，瓦努阿图是历史上罕见出现过“反华”或“排华”活动的地区之一。此外，由于岛屿的支柱产业椰子种植业以及畜牧业相对不要求密集的劳动力投入，因此殖民者当局也没有大量引入海外劳工的动力。瓦努阿图主要的农业劳动力是法国引入的越南人，而他们在第一次印度支那战争期间基本都返回了越南。就原居民而言，薄弱的殖民统治使得他们基本上保留了氏族社会的伦理秩序与自然经济，缺少从事商品经济的实践经验，财产私有制观念也异常淡薄，尤其对付薪的雇用劳动体制热情不高，因此很难形成与华商竞争的本土商业集团。[②] 于是，至少自第二次世界大战后，华人成为瓦努阿图经济命脉的实际掌控者，原居民甚至已经习惯将华商称为“主人”（master）。[③] 瓦努阿图独立后，原居民社会掌握了土地所有权，但是基本都集中于酋长之手。由于货币性收入不足以满足其消费需求，因此酋长经常通过出让土地换取华人的资金与物资，最终结果是不仅让

① 法国殖民者在公共事务中投入的资源更多，包括免费的小学教育，这导致当地人口中几乎都通法语，但是在初中及以上部分的教育中，英语学校与法语学校数量、规模旗鼓相当，因此当地受教育人口中，学历高者通常具备英法双语能力，而大部分低学历者只讲法语。采访梁阿华（卢甘维尔港阿华商店店主）；访问地点：梁阿华寓所；访问时间：2016 年 8 月 19 日；采访人：费晟。

② 根据当地采访的经验总结，华人认为原居民缺乏财产私有制观念，经常面对家族成员赊账的购物方式，结果是破产速度极快。而原居民悠闲的生活方式，使其不愿意从事定时定点的雇用劳动活动。采访梁阿华（维拉港阿华商店店主）与亚秀（梁阿华妻子）；访问地点：维拉港梁阿华寓所；访问时间：2016 年 8 月 19 日；采访人：费晟。出于隐私要求，下文出现的部分华人名为化名。

③ 采访张连升及梁阿华等华商，均表达了上述观点。

华人掌握了社会的流动资金，还让华人逐步拥有了相当大的城区及近郊土地。由此，瓦努阿图华商得以相对自如地发展商业并根据市场需要和自身能力调整对外贸易与文化交流活动。

三 20世纪大洋洲岛屿区域网络变局中的瓦努阿图华人生计

进入20世纪，尤其是第一次世界大战后，大洋洲区域国际格局进一步巩固。各大群岛已经完全被整合进英法主导的殖民体系。由于英法共管，瓦努阿图华人能够同时利用两大殖民帝国在大洋洲构建的海洋网络谋生，其结果是流动性持续增强。如在独立建国前，瓦努阿图华人可以同时享受英国与法国在亚太地区领地的免签或宽松审核的待遇，这意味着华商可以在整个南太平洋各殖民地之间自由来往，即使到东南亚及中国香港，也能畅通无阻。然而，高度的人身自由与流动便利不仅造福华人移民，也可能加剧其命运的不可自控性。来自法属波利尼西亚塔希提（Tahiti）岛但最终落脚于瓦努阿图的黄姓家族的经历，可以充分反映这一问题。

法属波利尼西亚早在1865年就开始通过香港输入广东客家人劳工来从事甘蔗种植业，最终形成了相对庞大的华裔社会。[①] 1911年，年仅三岁的东莞客家人黄A随母亲前往塔希提投奔已经在当地定居的父亲黄金。黄A在塔希提长大，并在1916年至1922年接受了由当地国民党组织筹办的中文小学教育，随后开始务农至1947年。1941年他与塔希提的原居民埃塔玛（E Tama）女士跨族通婚；与此同时，他的妹妹黄亚娇嫁给了法国人，不久随夫前往瓦努阿图卢甘维尔港定居。[②] 1947年，塔希提谣言四起，传说法国要向印度支那增兵以对抗当地民族解放运动，很可能从大溪地亚裔人口中征兵，因此黄A携带妻子及两个儿子经香港回东莞定居务农。1950年2月，黄A一家又以“难民”身份离开内地迁往香港，开始在港岛从事木匠工作，但三年后因生活压力转入九龙务农。由于经济境况并未好转，他在1958年决定迁往

① 英语学界有关法属波利尼西亚华人史的专题研究非常有限，法语学界最具代表性的是Gérald Coppenrath, *Les Chinois de Tahiti: de l'aversion à l'assimilation 1865 - 1966*, Paris: Publications de la Société des Océanistes, no. 21, Musée de l'Homme, 1967。

② 这些材料来自1970年黄B向瓦努阿图政府申请公民身份时提交的简历材料，由黄氏家族私人保存至今。从材料看，该名字书写如此，但似乎是根据客家话的昵称“黄阿娇”所音译，后文他的弟弟“黄阿生”也是如此。采访黄B（维拉港烘焙店店主）；访问地点：黄B的烘焙店；访问时间：2016年8月20日；采访人：费晟。

瓦努阿图投奔妹妹并定居；其后与妹妹黄亚娇及弟弟黄亚生开始务农并投入零售业。黄 A 于 1960 年初去世，其子黄 B 虽在塔希提出生，此时已经在香港完成高中教育并在机场海关担任警卫工作。出于对父亲事业继承的考虑，黄 B 只身前往瓦努阿图工作，在姑姑的资助下开始经营商店。他利用在香港积累的经验创办了卢甘维尔第一家商业电影院，雇用当地华人为到访的国际水手提供服务。在此期间，还根据亲戚介绍前往塔希提迎娶了当地的客家女孩。1979 年，瓦努阿图独立前夕，由于担心原居民新政权会无偿剥夺华人财产，故而贱卖资产，决定从卢甘维尔前往维拉港谋生。[①] 但苦于缺乏资本，黄 B 只得在父亲朋友的邀请下前往瓦努阿图协助其经商。1988 年，嫁给维拉港张氏家族的外甥女李 L 邀请黄 B 再来维拉港定居，并赞助本钱重开电影院。黄 B 最终从事了张氏家族开创并一直维持的糕点烘焙及经销行业。

从黄 A 与黄 B 两代人的经历可以发现，海洋网络远不只是把瓦努阿图这样的微型群岛整合进一个看似地理分散其实内部联系紧密的大型海岛网络，还以珠江三角洲地区为结点，将中国大陆也纳入其中。进入 20 世纪，大洋洲与外界的海洋交流网络具有前所未有的通畅性，这使得岛屿华人拥有便利和广阔的流动空间，英法共管的瓦努阿图殖民地则尤为如此。吊诡之处在于，这种通畅性使得国际局势变化的消息能够较快传入岛屿社会，但是岛屿之间以及与中国大陆毕竟还是汪洋相隔，消息层层传递后可能具有误导性，许多岛屿华人在容易移民的情形下，人生反而变得格外颠沛流离。无论如何，黄 A、黄 B 父子能够在法属波利尼西亚、瓦努阿图及中国之间的相距两万公里的空间中自由来往和就业，这说明了 20 世纪海洋网络的发展已经给岛屿社会的华人生计提供了多样化的选择。

四　瓦努阿图华人生计的新变化

20 世纪 70 年代后期开始，岛屿社会内政及区域国际体系又开始了新一轮调整。从国家层面看，瓦努阿图在 1980 年赢得完全独立，两年后又与中国建交。与此同时，中国开启了改革开放序幕。过去 30 年中，双边人员与

---

① 黄 B 听信了独立后可能发生排华活动的谣言。因为法国殖民者在瓦努阿图独立过程中态度更为消极，因此遭受当地人更深的仇恨与更强的抵制，与法国殖民者保持更深联系的华人因此普遍担心失去英国护照后，自己的财产未必能得到保护。采访黄 B（维拉港烘焙店店主）。

物资交流的制度性障碍被完全打破。从国际体系层面看，改革开放后的中国积极融入并推动亚太区域经济一体化。一方面，中国不断壮大的经济体量日益成为促进瓦努阿图外贸及社会整体发展的重要外援。从2000年至2012年，中国与瓦努阿图等8个有邦交关系的太平洋岛国的贸易额，从2.48亿美元激增到惊人的17.67亿美元。[①] 另一方面，中国也开始前所未有地参与并推动大洋洲岛国的区域一体化活动。在2006年，由中国发起、斐济承办的“第一届中国－太平洋岛国经济发展合作论坛”部长级会议成功举行，包括瓦努阿图在内的8个太平洋岛国部长到会。瓦努阿图贸易工商及旅游部长强调：“我确信与中国加强经济合作能够带来许多贸易和投资的可能，我们的责任和义务是确保这种情况，在加强中华人民共和国和太平洋地区经济体的互惠互动方面，我们的目标完全一致。”[②]会议后，中国与太平洋岛国的贸易额年均增幅高达27.2%，直接投资年均增长63.9%。毫无疑问，这不仅促进了华人新移民前往瓦努阿图，也为当地既有的华人群体创造了前所未有的发展机遇，其影响远不止在经济领域。卢甘维尔港华人梁阿华的人生经历充分说明了岛屿社会的华人可以通过把握时代契机积极改善自己的生计。

20世纪70年代，当黄B在卢甘维尔经营电影院时，雇用了一个贫苦杂货店店主的次子梁阿华做揽客伙计与售票员。[③] 梁阿华是第二代华人，其父亲来自东莞，迫于生计在1939年跟随同乡抵达瓦努阿图维拉港，一直在华人商铺做帮工。太平洋战争爆发后，其父又前往澳大利亚悉尼从事蔬菜种植业，战后再次回到维拉港打工，最终辗转到卢甘维尔定居，靠经营杂货店糊口。出生于1955年的梁阿华有一个哥哥和六个姐妹，家庭经济压力可想而知。雪上加霜的是，梁阿华的哥哥经济独立性极差，难以分担家庭压力。除了生活拮据的因素外，还有卢甘维尔港区微型的华人社会缺乏足够多有魅力的同龄华人男青年，梁阿华有四个姐妹都选择终身不嫁。她们放弃了前往首都维拉港谋生的机会，全力协助父母经营商店。梁阿华仅有一个姐姐出嫁至

① Zhang Jian, “China's Role in the Pacific Islands Region,” in Rouben Azizian and Carleton Cramer eds., *Regionalism, Security & Cooperation in Oceania*, Honolulu: University of Hawai'i at Manoa, 2015, pp. 44 - 45.

② 詹姆斯·布莱：《瓦努阿图贸工旅游部长詹姆斯布莱在部长级会议上讲话稿》，中华人民共和国商务部网站，2006年4月17日。参见 http://www.mofcom.gov.cn/article/zt_tpydglt/subjectq/200604/20060401935273.shtml，访问日期，2018年10月22日。

③ 尽管也姓梁，但梁阿华并不属于在卢甘维尔具有经商传统并且富有相当影响力的梁氏家族成员。

维拉港并最终移居香港，另一个姐姐则与一位瓦努阿图原居民同居，进而基本脱离了原生家族。尽管生计艰辛，父亲仍坚持送梁阿华前往澳大利亚完成了中等教育后才返回卢甘维尔。在父亲去世后，家族所有的经济负担转到梁阿华身上，他除了与姐妹经营商店外，也给包括黄 B 在内的其他华商打工。就其个人生活而言，更致命的是，由于中国与大洋洲岛屿基本中断了直接联系，人员、物资与信息的更新非常缓慢，梁阿华也陷入了难以在当地华人女性中寻觅适婚对象的窘境。①

因此毫不夸张地说，中瓦建交给梁阿华带来了新生。1983 年后，来自中国的信息日渐增多，重新有机会返回珠江三角洲地区探亲的华商，开始为瓦努阿图单身华人男青年带回家乡众多单身女孩的照片，供其了解。1993 年，已经 38 岁的梁阿华看到了东莞女孩亚秀的照片并为之吸引，随即展开了进一步联络。亚秀当时因遭受一场短暂的失败婚姻的打击，正处于人生低谷，她表示愿意离开家乡前往陌生的瓦努阿图开始新生活。两人于是在 1994 年正式结婚，开始共同经营商店。亚秀在广东时就曾是单位的专职财务人员，抵达卢甘维尔后，迅速了解了梁阿华商店的经营状况并且建立起专业的财务制度，减少了损耗与浪费。同时，她积极利用故乡的人脉，开始从珠江三角洲地区直接订购性价比极高的轻工业商品，改变了当地华商依靠澳大利亚或新西兰转口供货的传统渠道，使得梁阿华商店的盈利日益提高。瓦努阿图桑托岛华人公会主席认为："像亚秀这样的新移民非常能干，不光经营能力和社交能力很强，不像土生的华人，而且眼界很开阔，思维很活跃。"②

与瓦努阿图出生的华人多有不同，作为新移民的亚秀频繁出入广州的批发市场，了解最新的消费潮流，直接从中国专业批发市场采购所需。她积极与中国政府侨务及外事部门建立密切联系，实时掌握中国政治外交发展的最新动向，捕捉商机。更重要的是，20 世纪 90 年代中后期起，她还开始通过购买酋长的土地以及在澳大利亚投资房地产积聚财富。在亚秀提供信息及积极联络下，梁阿华通过申请成功地在零售商店边开设了加油站，增添了新的盈利产业；此外，他还开设旅馆接待海外游客。过去 20 年里，梁阿华大幅度改善了自己的经济处境，同时也提高了兄弟姐妹的生活质量。梁阿华仅有

① 采访梁阿华。

② 访问梁育元（瓦努阿图桑托岛华人公会主席）；采访地点：梁育元的宾馆；采访时间：2018 年 8 月 17 日；采访人：费晟。

的不满是，作为新移民华商的代表之一，亚秀的流动性太强，她并不愿意长期定居瓦努阿图，而是习惯于在中国、澳大利亚与瓦努阿图这样的网络结点之间奔波。[①]

尽管梁阿华与亚秀的案例具有戏剧性，却并非绝无仅有。比如，瓦努阿图有明确后裔的第一位华人移民张亚宝曾与原居民妇女同居，但没有子嗣，因此返乡结婚："家里专门要求，不要找处女，找已经生过孩子的女人去结婚，这样可以确保有后代。"[②] 而他的次子张连升则是在45岁左右才与从中国福建马尾来的女性新移民结婚。事实上，相当数量的20世纪50年代出生的第二代瓦努阿图华人男性，都是在20世纪80年代中后期通过照片及远亲介绍而结婚的。新娘通常是来自相对贫困的中国家庭或者因各种原因选择离国定居的年轻女性。借此，瓦努阿图老移民家族因为吸纳女性新移民而得以维持。显然，就瓦努阿图华人的婚姻而言，即便岛屿间的交流网络始终存在，如果与中国失去直接的联系，很可能像巴布亚新几内亚华人那样不断萎缩或者走向跨族通婚。

需要注意的是，重新开放和便于流动的海洋网络，不仅改善了瓦努阿图华人的个人生活，而且增强了瓦努阿图华人社会内部的凝聚力以及中国文化的传播力。如在瓦努阿图华人工会（维拉港）关于筹办中文学校的提议书中就说道：

> 去中国探亲访友、观光考察成了当今世界好多人梦寐以求的愿望。但一入中国的大门，就需要意识上的沟通，而要沟通，就必须采用共同语言。于是掌握普通话这门交际语言就成了漫游中国大地的第一把钥匙。为此，在人们"要学中文"的呼声的直接响应下，在中国大使馆、华商会的极力支持与倡导下，我们决定以"弘扬中国文化"为宗旨，在Port Vila（维拉港）举办一所既属于中国人、也属于爱好中国文化友好人士的中文学校。[③]

20世纪90年代之前，瓦努阿图曾经几次尝试筹办中文学校，但都因缺

① 访问梁阿华与亚秀。

② 访问张连升。

③ 袁婷：《在Vila举办中文学校之我见》，《瓦努阿图华人公会自存档案》，1997年10月10日。

乏懂说普通话的移民群体，口语训练只能以粤语为主。此外，由于授课频率较低、教师专业技能缺乏，以及授课形式单调，中文学校很快关停，学生大多前往澳大利亚或新西兰接受中文教育。但是在中国大使馆加大资源投入以及华人移民日渐增多后，中文学校获得了新的教材与普通话水平更高的教师，因此得以重办。学校使用的中文材料，显然不只满足当地华人中文学习的需要，还面向其他族群居民开放，起到了传播中国文化的作用。事实上，中国自 1995 年开始向瓦努阿图学生提供来华留学奖学金，截至 2010 学年共向瓦努阿图学生提供 27 个来华奖学金名额。中方自 2004 年开始向瓦努阿图派遣汉语教师，现有 2 人在瓦任教。仅 2003 年至 2007 年 6 月，中方向瓦赠送的中文图书及音像制品就达 3278 册（套）。[①]

中国影响力的拓展，在体育领域也产生了明显的溢出效应。改革开放后，移民至维拉港的莫梓炜因为喜爱乒乓球而成立了瓦努阿图乒乓球俱乐部，而 1996 年中国在对瓦援助计划中，列入了体育器材与乒乓球技术项目，莫梓炜借此通过使馆邀请中国乒乓球教练来瓦训练乒乓球运动员。随后，中国连续实施了 9 期援瓦乒乓球技术合作项目，包括派遣教练员指导瓦乒乓球队训练，向瓦乒乓球队提供运动器材，以及邀请瓦队员到中国进行短期强化培训，等等。经过中国教练与瓦努阿图运动员多年来的共同努力，乒乓球运动在瓦得到快速发展，并成为瓦努阿图在国际体坛最具竞争力的优势项目。在南太平洋地区，瓦努阿图已成为乒乓球运动强国。在 2012 年举办的“南太平洋杯”公开赛上，瓦努阿图乒乓球队获得男单金牌、女单和男团银牌、女团铜牌。瓦努阿图乒乓球运动员还战胜南太地区众多强手，先后参加了 2008 年北京奥运会和 2012 年伦敦奥运会，为瓦努阿图赢得国际荣誉。[②]

过去 40 年的历史清楚地说明，瓦努阿图的独立与发展、中国改革开放后的迅速崛起，以及亚太区域一体化进程的加速，给以梁阿华为代表的许多瓦努阿图华人带来了命运的转机，也为瓦努阿图华人社会的存续注入了新的生命力。需要注意的是，在这一时期，尽管如亚秀等新移民的个人能力非常突出，但就瓦努阿图华人社会整体的发展来说，国际体系层面的变化才起到决定性作用，而这种变化又是由国际因素里的中国因素所引发的，中国在大洋洲海洋网络中的作用与地位变得举足轻重。

---

① 访问中国驻瓦努阿图大使馆；访问时间：2016 年 8 月 22 日；采访人：费晟。

② 访问莫梓炜（瓦努阿图乒乓球协会主席）。

结 论

大洋洲岛屿地区华人移民史虽然只是华人全球离散故事中并不引人注目的枝蔓，但显然也是极富特色的一支。除了人口总量少且零散聚居等特点外，岛屿华人移民的生计还额外依赖海洋交流网络的建设与维持。瓦努阿图的案例说明，这种网络不仅存在于不同的岛屿之间，而且存在于居住地与母国之间。

从国际体系层面看，华人社会所依托的海洋网络源自19世纪西方列强在大洋洲的殖民统治；远洋交通的建立与延展、海岛资源的开发与出口、殖民地治理所需的物资与人力保障，都为华人抵达和定居大洋洲海岛创造了机会。进入20世纪，这一网络先后经受了太平洋战争与冷战的冲击，其复杂后果首先是岛屿社会与中国大陆一度失去直接联系；其次是殖民主义的衰亡与岛屿地区民族独立活动的成功。在这一基础上，20世纪80年代后中国重新融入跨太平洋交流网络的意义格外重大，因为这标志着区域一体化的加速，尤其是岛屿地区华人所依赖的海洋网络重新包纳了母国，且联系空前紧密。

从国家/本土社会层面看，以瓦努阿图为代表的大洋洲岛屿地区社会的普遍现状是陆地狭小、资源短缺、人口微少以及产业单一，西方殖民统治重组了岛屿之间以及岛屿与外部的联系之后，岛屿地区社会的存续与发展严重依赖外部进口。由于西方移民数量稀少以及岛屿原居民不适应世界资本主义市场体系，华人得以在岛屿地区社会对外的物质文化新陈代谢中发挥突出的媒介作用。大洋洲岛屿地区分别独立建国后，原居民传统的生活联系其实被民族国家的行政地理划界所分隔，小岛国在民族国家建设事业上步履维艰，因此华人扮演的媒介作用不仅没有减弱，而且更加突显。在过去 个世纪中，以商贸为主的华人移民社会日常生计绵延不断，绝非偶然。

从华人移民个体层面看，岛屿地区的华人在谋生存与求发展上始终努力不懈，除了凭借既有的能力主导商贸活动之外，他们还根据国际形势与国内社会的变局调整自己的发展方向，通过反复移民规避风险，尽管其结果出乎意料。无论规避风险还是竞逐财富，都说明华人能够充分利用既有的海洋网络维持和发展生计。在这一过程中，华人本身也拓展并完善了其所处的海洋网络。在对大洋洲岛屿地区华人移民史的研究中，除关注华人社会内在的运作机制外，还有更重要的也有待于进一步探索的问题，即他们与外部世界的互动模式及内容。

国际体系、国家/社会及华人个体三个层面的因素，在不同时空条件下产生的影响是不尽相同的，但它们都指向大洋洲岛屿地区华人社会发展中最关键的基础——对外联系，尤其是与母国的联系。尽管地理上两地相隔遥远而且中国国内社会长期忽略这种联系的存在，但与中国的联系对大洋洲岛屿地区华人社会来说，从来都至关重要。华人移民家庭的繁衍以及事业的进展，均依赖对故乡物产与人力资源的利用。尤其是在瓦努阿图，微小的华人移民社会得以保持“中国性”，与中国及时的改革开放有直接关系。这在相当大程度上解释了中国何以能迅速在地球最边远的角落开辟市场，同时也意味着岛屿地区华人社会的命运空前地与中国的发展以及中国和小岛国关系的变化密切相关。

Maritme Network and the Livielihood of Chinese Community in the South Pacific Islands: A Case Study on Vanuatu

Fei Sheng

Abstract: The Chinese communities in the South Pacific countries were not formed until mid-Nineteenth century when the European imperialism expanded their colonization and reconstructed the Pacific trade network. The earliest Chinese emigrants to the South Pacific islands were mainly as small businessmen who engaged in retailing industry from Pearl River delta while the new comers from different regions in China made those small communities to be more complicated societies. By oral historical studies and field work in Vanuatu and nearby Australasia countries, it finds that international politics, domestic affairs in the islands societies and specific abilities all deeply influenced the fortune of the local Chinese societies. As the speeding up of China's economy and international engagement, the overseas Chinese in the Pacific islands were more tightly connected to the China's market.

Keywords: Colonialism; Maritime Network; Vanuatu; Chinese Businessman

（执行编辑：徐素琴）

海洋史研究（第十四辑）
2020年1月　第50～66页

新加坡早期港口城市规划与华人商业

——兼论粤籍批局的经营网点分布

黄晓玲*

前　言

马来半岛特别是新加坡的华人移民有着悠长的历史传统，虽然在新加坡开埠之始，殖民者即对新加坡的市区进行了规划，但华人移民在该地的发展，一方面须顺应政府规划，另一方面又带着强烈的族群特色，在自身发展中也影响着新加坡的市区形成及华人商业区域特点。新加坡因其地理优势，在跨国贸易中有重要作用，跨国之网络在华人信局的经营也显示其重要地位。

侨汇、侨批问题对于华侨华人史研究的重要意义自不待述。有华侨华人的地方，就有信局、侨汇。侨批业、信局之于华侨，是亲情的维系、生活的保障，侨批信局的经营与发展有着重要性，其经营的网络亦备受重视。新加坡分帮经营的信局有严格的地域区分，但这种地域区分在贸易经营面前似乎并不绝对。民国政府为了与民局“分羹”争利而开展的“已挂号批信局详情调查”等为我们提供了很好的材料，调查中登记了各批信局的设立时间、设立地点、分支机构等情况，为这一问题的探讨开辟了一条路径。

* 黄晓玲，中山大学历史人类学研究中心博士研究生。

一 城市规划与华人人口

15 世纪末 16 世纪初的大航海时代，随着“新大陆”的发现、新航路的开辟及远程贸易发展，一个个港口城市在新航线上发展起来。东南亚占有重要位置，进入欧洲人的视野，沿海地区更引起欧洲各国竞争，不同人群涌入，使得这些新兴港口染上了深厚的外来文化色彩。1786 年英国莱特上校发现并接收槟榔屿，1819 年莱佛士爵士登陆新加坡，英国人逐渐控制马来半岛，建立其远东商贸基地及海峡殖民地。

新加坡处于马来半岛之最南端，北与柔佛毗连，南为新加坡海峡，东南与爪哇岛相对，西南接马六甲海峡及苏门答腊群岛，“为南洋群岛之枢纽，欧亚航运之中心”。新加坡的近代历史，一般认为始于 1819 年 1 月 29 日托马斯·斯坦福·莱佛士爵士（Sir Thomas Stamford Bingley Raffles，1781 - 1826）登陆。莱佛士登陆后，数年间主持、发布的多项有关新加坡发展、城市规划的法令和条例，对新加坡的发展有深远影响，将新加坡定位为免税自由贸易港口。又制订《新加坡城市规划》（“Plan of the Town of Singapore”），旨在建立并维持良好的城市秩序。这份新加坡最早的城市规划蓝图（见图 1），经科尔曼的勘测与设计，由杰克逊中尉起草与拟订，以新加坡河口为中心，沿原古海岸线做基础划分，分为行政机构区（Gov. Offices-Court House）、商业区（Mercantile Establish）、苏丹皇宫（Sultan's Palace）、华人区（Chinese Campong）、马来人区（Bugis Campong）、欧洲人区（European Town）、印度人区（Chuliah Campong）和阿拉伯人区（Arab Campong）等主要区域，商业区和行政机构区分列新加坡河口两岸。

此图并非 1828 年新加坡的实际街道地图，但据关楚璞先生主持编辑《星洲十年》中的《一八四六年新加坡市区图》（见图 2）可知，市区格局与莱佛士的城市规划蓝图基本一致。新加坡河口两岸逐渐发展为新加坡的商贸、行政中心，市区中心的街巷星罗分布，各种族人群分区聚居、营生。在莱佛士的免税、自由贸易等政策及城市规划中，各国商人均可在此大展拳脚。

这份规划在此后的一百多年里仍持续发挥着影响，“现在新加坡的市区中心，大街小巷纵横交错，可以说是开埠初莱佛士设计的规模，170 多年仍

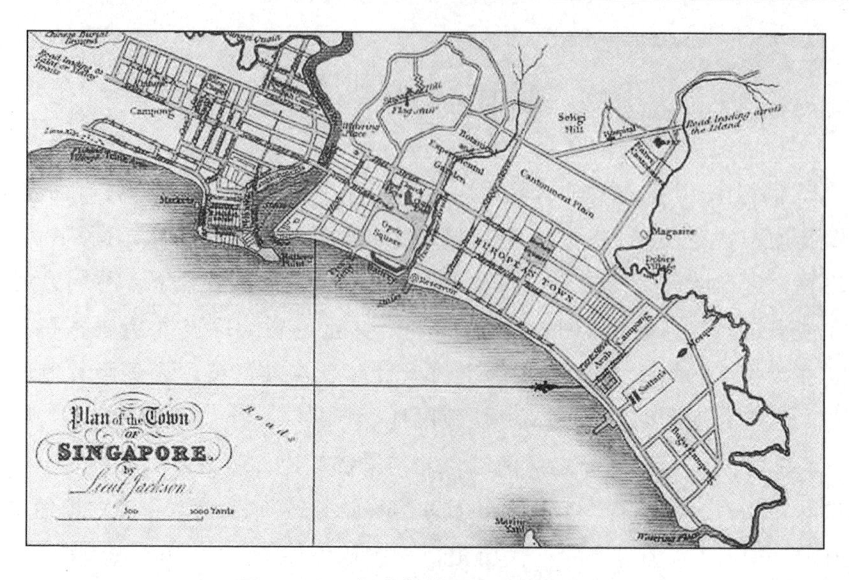

图 1　1828 年出版的新加坡城市规划

资料来源：https：//en. wikipedia. org/wiki/Jackson_ Plan#/media/File：Plan_ of_ the_ Town_ of_ Singapore_ （1822） _ by_ Lieutenant_ Philip_ Jackson. jpg。

然是老样子，尽管高楼大厦林立于市，但是，市中心却依然变化很小”。①

布罗代尔曾言：“中国的真正的资本主义处于中国之外，譬如说在东南亚诸岛。在那里，中国商人可以完全自由地行事与做主。”② 莱佛士爵士于 1819 年登陆新加坡时，岛上的人口、族群均不清楚，学者对此意见也不一致。③ 但从莱佛士爵士划分的市区各种族分布及区域大小，或可窥探一二。

从登岛到 1828 年城市规划出台，八年时间已足够英国殖民者了解和掌握新加坡的人口状况，无论是登陆时的在岛人口，还是大量涌入的新移民。据新加坡 1824 年第一次人口调查可知，当时人口为一万多人，其中中国人的数目为 3317 人，迅速赶上马来人的数目 4580 人。其他人数少的计有：欧洲人 70 人、亚

① 详见陈尤文等主编《新加坡公共行政》，时事出版社，1995。

② 详见〔法〕费尔南·布罗代尔：《资本主义的动力》，杨起译，三联书店，1997。

③ 主要讨论有崔贵强著《东南亚史》（新加坡，联营出版有限公司，1965）认为，有 150 名马来人（Orang Laut）与少数华人；许云樵著《新加坡一百五十年大事记》（新加坡，青年书局，1969）认为，“新加坡河口有俄郎罗越（Orang Laut）海人三十户，华籍渔夫三十名，德门公巫籍卫队一百五十名”；〔新〕罗佩恒、罗佩菁合编《新加坡简史》（新加坡，教育出版社，1984）认为“只住了四五百人海人、马来人和华人”；邱新民著《海上丝绸之路的新加坡》（新加坡，胜友书局，1991）则认为“比 500 人要多”。

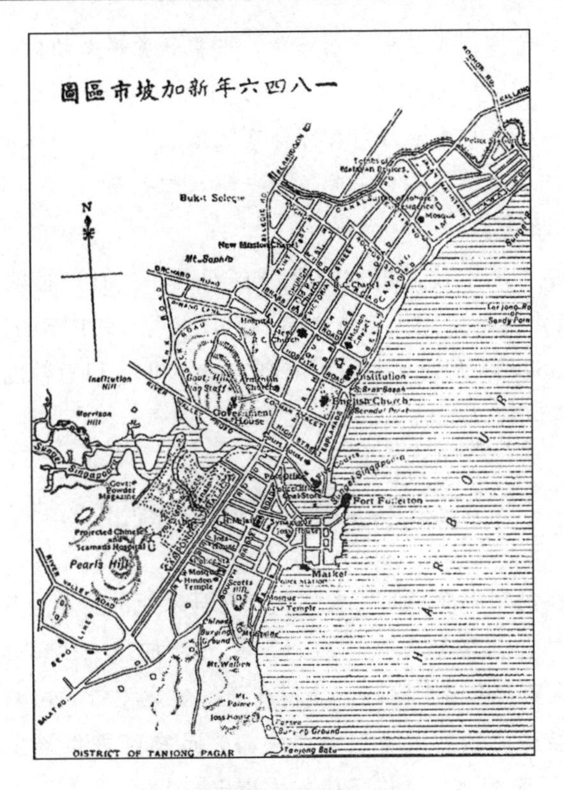

图 2　1846 年新加坡市区

资料来源：关楚璞主编《星洲十年》，新加坡，星洲日报社，1940，地图 3。

尔美尼亚人 16 人、阿拉伯人 15 人、印度出生的 756 人、布吉斯人 1925 人。① 或许莱佛士爵士、杰克逊中尉看到了华人在新加坡的移民趋势和商业地位，故在 1828 年的城市规划蓝图中，华人区划于新加坡河西岸，沿直落亚逸湾一直向西延伸。与之相比，同在河西岸的印度人区只有华人区的四分之一大小。河口往东是行政机构区和欧洲人区域，再往东才是阿拉伯人区和布吉斯人区，这两个区的面积均较华人区四分之一还要小。

对新加坡的华侨移民史已有很多研究。关楚璞在《星洲十年》中记：

> 华人居留新加坡者，家书往还，原有数商家专利办理，以利来往中

① 〔英〕哈·弗·皮尔逊：《新加坡通俗史》福建师范大学外语系翻译小组译，福建人民出版社，1974，第 33 页。

> 国及香港之信件，及至一八七一年，当局始觉察必须对此种邮件征收些少之邮费，且可因而使之更加安全，于是由英帝国政府、英国驻华公使、驻华各领事与香港政府各方协商之结果，特于一八七六年十二月十五日，在新加坡中街八十一号，设一华人邮务局。[①]

这一举措是否能“使之更加安全”自不得知，但“必须”征收的“些少之邮费”，肯定因数量之大而使之有利可图。据1931年的人口统计显示，新加坡有人口567453人，其中华人421821人，占人口总数的74.3%，同年马来人口只有71177人，占人口总数的12.5%。[②]

二　种类繁多的华人商业

华侨华人在马来半岛经商历史悠久，而马来亚的贸易，除一小部分从暹罗以陆路运至外，其余基本采用海运，经行新加坡、槟榔屿、巴生（Port Swettenham）与马六甲诸大海口。华侨在新加坡之生计，由新加坡的地理状况决定。新加坡虽然地处欧亚航运之中心，且物产种类繁多，“动植虫介（皆）具备”，但面积狭小，许云樵先生指出：

> 东西广约廿七哩，南北长约十四哩，面积为二百十七方哩，而农产数量更有限，除胶园五二，八〇五英亩（占全马之一．五巴仙，据一九三九年统计），椰园八二九八英亩（占全马一．二巴仙）外，实无资源可言。顾其岁入岁出，对外贸易，均占重要地位：前者战前平均占全马来亚六分之一，海峡殖民地之半数以上，战后与联合邦合计，亦占六分之一强；后者，输入战前后均占全马之七十巴仙以上，输出战前近半数，现占六十巴仙以上。盖新嘉坡向为马来亚之首治，对外贸易之主港。[③]

19世纪初，欧美商人已接手几乎全部马来亚之输出业，然而华人地位

① 关楚璞主编《星洲十年》，第219页。

② 关楚璞主编《星洲十年》，第13～14页。

③ 许云樵编《新加坡工商业全貌》，新加坡，华侨出版社，1947，第14页。

也很重要。“马来亚之开辟草莱，我华侨劳绩不小，故在十八世纪末叶，马来亚各地商业，除入口商行外，几全为华侨所经营”。[①]

华侨经商涉及行业类别繁多。1932 年《新加坡指南》[②]，介绍了当地的地理、行政及公共事务概况，以分类的方式记述了当时的衣着、食宿、娱乐、营业、工业、文化、个人事业等方面的详细情况。其中，在“营业”之下，大类分金融（含银行、汇兑信局、找换、保险、火险）、土产（含土产九八、海屿郊、木薪、鱼干、皮料、藤）、艺术（书室、乐器店、照相馆、影片公司、广告公司、雕刻制版）外，还设有“各界”一类，分述米、烟、酒、茶、肉、盐、酱、鞋、席、袋、镜、灯、当、国货、百货、洋行、工程、眼镜、汽水、面包、出水（即进出口）、南暹郊、港粤郊、香汕郊、厦门郊、印度郊、拍卖馆、中药材、西药房、食品罐头、糖果饼干、藤木家私、飞禽走兽等 50 多个行业类别。无独有偶，1947 年《新加坡工商业全貌》记述了华侨商业中的银行业、汇兑业（批信局）、出入口商、保险业、运输业、树胶业、锡商、米商、海产商、绸布商、茶商、药商、电器材料商、杂货商、百货商店、国货商、书籍文具商、当押业、金银商、汽车汽油商、五金商、报业、电影业、乐器商、影相业、钟表眼镜商、皮件业、陶瓷器商、纸商、烟酒商、交通业、旅店业、酒楼餐室、菜果商、渔业、咖啡店、理发店、镶牙店、成衣店、洗衣店、寿器店、柴炭店、脚车店、合作社及其他共计 48 项，以及“其他”类 8 项。

此两书对华人商业分类细目繁多，显示了华商所涉及行业之广泛。而《星洲十年》也称：“吾华侨现有商业中比较重要之信局、船务、九八行、海屿郊、米业、药业、茶业、建筑、五金、杂货、京果、国货进口、印刷、书业、当押、钟表、旅馆、酒楼茶室、咖啡、娱乐事业等。”[③]

《新加坡指南》一书中分门别类罗列了各行业的商号名称、所在街道、电话等信息，华侨华人经营之银行业、汇兑信局，以及与出入口有关的商号计有 195 家。因商号数目众多，无法一一列举，只得展示部分商号情况（见表 1）。

---

① 关楚璞主编《星洲十年》，第 577 页。

② 潘醒侬等编《新加坡指南》，新加坡，南洋出版社，1932。

③ 关楚璞主编《星洲十年》，第 578 页。

表 1　1932 年新加坡部分行业商号

序号	行业	商号	地址
1	汇兑信局	和丰银行信局	直落亚逸街(源顺街)
2	汇兑信局	和丰信局	米芝街(小坡铁巴杀前)
3	汇兑信局	万益成	盒巴士球朥路(大坡马车街)
4	汇兑信局	万益成分局	米芝街(小坡铁巴杀前)
5	汇兑信局	智发盛	沙球朥路(大坡十八间后)
6	汇兑信局	知发盛分局	米芝街(小坡铁巴杀前)
7	汇兑信局	有信庄	钮吻拉芝路(大坡二马路)
8	汇兑信局	有信庄分局(兼纸簿)	怒吻拉芝路(小坡大马路)
9	汇兑信局	再和成	钮吻拉芝路(大坡二马路)
10	汇兑信局	再和成分局	钮吗吉路(大坡奉教街)
11	汇兑信局	再和成分局	怒吻拉芝路(小坡大马路)
12	汇兑信局	祥美(树胶九八)	直落亚逸街(大坡源顺街)
13	汇兑信局	大通分局	米芝街(小坡铁巴杀前)
14	汇兑信局	大成	直落亚逸街(大坡源顺街)
15	汇兑信局	大成分局	米芝路(小坡铁巴杀前)
16	汇兑信局	华兴	哨吻拉芝街(大坡漆木街)
17	汇兑信局	华兴分局	吗吉街(大坡近新巴杀)
18	汇兑信局	福成(兼香烟)	域多利亚街(小坡后马车路)
19	汇兑信局	纶昌(兼汽水)	蜜驼路(小坡)
20	汇兑信局	振益和(兼米郊)	钮吻拉芝路(大坡二马路吊桥脚)
21	汇兑信局	裕源	直落亚逸街(大坡源顺街)
22	汇兑信局	有成	盒巴士球朥路(大坡马车街)
23	汇兑信局	和记	米芝路(小坡海墘)
24	汇兑信局	建丰	北京街(大坡衣箱街)
25	汇兑信局	蕴记	直落亚逸街(大坡源顺街)
26	汇兑信局	源安	福建街(大坡福建马车街)
27	汇兑信局	顺德	厦门街(大坡)
28	汇兑信局	振南	乞洛士街(大坡吉宁街)
29	汇兑信局	嘉春	哨干拿路(大坡塾枋路头)
30	汇兑信局	泗美	乞来踏礼士街(小坡碗店口)
31	汇兑信局	丰成	域多利亚街(小坡后马车路)
32	布业 - 绸缎	光德栈(兼信局)	沙球朥路(大坡十八间后)
33	住宿 - 旅店	长安(兼汇兑)	米芝路(小坡海墘)
34	住宿 - 旅店	广英昌(兼汇兑)	丹戎巴呀
35	住宿 - 旅店	信昌利旅店(兼汇兑)	米芝路(小坡海墘)
36	住宿 - 客栈	丰安(兼汇兑)	巴米士街(小坡海南街)

续表

序号	行业	商号	地址
37	住宿-客栈	潮州栈(兼九八)	吻基(柴船头)
38	住宿-客栈	道生栈(兼汇兑)	巴米士街(小坡海南巷)
39	土产九八	茂兴利(兼汇兑)	沙球朥路(大坡十八间后)
40	各界-酒	荣兴(信局)	吗真街(怡园前)
41	各界-酒	郑绵发(信局)	盒巴士球路(潮州马车街)
42	各界-酒	广泰隆(信局)	怒吻拉芝路(小坡近碗店口)
43	各界-茶	林金泰(兼汇兑)	直落亚逸街(源顺街)
44	各界-茶	林金泰(分号)	米芝街(小坡铁巴刹前)
45	各界-茶	东兴栈(兼汇兑)	梧槽路(铁巴杀巷)
46	各界-出水	万合丰(兼汇兑)	奎因街(小坡三马路)
47	各界-出水	天祥	盒巴必麒麟街(大坡单边街)
48	各界-出水	义记	盒巴必麒麟街(大坡单边街)
49	各界-出水	祥德	盒巴福建街(大坡长泰街)
50	各界-出水	巨祥	盒巴福建街(大坡长泰街)
51	各界-出水	瑞祥	盒巴福建街(大坡长泰街)
52	各界-南暹郊	陈元利	吻基(十八溪墘)
53	各界-南暹郊	隆盛行	盒巴士球路(潮州马车街)
54	各界-港粤郊	成兴	香港街(大坡马交街)
55	各界-港粤郊	联昌	香港街(大坡马交街)
56	各界-港粤郊	昌发	香港街(大坡马交街)
57	各界-港粤郊	源和公司	香港街(大坡马交街)
58	各界-港粤郊	何福记(信益)	香港街(大坡马交街)
59	各界-港粤郊	广发祥	香港街(大坡马交街)
60	各界-港粤郊	福源	哨吻拉芝路(漆木街)

资料来源：潘醒依等编《新加坡指南》，新加坡，南洋出版社，1932。

据《新加坡指南》所列，其中类别为“汇兑信局”的商号计有80家。如表中所示，兼营汇兑或信局的尚有不少，从事出水（即出入口）及各地杂货的商号因未有资料可考，不计入内。

三 华侨信局的经营分布

《星洲十年》中称为华侨所从事之最重要的“信局”，考其名之由来，应自中国历史上除官邮外，迟至明永乐年间已出现的为商民寄递银信包裹的民间信局。谢彬先生指出：

> 信局在昔实为带递信物最可靠之机关，承寄银信包裹等物，交寄之人，仅于包外或封外书明内封银两数目，或内装物件价值，即可稳妥递到。……各地信局，率与汇划钱庄商号有关，此项庄号复与各商业之关连。①

而海外之“批信局”，或称“银信局”“银信汇兑局”，其经营实与“信局”相类。由于早年闽、粤二省之先辈或因生活所迫，或为谋发展等而冒险远涉重洋，前往异国他乡。当中绝大部分人到埠后仍心系故里亲属，设法传书并把辛苦积攒的血汗钱捎带回乡。最初的批信、财物是托同乡因经商或回国之便而顺道捎带，后因海外华侨数目激增，书信钱银也不断增加，此工作遂逐渐正规化、组织化，经营者先有水客、客头等人群，最后产生侨批局及侨批业。

《星洲十年》中有关“侨商业”之“信局”，提到“信局事业，日渐繁兴，蔚然为华侨商业之枢纽，然大利所在，竞争日烈，其始则各帮有各帮之信局，藉乡谊以事招徕，或延揽水客，兼营旅馆”，② 且在罗列信局各商号时，特别分帮而列，所分帮属及其信局情况节选部分条目展示如表 2。

表 2　1940 年新加坡华侨经营之信局

序号	帮属	店号	地址
1	琼帮	丰盛合记	巴米士街
2	琼帮	南同利	巴米士街
3	琼帮	南兴昌	巴米士街
4	琼帮	锦纶号	连城街
5	琼帮	琼盛公司	米芝律
6	琼帮	纶昌号	米芝律
7	琼帮	锦和号	蜜驼街
8	琼帮	锦泰隆	蜜驼街
9	琼帮	德和昌合记	蜜驼街
10	闽帮	建源	大马路怒美芝律
11	闽帮	侨通	大坡北京街
12	闽帮	南中	大坡丹戎葛律
13	闽帮	林和泰	大坡福建马车街
14	闽帮	瑞芳	大坡福建马车街
15	闽帮	福泰和	大坡广合源街

① 谢彬：《中国邮电航空史》，中华书局，1928，第 14 页。

② 关楚璞编《星洲十年》，第 579 页。

续表

序号	帮属	店号	地址
16	闽帮	立诚	大坡吉宁街
17	闽帮	荣美	大坡吉宁街
18	闽帮	振南	大坡吉宁街
19	潮帮	李福利	大坡敬昭街
20	潮帮	汇通	大坡十八间后
21	潮帮	华益	大坡十八间后
22	潮帮	荣盛	大坡渥街
23	潮帮	万丰隆	大坡戏馆街
24	潮帮	大信	大坡怡园脚
25	广帮	广利银行	漆木街
26	广帮	春泰茶庄	漆木街
27	广帮	福安号	漆木街
28	广帮	余仁生	牛车水大马路
29	广帮	永昌金铺	牛车水大马路

资料来源：关楚璞主编《星洲十年》，新加坡，星洲日报社，1940。

《星洲十年》中，将新加坡的信局分归于闽帮、广帮、潮帮、客帮及琼帮五帮，而收录之各帮信局数目为：闽帮 42 家，广帮 4 家，潮帮 18 家，客帮 4 家，琼帮 40 家。且先不论这份商号名单是否齐全，但帮属之区分在侨批经营业中一直被强调，而通过考察这份名单可以发现，1940 年新加坡经营侨批的各帮之商号在空间上相对集中，若结合地图将其具体坐落街道加以标示，可以较直观呈现更多空间上的联系（见图 3）。

图 3 可直观地看到信局基本分布于新加坡河口两岸商贸最发达区域，闽帮于大坡、小坡较集中，琼帮的分布区域基本与闽帮小坡区域相近，更在小坡 Beach Road 有区域重合。而闽帮、潮帮、客帮、广帮各信局在大坡的分布区域也较集中，基本坐落于邻近街道。

莱佛士爵士开发新加坡港口城市时，对市区人口进行区域规划，分作华人区（大坡）、马来人区（小坡）、印度人区、欧洲人和阿拉伯人区（美芝路）。从华人最重要的信局业分布看，一百多年后已从新加坡河口西岸向东岸、从大坡向小坡“侵入”。这一方面体现华人移民人数增多，需向划定区外寻找生活、发展空间；另一方面也是华人商业的持续扩大。

结合 1932 年《新加坡指南》中行业商铺信息，按银行业、汇兑业、厦门郊及港粤郊、香汕郊为区分，其空间布局如图 4。

图 4 汇兑业基本覆盖河口两岸，与各帮信局的所处街道重合。又港粤

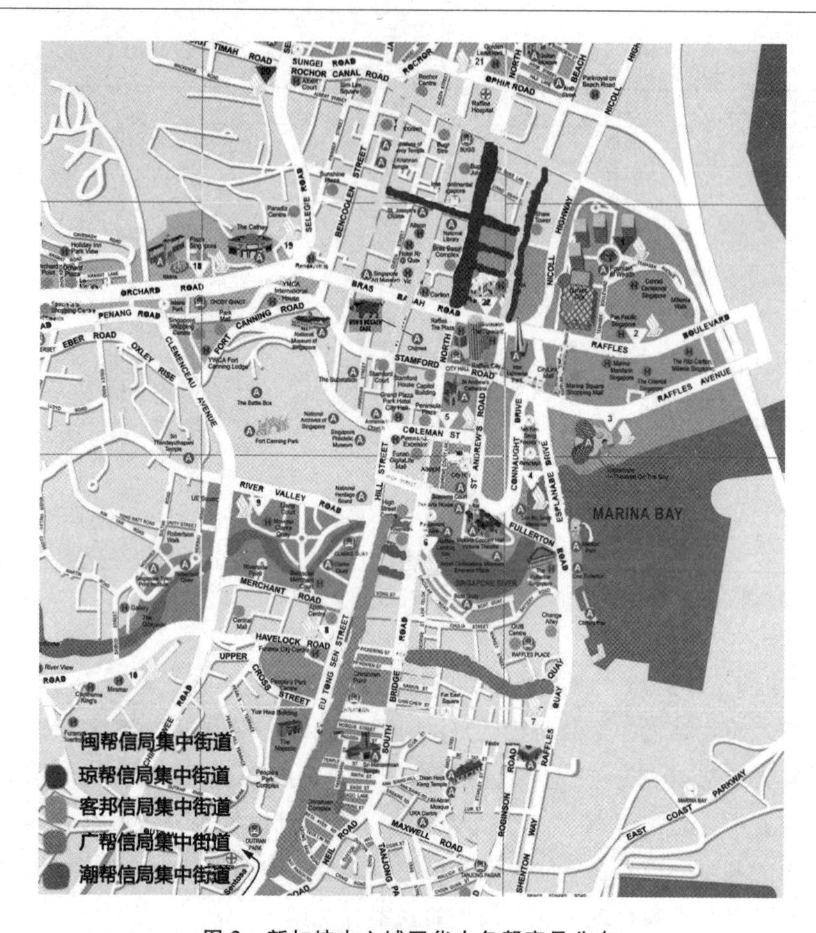

图 3　新加坡中心城区华人各帮商号分布

资料来源：http：//photo. blog. sina. com. cn/showpic. html#blogid = 406290f50102wber&url = http：//album. sina. com. cn/pic/001b6pKdgy6WxBQtYy82c。

郊、香汕郊的分布区域基本与潮帮、客帮、广帮信局的分布街道重合，而厦门郊则与闽帮信局于大坡区的分布街道基本重合。

四　信局的经营网点

前引关楚璞《星洲十年》记“由英帝国政府、英国驻华公使、驻华各领事与香港政府各方协商之结果，特于一八七六年十二月十五日，在新加坡中街八十一号，设一华人邮务局”以收取邮费。同一年，清政府在烟台与英国公使商议滇案之处理时，时任大清海关总税务司的英籍官员赫德向英国

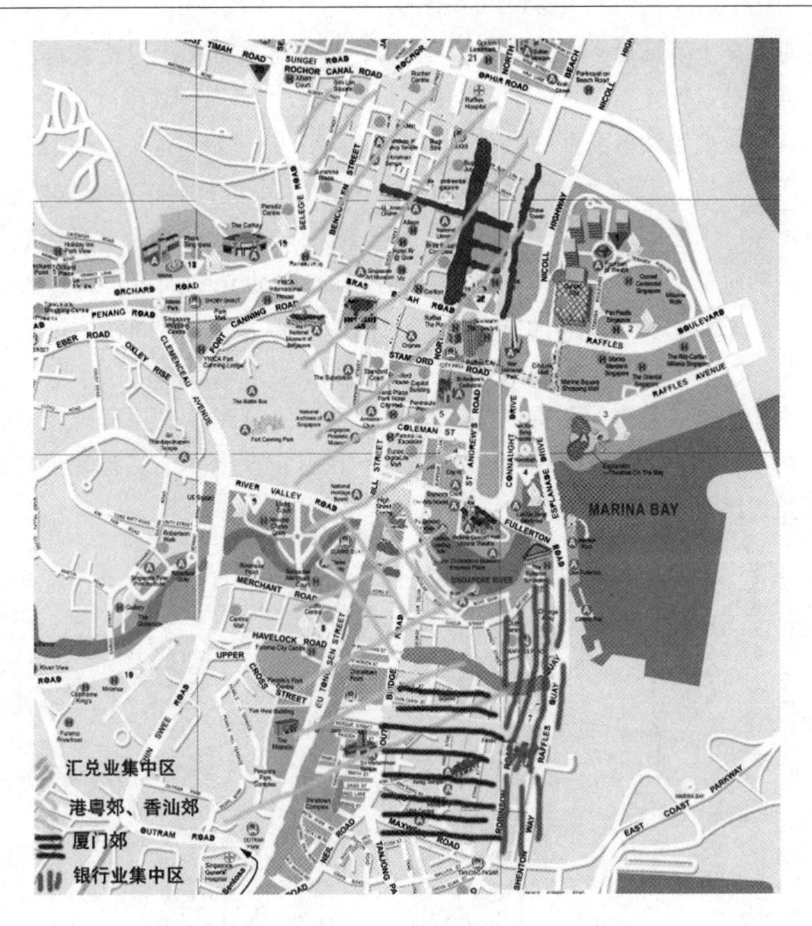

图 4　新加坡中心城区各行业集中区域

资料来源：http：//photo. blog. sina. com. cn/showpic. html#blogid = 406290f50102wber&url = http：//album. sina. com. cn/pic/001b6pKdgy6WxBQtYy82c。

公使提议：“如果邮政亦可视为该条约范围之内，总理衙门即可核准创办全国邮政。”此事虽未果，但同年经李鸿章首肯，总理衙门允许总税务司于“通商口岸及就近地方设立送信局，由总税务司管理之”。一般认为，这是中国由海关试办邮政的开端。

中国近代国家邮政经历了三十载海关兼办、试办后，才于 1876 年正式成立大清邮政局。大清邮政的网络铺设，承自海关邮政之基础，即以各海关通商口岸为中心，再向内地城镇发散、开拓邮路，前期因经费、人员所限，官办邮路无法深入偏远内地、山区，遂鼓励民信局到邮局挂号，由其专营内地往来信件，官办邮局则专送各通商口岸信件，代运之民信局信件还予以邮费优惠。至于侨批局，“抵国内后，又用有熟习可靠批脚逐户按址送交，即收取回批寄返外洋，仍一一登门交还……至人数之繁多，款额之琐碎，既非银行依照驳汇手续所能办理。其书信写之简单，荒村陋巷地址之错杂，亦非邮政所能送递”。[①] 这种细密而复杂的经营方式，令侨批业保持着海外收件、汇总成包、邮政运送、分件到户之业务竞争优势，加上长期经营形成的信用基础，其简单快捷的运作亦广受欢迎和信赖，20 世纪初期的侨批业得以迅猛发展。而邮政局对信局的挂号管理自然少不得特殊的“批局”，而又因“批局”之特殊，使其在中国的经营时间远长于普通信局。

为加强信局管理，争夺利润，清政府要求信局到邮政管理局登记、挂号。在 1933 年专门针对国外批业民局的一次登记及调查中，有关光益裕信局的登记详情如下（图 5）。

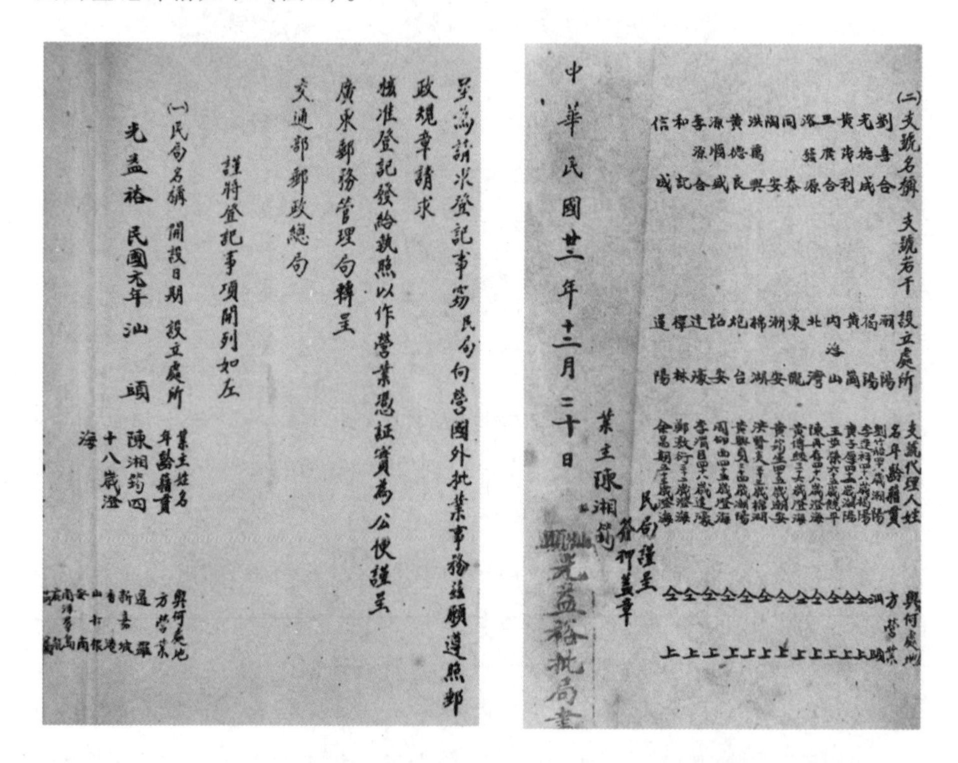
呈為請求登記事竊民局向營國外批業事務茲願遵照郵政規章請求
核准登記發給執照以作營業憑証實為公便謹呈
廣東郵務管理局轉呈
交通部郵政總局
謹將登記事項開列如左
(一)民局名稱　開設日期　設立處所　業主姓名年齡籍貫　與何處地方營業
光益裕　民國元年　汕頭　陳湘筠四十八歲澄海
(二)支號名稱　支號若干　設立處所　支號代理人姓名年齡籍貫　與何處地方營業
中華民國廿二年十二月二十日
業主陳湘筠
民局謹呈
簽押蓋章
光益裕批局

图 5　光益裕信局登记表

资料来源：广东省档案馆 29 全宗。

① 饶宗颐总纂《潮州志 · 实业志 · 商业》，潮州市湘桥文星印刷厂，2005，第 1308 页。

这是一份规范格式的登记表，登记事项包括民局名称、开设日期、设立处所、业主姓名年龄籍贯、与何处地方营业以及支号名称、支号若干、（支号）设立处所、支号代理人姓名年龄籍贯、（支号）与何处地方营业等。

图5登记表中可见光益裕设立于1912年，与暹罗、新加坡、中国香港、山打根、安南、南洋群岛、庇能及荷属各处均有来往。其支号13处，基本覆盖潮汕地区，但并未将海外之分号或联号列出。查1932年《新加坡指南》各行业名单中却并未见“光益裕”名号，再查“1934年香港各行同业商号会员”名单亦无此商号，则到底是因《新加坡指南》与“1934年香港各行同业商号会员”统计之不完整所致，还是其他原因所致，不得而知。

林树彦等先生于1947年编辑《南洋中华汇业总会年刊》一书卷头言：“汇兑为沟通金融的一种手段。在一国之内，使各埠资金流通，一方面为避免过剩储蓄，另一方面为补救资金短绌，以调剂金融。在国际方面，以各国的经济情形迥异，有以工业为主的，有以农业为主的，为了谋物质的分配，国际贸易往往为一国的经济政策所集中注意的事，而国际贸易之能畅行无阻，必赖汇兑而使金融周转。”[①] 在该书目录页下方有一则“万益成汇兑信局”的广告（图6）。

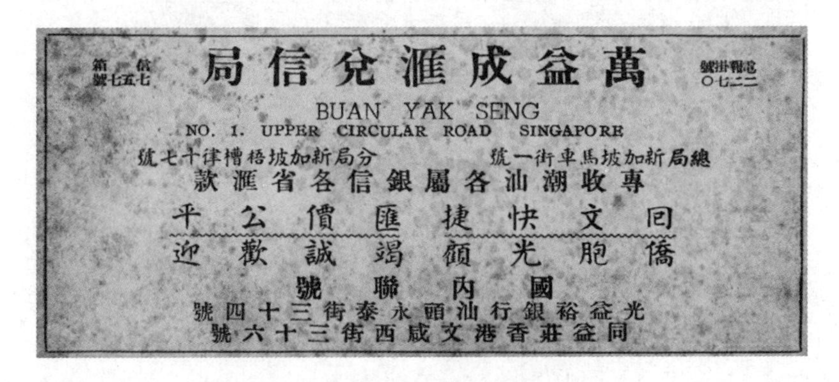

图6　“万益成汇兑信局”广告页

资料来源：林树彦等编《南洋中华汇业总会年刊》，1947，目录页。

从广告内容可知，万益成汇兑信局总号位于新加坡马车街一号，分局位于新加坡梧槽律十七号，专收潮汕各属银信、各省汇款。另有国内联号光益裕银行（地址：汕头永泰街三十四号）、同益庄（香港文咸西街三十六号）。

---

① 林树彦等编《南洋中华汇业总会年刊》，1947，第1页。

根据广东省档案馆另一份“29 全宗档案”之 1934 年“广东邮区各批信局及其马来雅分号”登记表，“光益裕”的地址详记为汕头永泰街 34 号。则“万益成汇兑信局”之国内联号“光益裕”确为上文提到之批信局。而在 1932 年《新加坡指南》的行业名单中也能找到“万益成”及其分局，均列于“汇兑信局”之行业类别下。则万益成、光益裕两总号信局的经营网点（列明商号及开设所在）分别设于新加坡和汕头，潮汕地区的分号则有潮阳、揭阳、黄冈、诏安等 13 处，确如万益成汇兑信局之广告中言能通“潮汕各属”，且从国内延伸到香港、柔佛。

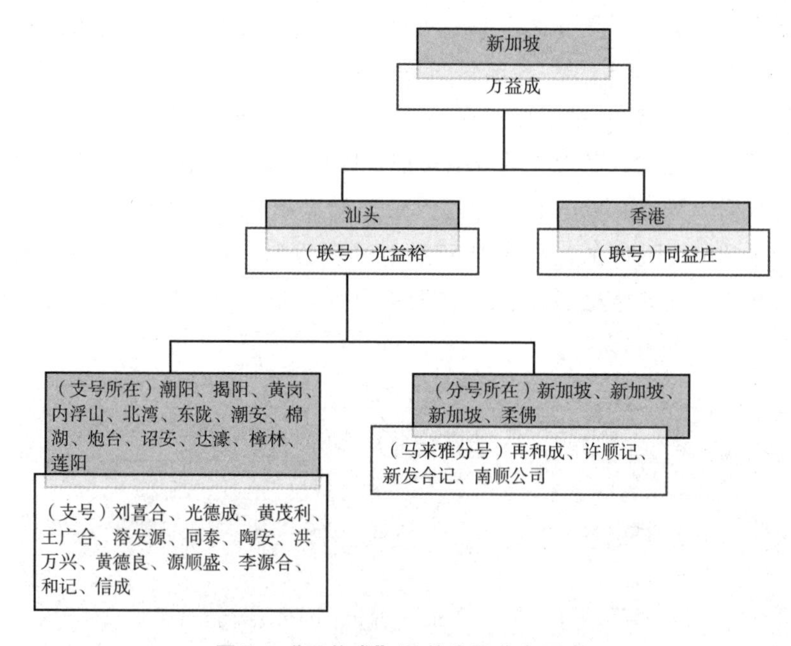

图 7　“万益成”及其分局分布示意

资料来源：作者根据资料绘制。

从图 7 可留意到批局的经营特点之一，即有总号、联号、支号、分号等多种称呼。滨下武志曾言，“在大规模的银信局中，比如厦门的‘天一局’等，在 20 世纪初，于马尼拉、西贡、新加坡、棉兰、巴达维亚、万隆、仰光等地设置了分店或代理店；在中国的泉州、漳州、同安、安溪、金门、惠安等福建省各地设有分局”。[①] 前文曾提及批局的分帮经营，以移民出生地

① 〔日〕滨下武志：《香港大视野：亚洲网络中心》，台湾故乡出版股份有限公司、牛顿出版股份有限公司，1997，第 64 页。

分闽帮、潮帮、琼帮、客家帮和广帮。一般认为一帮之批局聚地而设，且专为各帮出生地的移民服务。“天一局”的国内分局似亦均设于福建省属。前文万益成、光益裕两信局已考之国内支号亦布于“潮汕各属”。

笔者从档案文献中看到一份对海口老福兴民局的调查表。调查表中记老福兴已向邮政管理局挂号，设于海口，除民局生意外，还兼营汇兑生意，收寄信件的地方有四：暹罗、星架坡（即新加坡）、香港及汕头，来往字号均为“老福兴”。查 1933 年汕头邮政管理局对区内国外批业民局登记，汕头老福兴民局首次在邮政管理局挂号的时间为光绪三十二年（1906），登记支局还有香港新瑞隆、上海老福兴、汉口福兴润、烟台老福兴、芜湖老福兴、厦门老福兴 6 家。汕头老福兴的国内支局已走出潮汕各属，拓展到香港、上海、汉口、烟台、芜湖及厦门。而档案资料显示，支局厦门老福兴同时还是汕头太古昌、汕头郑致成、汕头太古盛的支局。这三家民局又有各自的经营网络。

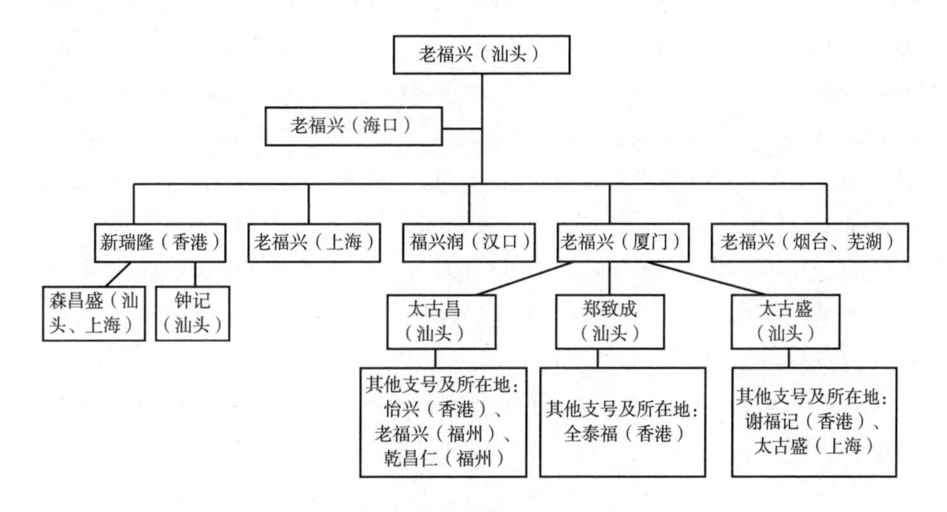

图 8 老福兴及其支局分布示意

资料来源：作者根据资料绘制。

以上各份调查表显示，信局的经营除了广联分局、支局、联号局外，还互为支局、同一信局与多家信局往来。从经营网点角度看，两点连成线、诸线连成网，信局的网络实际已超各帮属的地理区域，甚至跨出华南地区，开拓其金融汇兑网络。

20 世纪三四十年代，中国内地港口城市—香港—新加坡、马来半岛之间已形成紧密的国际金融网络，所涉及贸易、移民等问题，值得深化研究。

The Port City Development in Singapore and the Business Activities of Overseas Chinese

Huang Xiaoling

Abstract: When Singapore began its modern history from 1819, overseas Chinese were one of the important groups. And British colonial government in Singapore laid off an area for "Chinese Campong". As the population grew and power developed, the overseas Chinese were engaged in different types of business. And their active area was broken through the "Chinese Campong" and expanded to the other zones. Remittent house or *Xinju*, was one of the most important business the overseas Chinese engaged in. By analyzing the trade association journals, city guidebooks and archives, we find out the headquarter and branches of *Xinju* "Guangyiyu" and "Laofuxing" were established in Singapore, Hong Kong, Siam, Shantou, Xiamen, Haikou, Shanghai, Hankou, Yantai and other places. And one *Xinju* could be the branch of several headquarters. Thus, the network of a *Chaoshan Xinju* had been expended out of the *Chaoshan* area (at home and abroad).

Keywords: Singapore; Chinese Campong; Remittance House; *Xinju*; Network

（执行编辑：杨芹）

海洋史研究（第十四辑）
2020 年 1 月　第 67～79 页

江户时代日本出岛的商馆医师与异域医药文化交流

童德琴　Wolfgang Michel*

出岛荷兰商馆从 1641 年建立到 1859 年日本开港期间，前后约有 63 名外籍医师曾经驻馆。[①] 近年来随着欧洲收藏的相关记录的公开和荷兰语《兰馆日记》的翻译出版，江户时代来自异域的医药文化经由出岛的外籍医师在日本传播，并与传统医药学知识相互影响的历史脉络逐渐清晰。本文通过日本及欧洲的相关史料，还原外籍医师中的代表性人物在日医学活动情况，梳理江户时代西方医药学在日本传播、发展过程，探求明治维新后日本成功实现医药学近代化的历史原因。

一　出岛的荷兰东印度公司商馆及医师概况

出岛位于长崎港一处细长入海的尖端处，东侧附近为中川河入海口，[②]

---

* 童德琴，山东社科院助理研究员；Wolfgang Michel，九州大学名誉教授，日本医史学会常任理事长。
本文为国家社科基金青年项目“新代日本在华医学调查的研究”（项目号：18CZS041）的阶段性成果。

① ジョン・ズィー・バウア：《日本における西洋医学の先駆者たち》，金久卓也訳，東京，慶應義塾大学出版会，1998，第 12－22 頁。

② 長崎県教育委員会編《出島：一般国道 499 号線電線共同溝整備工事に伴う緊急調査報告書》（《長崎県文化財調査報告書》第 184 集），長崎県教育委員会，2005，第 1 頁。

修筑于1634年，竣工于1636年，最初的修筑目的是为居住长崎市内的葡萄牙人提供在日贸易的场所。江户初期，伴随着南蛮贸易[①]的兴盛，葡萄牙人和西班牙人在日本传教活动逐步扩大，日本教徒数量急速增加，占当时总人口的3%～4%，日本西南部的九州地区甚至出现了“天主教大名”。[②] 幕府担心天主教的传播会危及自己的统治，在1614年颁布了禁教令，限制天主教在日本传教，并下令由长崎市内有实力的町人（富裕者）出资在出岛修筑商馆，意欲将前来贸易的葡萄牙人的活动限制在岛内，禁止他们和日本人接触。

然而，1637年日本九州地区爆发的岛原之乱，[③] 使得幕府将葡萄牙人限定于出岛贸易的计划发生改变。在确认荷兰商馆可以通过台湾提供生丝等贸易品之后，幕府在1639年颁布了第5次锁国令，驱逐在日葡萄牙人，彻底禁止天主教。[④] 这样，修建后的出岛无人使用，长崎町人花费的巨大修筑资金无法回收，出资者们屡屡向幕府请愿。为了解决回收出岛建设资金的诉求，1639年幕府以荷兰在平户修建的仓库屋檐侧面有天主教的西历年号为由，强制将荷兰东印度商馆移到长崎的出岛，由荷兰商馆支付租金来解决修筑资金回收问题。时任荷兰商馆长的卡隆（François Caron）没有提出异议，荷兰商馆于次年4月由平户移至出岛。

出岛的荷兰商馆有建筑物60余栋，平常主要有商馆长、次席、商馆员、书记官、医师、木工以及厨师等10～15名欧洲籍人常住，馆内还配备从爪哇等地招募来的仆人数名。荷兰商船一般在夏季7～8月赴日，贸易结束后于当年的11～12月归航，贸易期内的四五个月内会有大量的外国人（以荷兰人为主的欧洲人、马来人）停留在商馆。此外，出岛上还有百名左右的日本人，担任着岛内日常管理、贸易监督和翻译等工作。但是无论是商馆的荷兰人，还是当地的日本人，皆禁止无许可出入出岛。[⑤] 出岛的出入口只有

---

① 得益于织田信长时代支持贸易的政策，日本人与葡萄牙人、西班牙人在南海的贸易兴盛。葡萄牙人和西班牙人从澳门运来大量生丝与日本人交易，获得大量利润，被称为南蛮贸易。

② 羽田正的研究认为，日本禁教前，天主教徒的数量大约在37万至50万人之间，见氏著《東インド会社とアジアの海》，東京，講談社，2017。

③ 岛原半岛本是天主教大名有马晴信的领地，天主教盛行。禁教令颁布后，新大名对原有的天主教徒的残酷迫害和重税政策，使得岛原及邻近的天草地区爆发了日本历史上最大规模的一次农民起义。

④ 岡美穗子：《商人と宣教師——南蛮貿易の世界》，東京大学出版会，2010，第323頁。

⑤ 片桐一男：《開かれた鎖国——長崎出島の人・物・情報》，東京，講談社，1997，第15－39頁。

一处——出岛桥，桥头设有门卫，对进出人员进行严格盘查。早期商馆著名的医师恩格尔伯特·坎普法[①]（后文简称“恩格尔伯特”）曾经形容出岛如同“国立监狱”。

为了维护岛内商馆成员的健康，荷兰东印度公司总部（位于巴达维亚）每年会指派医师来出岛赴任，这些医师的职责是负责商馆内外籍人员的诊疗和健康维护，但是在获得许可的情况下也可以进行出诊、接待日本人来诊和问询医学知识等活动。对于幕府来说，出岛的荷兰商馆不仅仅是贸易的窗口，也是日本接受西方技术情报的来源地，所以幕府非常重视商馆医师的技术能力，对荷兰商馆派驻的外籍医师的要求很高，能否协助日本人获得医学、植物学以及博物学等科学知识经常出现在幕府的公文中。自出岛荷兰商馆建立后，每年都会有一到两名医师、药剂师来日赴任，这些人在负责商馆成员健康维护工作的同时，还通过翻译和日本医师、病患沟通交流，甚至协助幕府进行药用植物调查、开办医学校等，使得东西方医药学知识在此有了深入的互动。由于资料缺乏，这些外籍医师在日本的行医事迹多数已不可考。本文选取西文中资料较为完整的三位医师，分别是江户早期的汉斯·J. H.（Hans Juriaen Hanke，生卒不详，后文简称“汉斯”）、恩格尔伯特，以及江户晚期的西博尔德（Philipp Franz Balthasar von Siebold，1796－1866），作为西方医药文化传播的代表者，来考察整个江户时期日本外籍医师活动范围的变化和对日本医学发展的影响。

二 出岛外籍医师的活动与医药文化交流

（一）外科医生汉斯的江户之旅

江户初期，幕府虽然需要出岛作为获取西方信息的窗口，但是为了防止日本国内的信息外泄，幕府对出岛各项活动都严格监控。商馆医师们和外界接触的机会很少，陪同商馆长去江户谒见将军可以说是医师们和日本人接触最深的机会。江户谒见是荷兰人为了感谢将军允许荷兰人在日本贸易，由商馆长赴江户谒见将军并向其献上欧洲特产的例行活动，日本称为“江户参

① 恩格尔伯特·坎普法（Engelbert Kaempfe，1651～1716），德国人医生，博物学者，是第一位向欧洲系统介绍日本的学者，著有《日本志》，被誉为“出岛三学者”之一。

府”。从1609年开始，到1850年为止，荷兰商馆长的江户谒见共计达166回,[①]其中1633年以后每年一次，至1790年起则改为4年一次。[②] 由于从长崎到江户大概需要3个多月，加上停留江户的2～3周的时间，耗时耗力，商馆长都会带上商馆的医师。在谒见将军的活动结束后，日本人医师、兰学者们（指对兰学有研究或者有兴趣的学者）可获许到荷兰人的住宿地长崎屋[③]拜访。来往的日本人有向外籍医师询问医学、药学知识的，也有交流输入的西洋药品、器材使用方法的，这使得谒见期间的长崎屋一时热闹非凡。荷兰人的江户之旅可以说是东西方医师交流的珍贵机会。

德国人汉斯于1655年10月被荷兰东印度总公司派来出岛担任外科医师，同年12月他陪伴时任商馆长扬·布拜（Jan Boucheljon）赴江户谒见，并于翌年2月抵达江户长崎屋。据荷兰商馆的日志记载，抵达江户的第二日（2月5日），商馆长等人按例将准备献给将军的珍品运送到大目付（江户幕府的监察职务官）井上政重处进行检查入库。依据目录，进献的东西除铁制的义肢、外科绷带、手枪、放大镜等幕府预定商品外，还有一些为幕府统治者感兴趣的红葡萄酒、蒸馏酒和天鹅绒等欧洲奢侈消费品。[④] 值得注意的是，记录中明确提到进献的义肢包括了手、脚两种。有关义肢的记载，已发现最早的义肢是意大利大约在公元前300年用黄铜和木头制成的下肢。[⑤] 随着火器的大发展，到16世纪时，欧洲已经出现了截肢手术的技术标准。[⑥] 可见，江户初期，欧洲医学在外科截肢手术上已经比较成熟。而这次汉斯一行带来的义手、义足是4年前幕府向荷兰商馆订货的商品。

一般来说，幕府会向荷兰商馆预定需要的货物，接收到货物后，相关人员会就货物的使用方法和注意事项询问商馆人员。为仔细了解情况，井上政重在其宅院接见汉斯一行人，询问荷兰商馆进献物品的情况。特别是对荷兰进献的义肢和其他一些医药品的使用方法，井上抱有浓厚的兴趣。根据日志记载，井上因为自身有膀胱结石的病，还特别询问汉斯关于膀胱结石有效药

① “江戸参府旅行”，日本大百科全書（ニッポニカ），Japan Knowledge。

② 片桐一男：《開かれた鎖国——長崎出島の人・物・情報》，第24頁。

③ 长崎屋是位于现在的东京都日本桥附近的药店，因历史上作为荷兰商馆长一行在江户指定的住宿地而闻名。

④ 《出岛商馆日记》（ARA 1.04.21，Nederlandse Factorij Japan）第69卷，1656.2.5～1656.2.6，荷兰国立中央图书馆（Algemeen Rijksarchief，s'Gravenhage = ARA）所藏。

⑤ 王兴伊：《吐鲁番出土的我国现存最早的木制假肢》，《中医药文化》2015年第4期。

⑥ 沈凌、喻洪流：《国内外假肢的发展历程》，《中国组织工程研究》第16卷第13期，2012。

的用法。会谈最后出现了一位日本人医师，汉斯向他解释了解剖书的一些内容。日志中提到这部解剖书的作者是维萨里（Vesalius），这本解剖书应该是安德雷亚斯·维萨里（Andreas Vesalius）著的拉丁文《人体的构造》一书。[①] 该书于1543年出版，内容以维萨里在帕多瓦大学的讲座为主，以常见的解剖案例为基础，是解剖学史上的一本巨著。关于日本人医师获得此书的渠道，日志中并没有记载，但是从日本医师对书的内容产生疑问并请教汉斯的情况来看，当时东西方医药学书籍的交流十分活跃，否则类似于解剖学这样普及率较小的书籍是很难到达远在东方的日本。而语言上的不通并没有成为该书传播的障碍，从日本医师询问的问题来看，该医者对拉丁文有一定的了解。在给日本医师解释了一些药品的效用和使用方法后，汉斯一行回到长崎屋。数日内，井上的专属葡萄牙语翻译新右卫门又登门询问几种药品的用法，最后，井上送了两套和服给汉斯，作为问答的酬谢。[②]

除了接受官方的询问外，停留江户期间，汉斯作为医师也接待了很多幕府关系者的问诊和咨询。比如，到达江户不久的2月8日，新右卫门受命来到汉斯住宿的长崎屋，学习药品的调制法。汉斯听闻后，教授他必要的知识，新右卫门将软膏等药品的制法和这些信息如实记录，并呈报井上。[③] 虽然日记上只是寥寥数语，但是基本还原了外籍医师和日本人在医药方面交流的概貌。虽然当时并未禁止日本人和外国人接触，但即便有机会见面，语言不通也很难交流。所以，前来学习医术、技术的一般是会荷兰语或者葡萄牙语的翻译，很多荷兰语翻译由于习得了外籍医师的外科医术和膏药制作技术等知识，成了日本红毛流外科的名医。比如，楢林镇山[④]就是从小通词（翻译职务）开始，在外籍医师处学得医术后成为楢林流外科的创始人。[⑤]

除教授医药学知识外，外籍医师在获得允许后也可以给日本患者看诊。根据日志记载，2月11日，新右卫门带了一位名为堀野采女的人来长崎屋就诊，但是由于这位患者年纪很大，并且患有神经因素的肌肉僵硬已20多

① 《出岛商馆日记》（ARA 1.04.21，Nederlandse Factorij Japan）第69卷，1656.2.13。

② 《出岛商馆日记》（ARA 1.04.21，Nederlandse Factorij Japan）第69卷，1656.2.19。

③ 《出岛商馆日记》（ARA 1.04.21，Nederlandse Factorij Japan）第69卷，1656.2.8。

④ 楢林镇山（1648～1711）为江户中期的荷兰语翻译，9岁在长崎开始学习荷兰语，宽文六年（1666）任小通词（翻译官职位之一）、贞享三年（1686）年晋升为大通词。

⑤ “楢林鎮山”，日本大百科全書（ニッポニカ），Japan Knowledge。

年，汉斯认为“已经无法完全治愈，只能在可能的范围内给药，缓解其痛苦”。[①] 除此之外，汉斯还接到了井上的命令，于2月15日赴土佐守（土佐藩大名）府中看诊。土佐藩的藩主山内忠义4年前突发中风，导致身体局部出现神经麻痹，汉斯的诊断是无法治愈，但针对其症状给予了涂抹药油和膏药。此后，汉斯又数次赴土佐守府中看诊，山内的病情虽有缓解，但是涂抹处出现了水泡和肿胀，因此停止了治疗。[②] 虽然治疗没有继续下去，可是汉斯还是获得了两套和服作为看诊的回礼。[③]

商馆一行结束江户的谒见后便开始返程，因为停留江户的时间有限，汉斯在返程途中以书信形式回复了没能进行诊疗的人，详细介绍了病因和注意事项，并将沿途发现的治疗膀胱结石的特效药草，采集后添加使用说明，用书信一同传递江户给了井上。[④]

从上述日志的记载来看，江户谒见期间，外籍医师会为日本人看诊，同时接受各种诊疗和药品的相关问询活动，这对兰日双方的医师来说都是知识交流的珍贵机会。但是时间有限，日本医师很少能得到充分的学习时间。因此，外籍医师在出岛期间也会接到幕府方面很多关于传授医药知识、调查药材的请求。1656年5月汉斯就奉命接待了当时长崎名医向井元升[⑤]的来访，向其传授“常见病”的药品制法。[⑥] 有关向井这次请教的内容，商馆日志中有详细的记载，即“在出岛管理者（町年寄）的陪同下，全体日本翻译参与、记录了各种膏药的处方”，[⑦] 学习授课不定期举行，持续到同年的8月末，荷兰语中混杂着大量的拉丁语和葡萄牙语，用来说明各种药物及制作方式，这使得翻译工作难度很大。[⑧] 商馆日志中并未提及此次学习的成果，但

① 《出岛商馆日记》（ARA 1.04.21，Nederlandse Factorij Japan）第69卷，1656.2.11。

② 《出岛商馆日记》（ARA 1.04.21，Nederlandse Factorij Japan）第69卷，1656.2.21。

③ 《出岛商馆日记》（ARA 1.04.21，Nederlandse Factorij Japan）第69卷，1656.2.21。

④ 《出岛商馆日记》（ARA 1.04.21，Nederlandse Factorij Japan）第69卷，1656.2.21。

⑤ 向井元升是江户初期著名的医师、本草学家，著有日本最早的本草书《庖厨備用倭名本草》，在汉方医学、天文学、儒学方面皆有很高的成就，对兰学也有浓厚的兴趣。他曾在翻译的帮助下，编著了13卷的《紅毛外科秘要》，并对西洋的天文学书进行批判和翻译，著成《乾坤弁説》一书。

⑥ 《出岛商馆日记》（ARA 1.04.21，Nederlandse Factorij Japan）第69卷，fol. 155，时任出岛商馆长 Joan Boucheljon 写给后任者 Zacharias Wagener 的信，Berightschrift，door gemt E：Boucheljon op des selfs versouk aen synen successeur den E：Zacharias Wagenaer，dato pmo Novembr 1656。

⑦ 《出岛商馆日记》（ARA 1.04.21，Nederlandse Factorij Japan）第69卷，1656.5.8。

⑧ 《出岛商馆日记》（ARA 1.04.21，Nederlandse Factorij Japan）第69卷，1656.8.30。

是经过长达两个多月的药物和制药方式的翻译、校对、确认等互动式的学习，通词们应该对所翻译的处方有了一定的认识。

同年 12 月，向井再次来到出岛的商馆，并向长崎奉行申请携汉斯一起在长崎郊外寻找治疗膀胱结石的特效药草，在经过商馆长的允许后，汉斯和向井一行得以赴出岛以外的山地寻找药草。随后的 1 月份，向井再次携汉斯和全体翻译赴长崎市内寻找药品，行动持续了两日。[①] 之后，向井带了两本《欧洲流的治疗术》的日语译本来到商馆，这两本书是向井在翻译的帮助下，根据外籍医师口述知识进行翻译、整理而成的，他希望商馆长在赴江户谒见时将书转交给大目付井上。向井认为此译著是前任外科医生传授的医学知识，内容应该无误，希望汉斯和商馆长对这两本书内容进行确认并署名，以向幕府证明其内容可信。但是，汉斯和商馆长二人对书的内容抱有疑问，并没有同意向井的要求。[②] 向井并没有放弃，此后通过长崎奉行又送来译著《医学书》一册，因为该书是长崎奉行送来的，商馆方面没有办法只能接受。之后，为了保证进献给将军的书籍内容的准确性，汉斯和商馆长夜以继日忙个不停，核对内容后二人署名并将书的四周封印起来。[③]

从上面记述的内容来看，出岛的外籍医师不仅不定期为日本人释疑、传授医术，还曾和他们一起外出调查药草，双方的交流较为频繁。而向井带来的两册日语医学译书，是将外籍医师平时口述的医学知识按照自己的理解一点点翻译、记录、整理而成的，书籍的完成不可能一蹴而就，这也从侧面证实在汉斯之前，向井就和外籍医师有着长期的交流。虽然当时很多的医师不懂荷兰语或者葡萄牙语，但是他们中的很多人对西方传来的医药学书籍的内容产生兴趣和疑问，凭借自身对传统医学的造诣，在翻译的帮助下，医师们向外籍医师询问、确认自己的看法，甚至还亲自试验输入的药品和器械，这些尝试使得日本医师对“荷兰流医学”[④] 有了更加深入的了解。不同于那些从事翻译、后来才习医的医师，传统汉方医师有着一定的医药学基础知识，在接受外籍医师的书籍和技能的同时，他们对东西方医药学的记载内容进行了很多对比和质疑。译著也更多采取意译方式，借用很多传统医学的专有名

---

① 《出岛商馆日记》(ARA 1.04.21，Nederlandse Factorij Japan) 第 69 卷，1657.1.5。

② 《出岛商馆日记》(ARA 1.04.21，Nederlandse Factorij Japan) 第 69 卷，1657.1.14。

③ 《出岛商馆日记》(ARA 1.04.21，Nederlandse Factorij Japan) 第 69 卷，1657.1.18。

④ “オランダ医学”，日本大百科全書（ニッポニカ），Japan Knowledge。

词，让读者接收到的西方医学知识更加本土化，便于读者能够充分理解内容。这些译著实际上是西洋医学和日本传统医学交流、融合的产物。

（二）恩格尔伯特的医学活动

恩格尔伯特以《日本志》[①] 作者的身份闻名于世。他在著述的序中提到了曾在出岛兰馆中教授日本青年荷兰文和西洋医术、解剖术的经历，遗憾的是由于年代久远，书中提到的“日本青年”的身份很难确认。不过，恩格尔伯特在回到欧洲后，留下了很多有关于日本的针、灸、龙涎香、茶以及造纸、锁国论等内容的书稿，[②] 这些成为欧洲人眼中的日本“初印象”。其记录内容，图片精美，解说翔实，通过他的著述再现了当时出岛兰馆的医药学交流的情况。

恩格尔伯特 1651 年出生于德国莱姆戈，1690 年 9 月作为医生被派往长崎出岛任职，在此期间分别于 1691 年、1692 年两次随时任商馆长赴江户谒见，并幸运地得到将军德川纲吉的接见，被询问有没有“长生不老”的灵药。根据兰馆日志记录，恩格尔伯特就“灵药”回答将军，当时荷兰的希尔维厄斯教授（Prof. Sylvius）发明了一种可以强健身体、增进活力的药（Sal volatile oleosum Sylvii）。当被询问能否制作这样的药时，恩格尔伯特回答虽然可以制作，但是在这个国家（日本）不行。此后，幕府为了获得这种“灵药”向荷兰商馆订购该药品，并下达了尽快送达的贸易命令。[③]

不同于汉斯，恩格尔伯特受到了将军接见和问询，实际上反映出 17 世纪末将军（幕府）对西洋医术、医药认知的一种变化。这一时期幕府的锁国体制逐步确立，滞留日本的外国人被严格限定在指定区内居住并接受监视，荷兰人不能培养外籍翻译，只允许教授日本人荷兰语来充当翻译。[④] 在江户初期，谒见一般是由负责的监察人员代替接受谢礼，很难受到将军的亲

---

① 原名“Historia Imperii Japonici”，这是第一部向欧洲系统介绍日本的书籍。

② 有关恩格尔伯特的书稿，其生前只出版了《延国奇观》（*Amoenitatum Exoticarun*）。另外其手稿和遗稿、藏书等由其外甥出售给英国人汉斯（Hans Sloane），其中有关日本的部分经过汉斯个人文库管理者的校订和翻译，在 1727 年出版了英文版《日本志》（*The History of Japan*），随后又出版了法语版、荷兰语版、拉丁语版和德语版等，影响广泛。

③ 《出岛商馆日记》（ARA 1.04.21，Nederlandse Factorij Japan）第 105 卷，“出岛商馆长日记 1691 ~ 1692”，1692 年 1 月 27 日。

④ ヴォルフガング・ミヒェル：《エンゲルベルト・ケンペルから見た日本語》，《洋学史研究》1996 年第 13 号。

自接见。然而，恩格尔伯特一行却在锁国体制日渐完备的情况下，受到了将军的亲自接见和问询。从询问内容来看，将军（幕府）对西洋医学、欧洲的“灵药”产生了一定的兴趣。当时，将军的侍医一般都是由世代相传的名医担任，即使是民间著名的医师也很难被召用，更不用说不被信任的外籍医师。但是，西洋医术在外科技术上的速效和对人体正确、科学的解释，使得西方医药学逐渐获得很多日本医师的信任，并通过他们进一步在民间传播。能够接受将军问询，证明当时西方医药学在日本已经具有一定的影响力。

另一个例子就是“红毛流医师”楢林镇山曾被将军德川纲吉招募。楢林镇山在日本医学史以“楢林流外科”的创始人而闻名，和恩格尔伯特的交往甚密，曾以 W. 霍夫曼（Willem Hoffman）赠送的外科医书为底本，结合自己的汉方医学知识，翻译、编著《红夷外科宗传》。[①] 在该书的序中，贝原益轩[②]记录了楢林镇山的从医经历。[③] 成名后，楢林因为红毛流的外科医术被招募为将军御用典医，但是楢林拒绝赴任；之后其藩主黑田纲正（筑前藩）也曾三次招其为侍医，同样被其推辞。[④] 从记录上看，楢林虽然并没有担任过幕府及大名的侍医官，但是如上所述，将军和大名的侍医多为典医官世袭，很少从民间招募，楢林多次被招募，也从侧面反映楢林的西洋医术受到官方的认可。

除了和楢林交往以外，恩格尔伯特在出岛生活的两年间和其他很多医师也有着直接的交往。著名的本木庄太夫（1628～1697）曾担任荷兰语翻译，在恩格尔伯特等外籍医师的影响下逐渐对西洋的人体解剖术产生兴趣。积累了一定的语言学、医学和解剖学的知识后，本木翻译了德国人约翰（Johann Remmelin，1583－1632）的荷兰语版解剖书。该书在1772年以《和兰全躯

① “楢林鎮山”，日本大百科全書（ニッポニカ），Japan Knowledge。

② 贝原益轩（1630～1714），江户时期著名的医者、本草学者，著有《大和本草》等。

③ 原文为“和蘭國，又名紅夷，其國遠在極西，然近古以來，彼土之商舶，每歲來湊于長崎港，寄客絡繹而不絕，其國俗窮理，往往善外治，治療病有神效，其術可為師法，我邦人學之者不尠矣……長崎人得生軒楢林氏時敏丈人者，自妙齡嘗好醫術，擇紅夷來客善外治者，師之學之不止一人，彼師授以口訣、傳之以文字，丈人素為紅夷之狄鞮，而受公養，夙能通彼蕃語，識彼國字，故聽其口訣、讀其文字，而曉其術也。比之他人，甚易矣。且覃思研慮，用心此術，多歷年所為。是以其術精良、其法純熟，前所為得之於心，應之於手……”古賀十二郎：《西洋醫術傳來史》，東京，日新書院，1942，第137頁。

④ “楢林鎮山”，日本大百科全書（ニッポニカ），Japan Knowledge。

内外分合图》为名出版，是日本最早的人体解剖书，[1] 比《解体新书》还要早90多年。本木的译著沿袭了欧式的多层折叠方式，让人体器官的层次更加立体。他翻译原著的同时还编纂了注解书一册。翻译方式上，对传统医学中没有出现过的身体部位、功能翻译时，本木利用自己的汉方医学知识对欧洲的专有名词进行修正，让日本医学者能理解其含义，特别是对部分解剖学名词的创设可以说是在东西方医学、解剖学知识交融基础上的创新成果。

（三）西博尔德的医学活动

西博尔德1796年出生在德国维尔茨堡的医学世家，毕业于维尔茨堡大学医学部，主修医学，并对动植物学和民族学均有研究。1823年被派遣到出岛担任兰馆的高级医师，直到1829年才回到欧洲。[2]

西博尔德和汉斯以及恩格尔伯特不同，来到日本后，他对日本产生了浓厚的兴趣，在出岛待了6年，自愿续约医师聘期。在日期间，他收集了大量有关日本的资料和动植物标本，并将这些送回欧洲。现在的莱顿大学图书馆、荷兰国立民族博物馆、大英博物馆等地均保存了大量西博尔德的收藏品。

由于外国人被禁止外出，被局限在出岛的西博尔德最开始也只是在工作之外帮日本人看诊和教授医学知识。他在兰馆为一些经常来出岛询问的日本医师开设定期讲座授学。[3] 通过努力，西博尔德获得在长崎市内的兰学馆以及当时的名医馆吉雄塾[4]、楢林塾为日本人看诊和开设医学讲座的许可。[5] 在外出的过程中，西博尔德利用自己的医学、动植物学等知识，撰写了很多信息丰富的报告。当时的荷兰因为第七次反法战争（1815年），经济上受到较大损耗，急需振兴在亚洲的殖民地贸易，因此对日本的关注也大大加强。为了配合西博尔德的各项采集、调查活动，1825年荷兰东印度公司再次派

---

① “本木庄太夫”，日本大百科全書（ニッポニカ），Japan Knowledge。

② 宮崎克則：《シーボルト〈NIPPON〉の山々と谷文晁〈名山図譜〉》，《九州大学総合研究博物館研究報告》2006年第4期。

③ 宮坂正英：《シーボルトと日本の近代科学》，《建设コンサルタンツ協会会誌》第272号，2016。

④ 吉雄耕牛（1724～1800）创设的医馆。吉雄耕牛原为长崎荷兰语通词，后跟随荷兰人医师学习外科诊疗技术，创立了“吉雄流外科”，以切脉、腹诊、针刺、整骨等10项外科术而闻名。

⑤ “シーボルト（Philipp Franz Balthasar von Siebold）”，日本大百科全書（ニッポニカ），Japan Knowledge。

药剂师恩里克（Heinrich Bürger，1804－1858）和植物学专业的绘师威乃卫（C. H. De Villeneve，生卒不详）来到出岛，组成了一个日本研究的调查小组。[①] 之后，西博尔德及其小组成员在日本进行多项动植物学调查，归国后先后出版《日本》（20 册）、《日本动物志》（5 卷）、《日本植物志》（2 卷）等著作，详细记录了当时日本的各项情况，特别是其中很多动植物记录都配备了标本和彩绘图，欧洲人通过这些书籍得以了解远在东方的日本国信息。对于日本来说，西博尔德的研究行为是真正意义上本国动植物学研究的开始，对于西方来说则是拉开了东方研究，特别是日本动植物学研究的帷幕，客观上促进了东西方药用动植物学的交流。

由于双方的医学交流频繁，1824 年官方允许西博尔德在长崎近郊开设"鸣泷塾"（又名"西博尔德荷兰塾"），接收日本人，定期举办医学课程，这是外国人首次被允许在日本开设教育机构。鸣泷塾以医学为首，教授化学、植物学和调剂等自然科学与技术。由于资料损毁，其授课的内容我们无法详知，但是德国的波鸿鲁尔大学图书馆保存了当时西博尔德带回的 40 余部日本人提交的荷兰语研究论文，上面仍然保留了西博尔德的批注痕迹。从论文的批注内容看，双方的教学不仅仅是医学知识的传授，还有医学研究的指导。[②] 同时，西博尔德还通过指定题目，在长崎的近郊采集动植物，教学生使用实验器具来进行相关实验。[③]

1826 年，西博尔德随时任商馆长赴江户谒见，在江户期间，他以医师的身份和幕府的医师、兰学者进行了频繁的座谈和资料交换；[④] 并在往返江户的途中观测和勘察了大量的动植物，由助手恩里克记录下来。由于他本人非常注重医药学的研究和教育的科学性，他和日本人的交流带有近代欧洲科学教育的浓重痕迹，西洋医学、博物学等知识的系统输入，使得其门人对医学、植物学等自然科学的实用性有了重新的思考。他的学生中出现了美马顺三、冈研介、二宫敬作、高野长英、伊东玄朴、石井宗谦、伊藤圭介等多位医师和植物学家，其中伊东玄朴是现在东京大学前身之一——神田种痘所的创立者；伊藤圭介是日本最早的理学博士，编著的《泰西本草名疏》是日

① 参见宫坂正英《シーボルトと日本の近代科学》。

② 西博尔德所批注的日本人论文的信息由九州大学比较文学院讲师青木志穗子女士提供。

③ 参见宫坂正英《シーボルトと日本の近代科学》。

④ "シーボルト（Philipp Franz Balthasar von Siebold）"，日本大百科全書（ニッポニカ），Japan Knowledge。

本首部采用林奈植物分类系统的著作。可以说，西博尔德的医学及自然科学知识的传授对日本医学、植物学等自然科学近代化有着深远影响。

结　语

从汉斯到恩格尔伯特，再到西博尔德，出岛的外籍医师们经历了被严密监控到许可出入，再到允许外出、教育办学的漫长过程。作为西方文化的代表者，这些外籍医师实际上承担了西方医药学、博物学、语言学传递的中介角色。出入出岛的日本人多数是对西方医药学感兴趣的医师，[①] 他们根据自身已有的传统医学知识，对商馆医师带来的西洋医药学知识、技法进行了甄别和比较，公开了很多书稿、著作。这些书籍引起了日本人对人体、自然科学的强烈关心，也加深了他们对西洋医药科学本身的认识，使得日本医学出现了多元化发展趋势。外籍医师及其翻译、门人的医学知识传播，对近世日本西方医药学教育实行了启蒙，奠定了日本近代医学、药学科学研究的基础，这些也成了明治维新以后政府强力实行医药学近代化的基石。同时，当时外籍医师对日本的文化和自然科学的研究成果被传递回欧洲，成为欧洲早期系统了解日本的渠道，很多研究成果在今天仍然具有很高的学术价值，客观上促进了西方对日本的了解。

在外籍医师活动范围变化的背后，是幕府对西洋医药学等科学知识和技能的关心，这起到非常重要的推动作用。虽然幕府组织学习活动的目的是获得有利于日本的知识、技能，但是其行为具有官方性质，使得双方的医药学交流具有一定的组织性、系统性，这和早期西方医药学在中国零散的传授方式截然不同。长期、持续的互动式交流，使得西洋医药学在日本形成了固定的多个流派，经历长期发展后，日本甚至出现了“汉兰折中”的医学流派，即将传统汉方和西方医药学知识融合的医学世家，并逐渐形成规模，实现了东西方医学交融发展。

不同于江户时代的外交、对外贸易等活动，在不断固化的锁国体制下，出岛兰馆的医药学交流活动成为特例，成功实现了异域医药学文化在日本的传播和普及。这些医药学知识长期、持续的输入，又串联起繁盛的东西方自然科学等方面的互动，客观上促进了欧亚双方的文化认识，出岛作为这一异域文化的交流地也大放异彩。

---

① ジョン・ズィー・バウア：《日本における西洋医学の先駆者たち》，第7頁。

Doctors in Dutch Factory and Medical Culture Exchange with Abroad on Dejima Island in Japan during Edo Period

Tong Deqin, Wolfgang Michel

Abstract: Dejima island in Nagasaki, the residence of the Dutch East India Company during the Edo period, was the only window for the pre-modern Japan to accept western trade goods, ideology and culture. Through this window, Japan received a large number of western medical techniques, algorithms and other techniques, and even formed a unique "Dutch Studies" at that time. The medical part of "Dutch Studies", which was named "Dutch Medicine", was mainly based upon surgical treatment, which was different from the traditional Chinese medicine and thus highly valued by the Shogunate Government. The establishment and dissemination of "Dutch Medicine" mainly relied on foreign physicians stationed in the Dutch Factory on the island. These physicians not only brought western medicine knowledge and books such as humoral pathology, pharmacology and anatomy, but also taught Japanese experimental techniques such as distillation, purification and anatomy. Western medical and pharmaceutical knowledge, through the practice and dissemination of Japanese translation at that time, laid the foundation of western medical and pharmaceutical science in early Japan. Its development and expansion even influenced the development directions of western medical roads chosen by modern Japan, which is a typical example of diversified communication between eastern and western medical cultures. Through the study on the interaction and integration of medicine and pharmacy, the communication relationship between Europe and Japan in the edo period can be further restored, which is an academic field to be expanded in the history of Eurasian communication.

Keywords: Dejima; Dutch Factory; physicians; cultural exchange

(执行编辑 吴婉惠)

海洋史研究（第十四辑）
2020年1月　第80～100页

朝鲜半岛东岸鲱鱼资源变动探析（1545～1765）

陈　亮*

一　问题的提出

1653年，一艘荷兰联合东印度公司的快速帆船在驶往日本长崎的途中，于济州岛附近遭遇台风而发生船难，仅有36名船员幸存下来。直到13年后，其中的8名荷兰船员才从朝鲜全罗左水营逃出。在他们出现在日本长崎之后，荷兰联合东印度公司方才知道有船员幸存。船上的书记员亨德里克·哈梅尔（Hendrik Hamel）按照公司的规定，将船难的经过以及船员在朝鲜的经历整理成报告书。该书不久后在荷兰出版，成为欧洲第一本介绍“隐士国”朝鲜的第一手著作。[①]

给这些荷兰船员留下深刻印象的除了朝鲜的风土人情外，还有那里丰富

* 陈亮，郑州轻工业大学马克思主义学院讲师，郑州轻工业大学新时代思想政治教育研究中心研究员。

本文系河南省哲学社会科学规划项目（2018BLS015）、河南省教育厅人文社会科学研究一般项目（2019－ZZJH－199）的阶段性成果。

① 潘建志：《囚禁于朝鲜的南蛮人：荷兰东印度公司商船Sperwer号之船难（1653）》，硕士学位论文，新竹，台湾清华大学历史研究所，2007，第1～2页。

的“青鱼”资源。这些在朝鲜半岛通常被称为“青鱼”或“碧鱼”的鱼类，在欧洲则被称为鲱鱼。[①] 哈梅尔在他的报告中提到，在每年12月至来年3月间是鲱鱼的鱼汛。在他看来，那些在12月至1月间捕捞的体型较大的鲱鱼，正如荷兰人在北海所捕到的一样；而在2～3月间捕获的较小的鲱鱼则很像荷兰的鲱鱼苗。[②]

这批来自荷兰的船员对鲱鱼不会陌生。早在16世纪中期，荷兰人就曾为了控制北海渔场的鲱鱼捕捞权而同法国、苏格兰兵戎相见。[③] 17世纪以来，北海、波罗的海的鲱鱼捕捞业为英格兰、苏格兰、法国、荷兰、挪威等国政府提供了数量可观的税收。[④] 而至迟在14世纪末期，高丽王朝的著名学者李穑（1328～1396）就曾留下了“西海青鱼贱，东溟紫蟹稀”[⑤] 的诗句。15世纪以降，朝鲜半岛每年的鲱鱼鱼汛也成为李朝一项十分重要的财政收入来源。[⑥]

鲱鱼属冷水性鱼类，对海水表层温度的变化比较敏感。对马海峡常年水温在11℃～12℃，客观上阻隔了黄海群和东朝鲜群之间的进出活动，使得东朝鲜群不会越过对马海峡进入黄海。[⑦] 二者虽然距离较近，但都有相对独立的活动空间。因此，朝鲜半岛东岸鲱鱼资源数量的丰歉以及分布区域的伸缩可被当作反映朝鲜半岛东部海洋环境变化的一项重要生态指标。

美国学者杰弗里·博尔斯特（W. Jeffery Bolster）较早地阐述了海洋是如何成为环境史研究的“新边疆”的，并高度评价了海洋环境史对于传统环境史研究的重要意义。[⑧] 包茂红则从“海洋亚洲”这一概念出发，指出亚

---

① 虽然两地所产鲱鱼在外形上几乎一致，但生长在北海的鲱鱼属于大西洋鲱（Clupea harengus），而生长在朝鲜半岛沿海的鲱鱼则属于太平洋鲱（Clupea pallasii）。

② 亨德里克·哈梅尔（Hendrik Hamel）的生平及此次船难的荷兰文版、英文版的报告，参见 http：//www. hendrick-hamel. henny-savenije. pe. kr/，访问日期：2018年8月2日。

③ Richard W. Unger，“Dutch Herring，Technology and International Trade in the Seventeenth Century，” *The Journal of Economic History*，Vol. 40，No. 2（June，1980），pp. 253－280；James Tracy，“Herring Wars：The Habsburg Netherlands and the Struggle for Control of the North Sea，ca. 1520－1560，” *The Sixteenth Century Journal*，Vol. 24，No. 2（Summer，1993），pp. 249－272.

④ 〔英〕波斯坦：《剑桥欧洲经济史（第五卷）·近代早期的欧洲经济组织》，王春法等译，经济科学出版社，2002，第137～151页。

⑤ 〔韩〕李穑：《牧隐集》卷28《诗·残生一首》，仁祖四年木刻本。

⑥ 〔韩〕朴九秉：《韩国渔业史》，首尔正音社，1984，第80～85页。

⑦ 邓景耀、赵传絪：《海洋渔业生物学》，农业出版社，1991，第304页。

⑧ Jeffery Bolster，“Opportunities in Marine Environmental History，” *Environmental History*，Vol. 11，No. 3（Jul.，2006），pp. 567－597.

洲范围内的海洋环境史无论是从海洋史还是从环境史的视角来看，都是一个亟待开辟的新领域。[①] 值得注意的是，以传统海洋史研究和自然科学的融合为代表的科际整合，也逐渐成为海洋史研究的新方向。[②] 在保罗·霍尔姆（Poul Holm）主持的“海洋生物种群历史”（Historical of Marine Animal Polulation）研究计划的支持下，欧洲历史上几种重要经济鱼类资源数量的变化开始被广泛地引入海洋环境史的研究领域。得益于欧洲丰富的渔场贸易统计、航海日志、税务档案等史料，西方学者通过长时段的研究，对 17 世纪以来北海、波罗的海、白海、巴伦支海等海域鲱鱼资源数量剧烈变动的状况及原因进行了较为深入的研究，找到了影响大西洋鲱鱼资源丰歉变化的关键时间段和主要环境因素。[③] 而欧洲环境史学界的这一研究旨趣和进展也借助第一届“世界环境史大会”这一平台为东亚环境史学界所重视。[④]

虽然商业捕捞所保存下来的渔业统计资料较为晚近，无法进行长时段的研究，但 19 世纪末期以来北海道渔场鲱鱼资源数量的剧烈波动与自然环境的变化，还是引起了日本学者的研究兴趣。[⑤] 学者们都希望在东亚沿海找到能够间接反映历史时期环境变化且具有生态指示意义的物种，但要么找不到相关的指标，要么即使找到了“生态指示物种”，也因史料方面的限制，使得研究很难向深层次继续挖掘。

---

① 包茂红：《海洋亚洲：环境史研究的新开拓》，《学术研究》2008 年第 6 期。

② 〔美〕因戈·海德布林克：《海洋史：未来全球史研究的核心学科》，《社会科学战线》2016 年第 9 期。

③ Bo Poulsen, *Dutch Herring: An Environmental History, C. 1600 - 1860*, Amsterdam: Aksant Academic Publishers, 2009; Dmitry Lajus, et al., "Herring Fisheries in the White Sea in the 18th-Beginning of the 20th Centuries: Spatial and Temporal Patterns and Factors Affecting the Catch Fluctuations," *Fisheries Research*, Vol. 87, No. 2 - 3 (November., 2007), pp. 255 - 259; Jürgen Alheit, et al., "Long-term Climate Forcing of European Herring and Sardine Populations," *Fisheries Oceanography*, Vol. 6, No. 2 (October., 1997), pp. 130 - 139; Bo Poulsen, et al., "A Long-term (1667 - 1860) Perspective on Impacts of Fishing and Environmental Variability on Fisheries for Herring, eel, and Whitefish in the Limfjord, Denmark," *Fisheries Research*, Vol. 87, No. 2 - 3 (November., 2007), pp. 181 - 195.

④ 梅雪芹、毛达：《应对“地方生计和全球挑战”的学术盛会：第一届世界环境史大会记述与展望》，《南开学报》（哲学社会科学版）2010 年第 1 期；王利华：《全球学术版图上的中国环境史研究——第一届世界环境史大会之后的几点思考》，《南开学报》（哲学社会科学版）2010 年第 1 期。

⑤ Kazuya Nagasawa, "Long-term Variations in Abundance of Pacificherring (*Clupea pallasi*) in Hokkaido and Sakhalin Related to Changes in Environmental Conditions," *Progress in Oceanography*, Vol. 49, No. 1 - 4 (2001), pp. 551 - 564.

学界对东亚沿海鲱鱼资源数量和环境变化的研究已经取得一些进展。如李玉尚通过对地方志、文集等资料的梳理，对鲱鱼黄海群资源数量的变动及原因进行了长时段的研究，揭示过去500年间鲱鱼资源数量剧烈波动的过程和海水表层温度变化之间的关系。[①] 而在日本海沿岸，自江户时代末期开始，在小冰期所带来的适宜气候条件下，北海道丰富的鲱鱼资源开始被大量制作成鱼肥，由“北前船”运送至大阪等地，促进了日本农业的发展。[②]

不过，对于历史时期鲱鱼东朝鲜群资源数量变动的状况，相关研究则略显不足。韩国学者金文基的研究将鲱鱼资源的旺发置于小冰期所带来的气候变化这一框架下，重点讨论了鱼类资源波动对经济、社会所造成的影响，但对不同种群之间的差异以及鱼类资源数量发生剧烈变动的次数、频率、关键时间点、分布范围的伸缩变化等问题则鲜有涉及。[③] 李玉尚通过对《李朝实录》的梳理，首先揭示了15～16世纪东朝鲜群鲱鱼资源数量变动的状况及原因，但对16世纪后鲱鱼资源的丰歉状况较少涉及。[④]

16世纪中叶以来的两百多年间，位于日本海西岸的太平洋鲱鱼东朝鲜群，其资源数量是否发生过剧烈波动？如果发生过波动，那么其资源数量变化的关键年份能否找到？鱼群的分布范围是否存在伸缩变化？直线距离相距并不遥远的黄海群和东朝鲜群，其资源数量的变化是否同步，影响资源数量变化的环境因素是否一致？这些都是本文试图回答的问题。

二　鲱鱼资源的持续兴盛（1545～1669）

明宗四年（1549），庆尚道丰基郡的白云洞书院获得仁宗颁赐的“绍修书院”匾额，一时间四方学子云集，声闻远播。但随着书院规模的扩大，新问题随即出现。朴承任（1517～1586）在给户曹的一则上书中提到：

---

① 李玉尚：《海有丰歉——黄渤海的鱼类与环境变迁（1368～1958）》，上海交通大学出版社，2011，第213～294页。

② Kim Moon-Kee, “The Regale of the Little Ice Age: Herring Fishery in Early Modern East Asia,” *History & the Boundaries*, Vol. 96, 2015, pp. 461－520.

③ Kim Moon-Kee, “Little Ice Age and the Herring: From a Perspective of Climate, Ocean, and Human,” *History & the Boundaries*, Vol. 89, 2013, pp. 69－108; Kim Moon-Kee, “Global Warming and the Herring: From a Perspective of Climate, Ocean, and Human,” *History & the Boundaries*, Vol. 90, 2014, pp. 189－222.

④ 李玉尚、陈亮：《明代黄渤海和朝鲜东部沿海鲱鱼资源数量的变动及原因》，《中国农史》2009年第2期。

> 立院之初，置簿田若干亩、宝米若干硕，为儒生常供十员之备，而厥数不敷。或值凶荒，馈饷不继，士不安集，集亦不久。安相国按临是道，始谋所以裕其用者。于是，熊川鱼基三所，自营门而移属；宁海、盈德等官盐盆三坐，出赃布而购置。郑方伯万钟又加以天城堡鱼基。四所凡前后所属、一年所纳，青鱼三千五百贯，食盐十六硕，计馔羞所供之外，余悉贩贸。粮酱油馔，铺设什器，院中一应用度，皆赖是不匮。①

鱼基为近岸定置渔业的一种，主要依靠海流将鱼类送入事先设在岸边的网中。② 明宗元年（1546），庆尚道观察使安玹将熊川县三处鱼基所产生的部分收益划归给书院。两年后，庆尚道监司郑万钟又增加了熊川县的田城堡鱼基。四处鱼基每年供给“青鱼三千五百贯”，产生的收益成为维持书院日常运营的一项重要保障。这从侧面反映了熊川沿海鲱鱼资源之盛。此后，由于官员对于鱼税的层层克扣，书院的日常运转时常受到影响。

仁宗元年（1545），承政院同副承旨李文楗（1495～1567）因“乙巳士祸”被贬谪至原籍星州闲居。虽然被贬离京，但庆尚道各地的官员对他的生活依然关爱有加。该年十一月初一，李文楗就收到星州牧使送来的二十尾新上市的青鱼。③ 此后3个月内，庆尚道监司、右兵使、晋州牧使以及周边各县官员馈赠的青鱼也陆续送到府上。④ 每年青鱼大量上市之后，李文楗都能收到不少来自庆尚道各地官员的馈赠。1546～1566年20年间，官员们每年送的青鱼，一般少则2～3冬音，多则30冬音。⑤

冬音又称冬或同，李朝征收渔业税的一种单位，一般两千尾青鱼为一同。⑥ 李文楗家中储存的青鱼除了少量用来食用、祭祀及馈赠友人外，大都被运送至远在忠清道的槐山郡。槐山郡是李文楗岳丈一家所居之地，在被贬

---

① 〔韩〕朴承任：《啸皋集》卷3《书·代绍修书院有司上户曹书》，正祖六年刻本。

② 〔韩〕朴九秉：《韩国渔业史》，第128～129页。

③ 〔韩〕李文楗：《默斋日记·上·第2册·嘉靖二十四年乙巳·十一月大》，韩国国史编纂委员会编《韩国史料丛书·41》，韩国国史编纂委员会，1998，第168页。

④ 〔韩〕李文楗：《默斋日记·上·第2册·嘉靖二十四年乙巳·季冬腊月小》，第180～184页。

⑤ 通过对李文楗日记中所记载的数据进行计算，其所收青鱼数量以1552年的116冬音为最大值，1546年及1565年都超过了50冬音，而其余有记载的年份也大都在20冬音以上。

⑥ 〔韩〕柳馨远：《磻溪随录》卷1《田制上·杂说》，首尔，东国文化社，1958，第45页。

谪之前，家奴多往返于京城与槐山之间。[①] 明宗元年（1546），“奴今金伊还槐山，万守随从而行，米十八斗，青鱼五十冬音，大口二十五及杂物付送”。[②] 此后，来自槐山郡的家奴有了一项新任务，即从庆尚道沿海各地贩运青鱼回槐山，他们路途中的必经之路便是星州郡。星州地处洛东江畔，有航运之利，顺流而下即可抵达釜山，而釜山沿海一带就是青鱼的主产区。沿海各地所产的青鱼可溯江而上抵达星州的东安津，而后再向各地转运。[③]

由于产量颇丰，鱼价较为低廉，故而乡间曾留有“穷士贫氓，若无青鱼，则何以解素”的谚语。[④] 冬季用粮食换取庆尚道沿海出产的廉价青鱼，正可解决山区民众对于动物蛋白的需求。明宗十九年（1564）十月二十九日青鱼上市时，槐山奴万水就曾“以米十斗易青鱼五十冬音”。[⑤] 一斗米即可换得一万尾青鱼，足见当时渔产之丰、鱼价之贱。

李文楗的家奴将青鱼贩运至槐山郡，大量用来换取当地所产谷物。[⑥] 每到农历十一月青鱼大量上市之际，来自槐山的家奴也大都会来到庆尚道沿海各地贩运青鱼。槐山地区的商贩历来就有贩运渔产发卖的习俗。英祖时期的文人崔成大（1691～1762）也曾留下“槐商时贩岭南鱼”的诗句。[⑦] 李文楗日记中不仅记载了槐山家奴下山抵达其寓所的时间，也会记录他们买完青鱼返程途中路过星州的时间。

传统时代，从半岛中部的槐山郡出发，大约要经过4天340里的路程才能抵达位于釜山沿海的左水营。[⑧] 而来自槐山郡的家奴从其抵达星州直至贸易完成返回星州，往往也只需要几天时间。兹将《默斋日记》中所记录的槐山郡家奴买青鱼时抵达以及返回星州郡的时间，列成表1。

---

① 〔韩〕李文楗：《默斋日记·上·第1册·嘉靖一十五年丙申岁·仲冬十一月小》，第68页。

② 〔韩〕李文楗：《默斋日记·上·第3册·嘉靖二十五年丙午·季春四月小》，第216页。

③ 〔韩〕李文楗：《默斋日记·下·第7册·嘉靖三十五年丙辰·仲春二月廿八日丁巳》，第104页。

④ 〔韩〕李圭景：《五洲衍文长笺散稿·万物篇·虫鱼类·鱼》。

⑤ 〔韩〕李文楗：《默斋日记·下·第10册·嘉靖四十三年·孟冬十月廿九日戊戌》，第668页。

⑥ 〔韩〕李文楗：《默斋日记·上·第5册·嘉靖三十年辛亥岁·正月十七日乙巳》，第351页。

⑦ 〔韩〕崔成大：《杜机诗集》卷3《补上·诗·遣悯》，英祖十七年刊本。

⑧ 《槐山郡邑志·道路》，纯祖元年刻本。

表1　《默斋日记》所记载槐山郡家奴“贩买”青鱼时间

买鱼人	抵达星州时间	返回星州时间	出处
性仇知	1545. 12. 15	/	2册·嘉靖二十四年十一月十二日
亿丁	/	1545. 12. 18	2册·嘉靖二十四年十一月十五日
莫实	/	1545. 12. 24	2册·嘉靖二十四年十一月廿一日
槐山里人	1546. 12. 2	/	3册·嘉靖二十五年十一月初十日
万守	/	1554. 12. 18	6册·嘉靖三十三年十一月廿四日
卜斤、德山	1554. 12. 20	/	6册·嘉靖三十三年十一月廿六日
槐山人等	/	1556. 1. 8	7册·嘉靖三十四年闰十一月廿六日
石孙	1556. 12. 9	/	7册·嘉靖三十五年十一月初八日
槐山奴等	/	1556. 12. 11	7册·嘉靖三十五年十一月初十日
世欣	1557. 1. 15	/	7册·嘉靖三十五年十二月十五日
卜斤、欣世	/	1557. 12. 9	8册·嘉靖三十六年十一月十九日
欣世	/	1558. 1. 6	8册·嘉靖三十六年十二月十七日
槐山人等	1558. 12. 5	/	8册·嘉靖三十七年十月廿六日
欣世	1558. 12. 11	/	8册·嘉靖三十七年十一月初二日
欣世	1562. 1. 10	/	9册·嘉靖四十年十二月初六日
卜斤、连守	1562. 1. 20	/	9册·嘉靖四十年十二月十六日
孔孙	1563. 12. 9	/	9册·嘉靖四十二年十一月廿四日
槐山人等	/	1563. 12. 15	9册·嘉靖四十二年十二月初一日

从“贩买”青鱼的时间来看，当时青鱼的旺汛多在公历12月至次年1月间。至于“贩买”青鱼的确切地点，日记中所记载的较少。明宗八年腊月初三（1554年1月6日），“牧使送遗大口、青鱼，言得之东莱云云”。①明宗十二年十二月十七日（1558年1月6日），槐山奴欣世“买青鱼于东莱而还，明日上槐山去”。② 东莱县是庆尚道青鱼的传统产区，《世宗实录·地理志》和《东国舆地胜览》对此都有记载。此外，庆州府的玄风县也是购买青鱼的主要地点。明宗十一年（1556）十一月初八，“槐山来人等如玄风买青鱼”。③ 明宗十八年（1563）十一月，槐山奴孔孙“贩买”青鱼的地点仍是玄风县。④ 玄风县虽然并不滨海，但距离镇海、东莱、熊川等青鱼主产地非常近。贩运青鱼的船只可溯洛东江而上，抵达玄风、星州等地。

① 〔韩〕李文楗：《默斋日记·上·第6册·嘉靖三十二年·癸丑岁始》，第669页。
② 〔韩〕李文楗：《默斋日记·下·第8册·嘉靖三十六年·季冬十二月大》，第260页。
③ 〔韩〕李文楗：《默斋日记·下·第7册·嘉靖三十五年·仲冬十一月大》，第163页。
④ 〔韩〕李文楗：《默斋日记·下·第9册·嘉靖四十二年·仲冬十一月小》，第606页。

宣祖时期的文臣金长生（1548~1631）在撰写郑澈（1536~1593）的行录时提到，他曾于宣祖十二年（1579）听闻郑澈搭救崔永庆（1529~1590）一事，内中叙及：

> 永庆文书中，又有梁山所送青鱼八十编，咸安所送七十编，安骨浦万户所送五百编。而自上问其所从来，则永庆答云：梁山则咸安地小地名，皆是咸安居奴子所送云。其时人皆云：咸安则郡守权用中所送，梁山亦郡守所送。而永庆告君之言，饰以他辞，极为不直。而推官以不干逆狱之事，故更不核实也。公之随事救解永庆，类如是矣。[①]

安骨浦位于熊川，而咸安、梁山二郡皆属金海镇。宣祖初年，三地渔产颇饶，崔永庆才会收到郡守所送青鱼。宣祖二十八年十二月初四日（1596年1月3日），庆尚道沿海所产青鱼在“壬辰倭乱”时还曾被李舜臣用来换购军粮。[②] 宣祖二十九年（1596），统营沿海“碧鱼早出，前后无减”。[③]“前后无减”表明资源十分丰富。宣祖三十六年（1603）庆尚道都事朴汝梁（1554~1611）在巡视沿海各地时还特别提到兴海郡、延平郡以出产青鱼而著名。[④] 而在大邱沿海，光海君八年十一月二十一日（1616年1月9日），“碧鱼始大出”，[⑤] 足见鲱鱼资源数量之丰富。

不过，各地也会遇到鱼汛延后或渔产歉收等情形。仁祖五年（1627）岁末，正在庆尚道安东府礼安县闲居的金坽（1577~1641）在日记中提到：“青鱼绝不见，而凡干海错匮乏，其贵如金。近年以来，日以益甚，前古所未有也。”[⑥] 该年冬季的鱼汛，青鱼并未像往常准时出现，直到第二年的二月二十一日，“青鱼始出市”。[⑦] 仁祖六年（1628）的岁尾，青鱼晚出的情形仍然没有改变。十二月二十五日“乍雪，今冬始一番也。青鱼犹未见形，

---

① 〔韩〕郑澈：《松江集·松江别集》卷之四《附录·行录》，显宗十五年刻，高宗三十一年重刻本。

② 〔韩〕李舜臣：《李忠武公全书》卷7《乱中日记三·乙未十二月》，正祖十九年刻本。

③ 〔韩〕赵庆男：《乱中杂录》卷3《丙申·九月》。

④ 〔韩〕朴汝梁：《感树斋集》卷5《杂着·渔父难》。

⑤ 〔韩〕孙处讷：《慕堂日记·乙卯·十一月二十一日》。

⑥ 〔韩〕金坽：《溪岩日录下·五·丁卯十二月·二十七日》，收入韩国国史编纂委员会编《韩国史料丛书·40》，韩国国史编纂委员会，1997，第30页。

⑦ 〔韩〕金坽：《溪岩日录下·五·戊辰二月·二十一日》，第35页。

古未有如此时”。[①] 不仅青鱼减产，其他鱼类也受到影响。仁祖七年（1629）九月，金坽在日记中提到：“鱼物绝乏，价踊不可买，非但海错为然，至于川鳞亦然，可谓变恠（怪）。”[②] 至该年十二月，这一状况依旧没有改变：“龙宫李兄见妇礼，初定于今月十六，场市以布一匹付爱上鹤男贸鱼，将送龙宫，而鱼物极踊，持布空还，甚可憎。”[③]

仁祖九年十二月十一日（1632 年 1 月 31 日）“雪后雨，青鱼始饶出”。[④] 直到公历 1 月末，鲱鱼的旺汛才来临。仁祖十七年（1639）正月十二日，青鱼虽已上市，但市场中物价却异常昂贵。“是日场市，木布一疋（匹），租三斗或三斗半，大豆则二斗或二斗半，谷贵如此，民何以生哉？鱼物亦甚贵，布一匹，青鱼五十尾，大口则四尾，安有如许时乎？”[⑤] 一匹棉布只能换 50 尾青鱼，足见渔产之稀贵。而青鱼上市时间较明宗时期也更迟。仁祖十七年冬季，青鱼旺汛迟至，直至来年的 2 月 8 日方才来到。[⑥] 而在仁祖十八年（1640）除夕，金坽在总结这一年大事时更是特别提到：“是冬不见青鱼，自前未有无青鱼岁时也。”[⑦]

从金坽的日记中不难看出，1627 ~ 1640 年间安东府沿海各地鲱鱼的鱼汛较之以往的确有些延迟，有些年份鲱鱼甚至消失。虽然某些年份渔获量会剧烈减产，但其持续的时间不长，渔业生产很快恢复旧观。因此，从总体上来看，17 世纪前半叶，鲱鱼资源数量并未出现大幅度的波动。

三　鲱鱼资源由盛转衰（1670 ~ 1725）

然而，朝鲜半岛东部沿海地区鲱鱼的产量在 17 世纪 70 年代前后开始出现明显的波动。显宗十年（1669）八月，新到任的江原道高城郡守洪宇远（1605 ~ 1687）在给友人的信中提到：“今则海产竭乏，渔户之不事农作者，

---

① 〔韩〕金坽：《溪岩日录下·五·戊辰十二月·二十五日》，第 61 页。
② 〔韩〕金坽：《溪岩日录下·五·己巳九月·二十二日》，第 91 页。
③ 〔韩〕金坽：《溪岩日录下·五·己巳十二月·十一日》，第 98 页。
④ 〔韩〕金坽：《溪岩日录下·六·辛未十二月·十一日》，第 177 页。
⑤ 〔韩〕金坽：《溪岩日录下·七·己卯正月·十二日》，第 502 页。
⑥ 〔韩〕金坽：《溪岩日录下·八·庚辰正月·十七日》，第 541 页。
⑦ 〔韩〕金坽：《溪岩日录下·八·庚辰十二月·三十日》，第 585 页。

时在饥饿中。商贾入来者，皆空手而归。不但农事大无，至于渔采亦如此。”[①] 高城郡沿海曾经盛产鲱鱼，然而由于渔产减少，渔民以及商贾的生计都受到较大的影响。江原道鲱鱼的减产当不是个案。显宗十二年（1671）九月，金榦（1646～1732）在与老师宋时烈（1607～1689）及友人的一次谈话中曾提及：

> 赵正郎曰：“闻近来东海鱼族，渐渐去向西海生”。先生曰：“此吾所以深忧南方。”榦曰：“向见西厓说，辽东旧无青鱼，壬辰前，辽人无数网得，谓之新鱼。”先生曰：“此盖将有壬辰兵乱之兆也。”[②]

此处“兵乱”即“壬辰倭乱”；在此之前，原本旺产鲱鱼的朝鲜西海各地鲱鱼突然消失，而在对岸的辽东半岛、山东半岛鲱鱼则纷纷出现。因辽东等地鲜见此鱼，才有“新鱼”之称。时人也多将西海鲱鱼的消失与“壬辰倭乱”的爆发相联系。宋时烈正是借东海鱼群的迁徙及渔业生产的衰落，表达自己对海防的担忧。显宗十三年（1672）一月二十日，庆尚监司在奏疏中也提到当年统营沿海“渔产乏绝”。[③]

肃宗二年（1676）一月二十四日，领议政许积在经筵厅回答肃宗关于统营是否需要筑城这一问题时就特别提到，“统营物力，近甚疲残，盖因鱼产之稀贵”。[④] 统营的收入有相当一部分来自捕捞鲱鱼所缴纳的税收。因为渔产稀少，不仅使统营的收入要大打折扣，而且使渔夫有时要在气象条件不佳的情形下冒着生命危险下海捕鱼。虽然鲱鱼是在近岸捕捞，但肃宗四年（1678）的冬汛，仅长鬐、金海两地就有10名官府所属的渔夫因捕捞青鱼而溺水身亡。[⑤] 肃宗十九年（1693）夏，刚上任的郡守权圣矩（1642～1708）在抵达庆尚道梁山郡后，发现“邑东界有例纳新出碧鱼殆数千级，

① 〔韩〕洪宇远著，洪福全编《南坡先生文集》卷11《书·与韩仲澄书》，首尔，白峰书院，1902，第133页。

② 〔韩〕金榦：《厚斋先生集·别集》卷之三《杂着·尤斋先生语录·癸丑九月先生在西郊》。

③ 韩国国史编纂委员会编《承政院日记·第226册》，显宗十三年一月二十日，参见韩国国史编纂委员会编《承政院日记全文数据库》，http://sjw.history.go.kr/main.do，访问时间：2018年7月20日。

④ 《承政院日记》第250册，肃宗二年一月二十四日。

⑤ 《承政院日记》第268册，肃宗五年一月五日。

民不能堪”，随即“公皆除之”。[①] 由于减产，原先的鲱鱼贡赋成为困扰梁山郡渔民的一大难题。

肃宗二十年（1694），为了拱卫江华岛，李朝在仁川的文殊山上修建了文殊山城，而筑城军士日常饮食所需的青鱼供给就交给了统营。统营“分定于各镇浦海中青鱼所捉处，名之曰鱼矶，皆置簿而属于统营。渔人纳税之后，方许捕捉，故其权专在统营。统营固多有得用青鱼之路，而彼残弊镇浦，则水军代布之外，无他物力。勒加分定，故沿海镇浦，亦不能支堪矣”。[②] 渔产丰饶之时，各方尚能相安无事。一旦出现减产，统营再垄断渔场，各镇浦的收益就要大打折扣。

肃宗二十二年（1696）冬的青鱼进献，庆尚道直至十二月中旬仍然没有完成。庆尚监司在给肃宗的上书中提出要罢黜昌原府使张万里、金海府使尹商三、熊川县监尹恬、漆原县监朴廷宾、镇海县监李文白、固城县令韩以原、巨济县令崔荆石等人。而肃宗给出的回应则是对这些地方官员“只推勿罢，勿待罪事”。[③] 但是，更高级别的官员，显然没有这么幸运。肃宗二十二年（1696）底，司饔院在给肃宗的奏疏中特别提及：

> 庆尚监营及水营青鱼进上，例在于十一月朔。统营进上，亦自十一月朔为始。三等进上，则到今十二月将尽。而三营进上，无一处入来，诚骇。产出稀少之致，其在上供，事体极涉，可骇。监司、统制使、左水使，立从重推考，令该曹更加催促封进。何如？[④]

由于自十一月初开始的近两个月内，三处都没能完成进献青鱼的任务，肃宗也就同意对庆尚道监司、庆尚道左水使以及统制使进行从重推考。倘若在渔产丰富的年份，三位高官断不会受到这样的处罚。

肃宗二十七年（1701）春，持平权㷜在给肃宗的上疏中提到“近年岭东鱼族，移产西海”。[⑤] 两个多月后，刑曹参议李彦纪在谈到近年反常的自

---

① 〔韩〕权圣矩：《鸠巢集》卷4《附录·行状》，哲宗十四年刻本。

② 《承政院日记》第360册，肃宗二十年七月二日。

③ 《承政院日记》第368册，肃宗二十二年十二月十一日。

④ 《承政院日记》第368册，肃宗二十二年十二月二十八日。

⑤ 《承政院日记》第396册，肃宗二十七年三月二十二日。

然现象时也写道："岭南鱼族，多徙西海，与壬辰事相符。"[①] "壬辰倭乱"之前，原本盛产于朝鲜西海各地的鲱鱼资源突然消失。故而，此时江原道、庆尚道鱼群的消失被认为是不祥之兆。一年多之后，副提学金镇圭等人在给肃宗的奏疏中亦提到："东海之水势变改，鱼族移迁，危征异兆，不待智者，类能言之。"[②] 值得注意的是，他们将鱼群迁徙的原因归结为海洋水文状况的改变。

将东海鱼群的消失与海洋环境变化联系起来的还有户曹参判李光迪。他在给肃宗的上疏中提到："东海鱼族之产于西海者，乘地气□□东南而西也。"[③] 兵曹判书俞得一在视察沿海各地时，谓"详闻海夫及士民之言，海错之移产，已多年矣。而沿海潮汐之水，视前亦高三尺云"。日本海潮差本身就较小，倘若俞得一所言属实，则海洋水文方面当发生过重要的变化。而面对"岭南鱼族，多徙西海"这一现状，领相李濡和俞得一的担心则均在于由此所引发的"海防之忧，诚亦不少"。[④]

渔产凋敝至此，庆尚道各地进献青鱼的任务也断难完成。肃宗三十年（1704）冬，金海府使黄镐、固城县令宋道锡、昌原府使李显征、巨济县令边震英、镇海县监金汝锡、漆原县监李时汉、熊川县监李之桴、蔚山府使朴斗世、东莱府使李壄、机张县监卢世器等人，都因未能按时荐新进上生青鱼而受到苛责。[⑤] 不仅庆尚道如此，北部的咸镜道也面临同样的问题。新任咸镜道观察使尹德骏在给肃宗的奏疏中就写道："北路素称雄藩，而物力亦为凋残，一自禁参之后，商贾绝少，且鱼产绝贵，收税无面。自咸兴独镇设置之后，事体尤重。虽欲备置军器，或试给赏，而亦无办出之路。"[⑥] 显然，渔业税收的大幅降低使得咸镜道原本就已紧张的财政收入更加捉襟见肘。

原本以盛产鲱鱼著称的统营沿海也遇到严峻的局面。肃宗三十四年（1708），在统营待罪 10 年之久的郑宏佐重新得到起用，出任统制使。他在回答肃宗的提问时不忘说：

---

① 《承政院日记》第 396 册，肃宗二十七年六月十九日。
② 《肃宗大王实录》第 37 卷，肃宗二十八年七月一日条。
③ 《承政院日记》第 409 册，肃宗二十九年一月十八日。
④ 《肃宗大王实录》第 41 卷，肃宗三十一年一月十五日条。
⑤ 《承政院日记》第 422 册，肃宗三十年十一月二十四日。
⑥ 《承政院日记》第 443 册，肃宗三十四年六月四日。

今闻本营物情，则凡百形势，与前大异。营门及各镇堡士兵，生理断绝，海防重地，渐为疏虞，极可闵虑矣。沿边士卒，本无耕作之事，所赖为生者，只是捉鱼、煮盐及受代之布。而今则朝家既禁其煮盐，又减其代布，海泽枯渴，鱼产亦且稀贵，士卒生理之本，三者俱绝矣。[①]

关于统营因渔产歉收而遭遇"生理断绝"的困境，曾任训练大将的李基夏也提到：

统营元无朝家划给之物，其所办用，专出于渔盐之利。故前则以此贸贩于三南峡邑渔盐所贵处，运来谷物，以此堪用。而近来则鱼产甚贵，盐盆亦不得一一收税，故不成貌样。许多将士之仰哺于本营者，亦难支供。三南海防之重镇，朝家将不免弃置，是可虑也。[②]

领议政李濡也说，统营"近来鱼产绝种，故凡百需用，大不如前，侵渔之患，至及于列镇，多有军民呼怨之弊，戎政之疎（疏）虞，推此可知"。[③] 江原道北接庆尚道，沿海各地的渔业生产也日渐萧条。江原道观察使李翊汉在论及当地风土人情时曾提到该地："赋上中虽别三等，地实瘠疎（疏），重以穑事之洊凶，遂致民食之俱罄，海竭鱼产，浦店鲜蓄网之家。"[④] 由于渔业的减产，渔民的生活日渐艰难，渔村也日益衰败。

肃宗三十五年（1709）正月，左议政李颐命再次向肃宗递交辞呈。他在上疏中提到："近者水旱连年，寒暑失候，星虹作乖，震雹不时，山木多蝗，海水无鱼。阴阳之变若此，以臣微诚，何以和之？"[⑤] 气候异常与海洋鱼类消失都成为李颐命辞职的理由。肃宗三十六年（1710）秋，司谏韩配周在上疏中也讲："近来天灾时变，叠见层出，海水成冻，东鱼西打，俱是兵象。"[⑥] 东海渔业资源衰减的趋势并未得到缓解。肃宗四十二年（1716）十月二十九日，判中枢府事李濡在回答肃宗的问题时言道：

① 《承政院日记》第443册，肃宗三十四年十月九日。
② 《承政院日记》第443册，肃宗三十四年十一月二十五日。
③ 《承政院日记》第474册，肃宗三十八年十二月十三日。
④ 《承政院日记》第549册，景宗三年一月十七日。
⑤ 《肃宗大王实录》第47卷，肃宗三十五年一月二十六日。
⑥ 《承政院日记》第457册，肃宗三十六年十月十八日。

> 海民生理，专靠于渔采矣。近来渔产绝种，所得不足以资生，而监、兵营、诸宫家差人，每船辄征五贯钱，而纳于官家者，不满十分之一。故差人则无不起家，而海民则受弊偏酷，岂不哀哉？[①]

此时，东海渔业资源稀缺的状况依旧十分严峻，故而李濡才会用到“绝种”这样的词。综上所述，17世纪70年代以来东海鲱鱼的减产至少持续了半个世纪。这一阶段鲱鱼并非完全消失，但渔获量较之以往大幅度下降，沿海渔民的生活以及政府的税收都受到了比较大的影响。值得注意的是，在这一时段内，朝鲜半岛主要经济鱼类资源在西海和东海的盛衰变化并非同步。

四 “人呼之曰青鱼祖”：鲱鱼资源的复兴（1726～1765）

英祖元年（1725）十一月二十日，一艘来自全罗道长兴郡的货船抵达统营附近的加德岛近海。一月后，这艘装载青鱼的货船在归航途中遭遇风暴而漂流至日本对马岛。[②] 有外地客商来此“贩买”青鱼，足见加德岛沿海青鱼旺产。英祖时期，来自庆尚道晋州固城县的文人具尚德（1706～1761）所撰写的《胜聪明录》是一部颇具史料价值的农业日记，其中不乏对鲱鱼的记载。固城毗邻统营，历史上也曾出产鲱鱼。英祖三年（1727）春，统营地区鲱鱼旺产，鱼价颇低，“今春碧鱼五尾，直钱一文”。而具尚德认为之所以会出现鲱鱼的旺发，主要在于：

> 昔年左道人于海中，网得一怪石，其形石佛如也。置之于多多镇，以为神座。自是之后，左道聚隅极多。今统使李公复渊，送裨姜晚齐，称以军器摘奸，尽阅多多镇军器库，搜得其石，载之而归，置于统舡仓，人呼之曰：青鱼祖。[③]

---

① 《肃宗大王实录》第58卷，肃宗四十二年十月二十九日。

② 韩国国史编纂委员会编《韩国史料丛书·第24辑·同文汇考三·附编》卷31《漂风三·我国人·岛主出送漂民书·亨保十一年丙午正月》，韩国国史编纂委员会，1978年影印本。

③ 〔韩〕具尚德：《胜聪明录》第一册（1725～1731），英祖三年三月二十二日，参见韩国学中央研究院藏书阁数据库，http：//royal. kostma. net/，访问日期：2017年9月15日。

此前这块形如佛像的怪石出海之际，庆尚道各地经济繁荣、城镇迅速崛起，故而被认为是一种祥瑞。英祖二年（1726）十月十六日，李复渊从忠清兵使任上出任统制使。他上任后的第一个冬汛就迎来鲱鱼的旺发。而这一时间点又恰逢李复渊将尘封多年的怪石从军器库中带回之后，人们遂将鲱鱼的旺发与怪石的重新出现相联系，将这块石头称作"青鱼祖"。英祖八年（1732）八月，成均馆的官员向英祖提出对其加强资助的建议：

> 今闻庆尚道巨济长木浦，加德内外项，固城沙堂浦、德面艾浦、阳地十月浦、黄里背屯等浦，三处俱是一洋相连之地。自数年前鱼产新捉，而元无所管处，空闲等弃云，以此渔场处，特令折受于贤阙，以补多士供亿之资，何如？[①]

正是因为加德岛、固城等地沿海渔产重新出现，使得成均馆可以利用渔业的税收来维持自身的运转。而从传统产地以及征税对象来看，新出现的渔产应当包含鲱鱼。英祖三年（1727）十月十四日，具尚德在日记中写道："闻统营青鱼山堆，统使使营下烟民编鱼云。"[②]"山堆"一词足以表明统营沿海鲱鱼资源的丰饶。由于年前鲱鱼的旺产，英祖九年（1733）春，固城市场上20尾鲱鱼只值钱2分或3分。[③]此后，市场上鲱鱼价格虽略有波动，但总体上都比较低廉。英祖十三年（1737）冬汛的渔产陆续上市后，20尾鲱鱼的价格也只值钱5分。[④]英祖十六年（1740）冬，固城市场上"青鱼至贱，一级钱三、四分"。[⑤]鲱鱼20尾为一级，因为旺产，市场上才有如此低廉的价格。

此时，不仅南部的釜山近海鲱鱼旺产，而且在庆尚道北部的山区也可见到往来贩运鲱鱼的商贩。英祖十二年（1736）十二月二十七日，权相一（1679～1759）在日记中提到："秣马新宁邑，宿永川邑。昨今两日，青鱼贸来者，马载人担首尾相续，可知海部为无尽藏也。"[⑥]从商贩们在新宁、

① 《承政院日记》第748册，英祖八年八月二十一日。

② 〔韩〕具尚德：《胜聪明录》第一册（1725～1731），英祖三年十月十四日。

③ 〔韩〕具尚德：《胜聪明录》第二册（1732～1737），英祖九年三月五日。

④ 〔韩〕具尚德：《胜聪明录》第二册（1732～1737），英祖十三年十二月十一日。

⑤ 〔韩〕具尚德：《胜聪明录》第三册（1738～1749），英祖十六年十二月三十日。

⑥ 〔韩〕权相一：《清台日记·下·丙辰·十二月大》，韩国国史编纂委员会，2003，第60页。

永川两地往来贩运鲱鱼的盛况亦可推断出庆尚道沿海鲱鱼资源之盛。

18世纪40年代，统营沿海鲱鱼持续旺产。英祖二十年（1744）岁末，具尚德在总结当年物价变动时提及："青鱼则即今市上一级直四分，而沿海渔家，一同之价，或不满三两云。此亦近古所无也。或云虫食太叶，则青鱼至贱云云。盖今夏之末，太叶为虫所食，如鞭之立，此其验耶？未可知也。"[①] 在沿海渔家，鲱鱼的价格较固城市场上还要便宜，不到3两白银即可购得2000尾鲱鱼。这种旺产的景象在当时被认为"近古所无"。此后，除了英祖二十三年（1747）冬汛，"青鱼极贵，一尾直二分"外，其他年份固城市场上鲱鱼的价格基本稳定在每20尾3分至6分。[②]

英祖二十六年（1750）春，固城市场上20尾鲱鱼的价格仅有"二分五厘"[③]。英祖二十七年（1751）十一月下旬，一艘来自庆尚道金海郡的渔船因捕捞鲱鱼而至釜山沿海。该船在十二月下旬回航时因遇到风暴而漂流至对马岛。[④] 英祖二十八年（1752）十二月初，一艘来自镇海的货船因"贩买"鲱鱼在长鬐沿海遭遇风暴而漂流至日本石见州。[⑤] 英祖二十九年（1753）除夕，来自机张、蔚山两地的8名渔民为捕捞青鱼同乘一船出海。正月初九日，他们"到于长鬐境长鼓顶前洋设网"，只因"同日夜半，猝过恶风"而漂流至日本国石见州户野浦。[⑥] 这数起渔民因捕捞鲱鱼而风飘同样说明当时的鱼类资源之丰。

北部咸镜道文川附近的元山也盛产鲱鱼。李明焕（1718～1764）有诗云："井落几千户，圆山大聚居；被沙刳白蛤，满巷（港）贯青鱼。"[⑦] 这首诗当作于英祖二十八年（1752）之后，满港堆积鲱鱼足可见元山近海鲱鱼资源之丰饶。英祖三十年（1754）正月，蔡济恭（1720～1799）奉旨出巡咸镜道。他在途经元山时曾以"元山歌"为题赋诗四首，其中不仅有"村前瀛海

① 〔韩〕具尚德：《胜聪明录》第三册（1738～1749），英祖二十年十二月二十九日。

② 〔韩〕具尚德：《胜聪明录》第三册（1738～1749），英祖二十一年十二月六日、英祖二十三年十二月二十九日、英祖二十四年十二月二十九日。

③ 〔韩〕具尚德：《胜聪明录》第四册（1750～1755），英祖二十六年年二月十八日。

④ 韩国国史编纂委员会编《韩国史料丛书·第24辑·同文汇考三·附编》卷33《漂风五·我国人·岛主出送漂民书·宝历二年壬申七月》。

⑤ 韩国国史编纂委员会编《各司誊录93·典客司日记2·典客司日记第9》，英祖二十九年五月十六日。参见韩国国史编纂委员会数据库，http：//db. history. go. kr/，访问日期：2017年9月25日。

⑥ 《各司誊录93·典客司日记2·典客司日记第10》，英祖三十年六月十一日。

⑦ 〔韩〕李明焕著，李素、李青编《海岳集》卷之二《诗·圆山》，正祖年间刊本。

岭南通，载米云帆尽顺风”之句，而且还注明“鱼族利为关北最”。①

值得注意的是，虽然统营沿海一直出产鲱鱼，但18世纪50年代固城市场上鲱鱼的价格较之以往则要贵出许多。英祖二十七年（1751）十二月，固城市场上一钱银子最多只能买到5尾鲱鱼。②次年冬汛，市场上鲱鱼价格依然昂贵，“市上青鱼一尾，直钱一戋三分云，亦难得云”。③即使价高如此，市场上仍然较难买到。统营沿海鲱鱼资源数量较之以往有明显减少。英祖二十九年（1753）冬汛，鲱鱼资源依然十分有限，具尚德在岁末的日记中写道：“青鱼亦贵，进上太晚，各邑乡所监官，受刑于差官，或死或病，其弊不些。”④英祖三十二年（1756）冬，固城市场上的鲱鱼价格开始逐渐恢复到之前的水平，“一级直钱七、八分”⑤，仅比18世纪40年代稍贵。

在权相一的故乡，庆尚道北部尚州近嵒里，18世纪50年代鲱鱼的市场价格较之以往也十分昂贵。英祖二十九年（1753）十二月二十日，“青鱼极贵，今市五尾一戋云”。⑥英祖三十一年（1755）十一月三十日，“青鱼自去市始出，今日市钱十文，给四尾云”。鲱鱼刚刚上市，价格一般稍高，然而在25天后的市场上，10文钱也仅能购得5尾鲱鱼。⑦英祖三十二年（1756）十一月一日，尚州地区的市场上鲱鱼开始上市，因为渔产稀少，10文钱仅能够得2尾鲱鱼；而直到一个多月后鲱鱼开始大量上市，10文钱也只能买到6尾鲱鱼。⑧

经过18世纪50年代短暂的减产后，鲱鱼资源很快得到恢复。《舆地图书》是英祖时期编纂的地理总志，因其包含图和书两部分而得名。英祖三十三年（1757）该书由洪良汉奏请编纂，八年后方告完竣。此书也是《东国舆地胜览》编成270余年后对朝鲜地理总志的又一次补充、完善。该书记载了全国各地的物产情况，其中就包含海产鱼类，兹将物产中列有“青鱼”的各个行政区制成表2，如下所示。

---

① 〔韩〕蔡济恭：《樊岩先生集》卷8《诗·载笔录·元山歌》，纯祖二十四年刻本。
② 〔韩〕具尚德：《胜聪明录》第四册（1750～1755），英祖二十七年十二月三十日。
③ 〔韩〕具尚德：《胜聪明录》第四册（1750～1755），英祖二十八年十二月二十九日。
④ 〔韩〕具尚德：《胜聪明录》第四册（1750～1755），英祖二十九年十二月三十日。
⑤ 〔韩〕具尚德：《胜聪明录》第四册（1750～1755），英祖三十二年十二月十一日。
⑥ 权相一：《清台日记·下·癸酉·十二月大·二十日》，第360页。
⑦ 权相一：《清台日记·下·乙亥·十二月小·二十五日》，第413页。
⑧ 权相一：《清台日记·下·丙子·十二月小·初五日》，第438页。

表 2　《舆地图书》记载朝鲜半岛东海岸各行政区青鱼分布

道	府/镇/都护府	郡/县	资料来源
江原道	江陵镇	杆城	上册・第 549 页
咸镜道	咸兴府		下册・第 152 页
	永兴都护府		下册・第 163 页
	会宁都护府		下册・第 194 页
	定平府		下册・第 202 页
	德源府		下册・第 222 页
	安边都护府	文川	下册・第 227 页
	北青都护府		下册・第 234 页
		利城	下册・第 254 页
		洪原	下册・第 258 页
	钟城都护府		下册・第 272 页
	稳城都护府		下册・第 278 页
	庆源都护府		下册・第 282 页
	庆兴都护府		下册・第 287 页
	富宁都护府		下册・第 294 页
庆尚道	安东镇	盈德县	下册・第 424 页
	庆州镇	东莱县	下册・第 469 页
		清河县	下册・第 477 页
		延日县	下册・第 481 页
		长鬐县	下册・第 485 页
		机张县	下册・第 488 页
	金海镇	昌原府	下册・第 575 页
		巨济府	下册・第 588 页
		固城县	下册・第 593 页
		漆原县	下册・第 597 页
		镇海县	下册・第 601 页
		熊川县	下册・第 604 页

《舆地图书》在描述各地物产时，如遇到“昔有今无”的状况都会明确加以记录。该书在记录庆尚道金海县物产状况时就曾特别备注“青鱼，今无”。[①] 从表 2 中不难看出，鲱鱼的分布范围比较广，主产区则集中在咸镜道和庆尚道沿海（见图 1）。

① 大韩民国文教部国史编纂委员会编《舆地图书》下卷，1973，第 566 页。

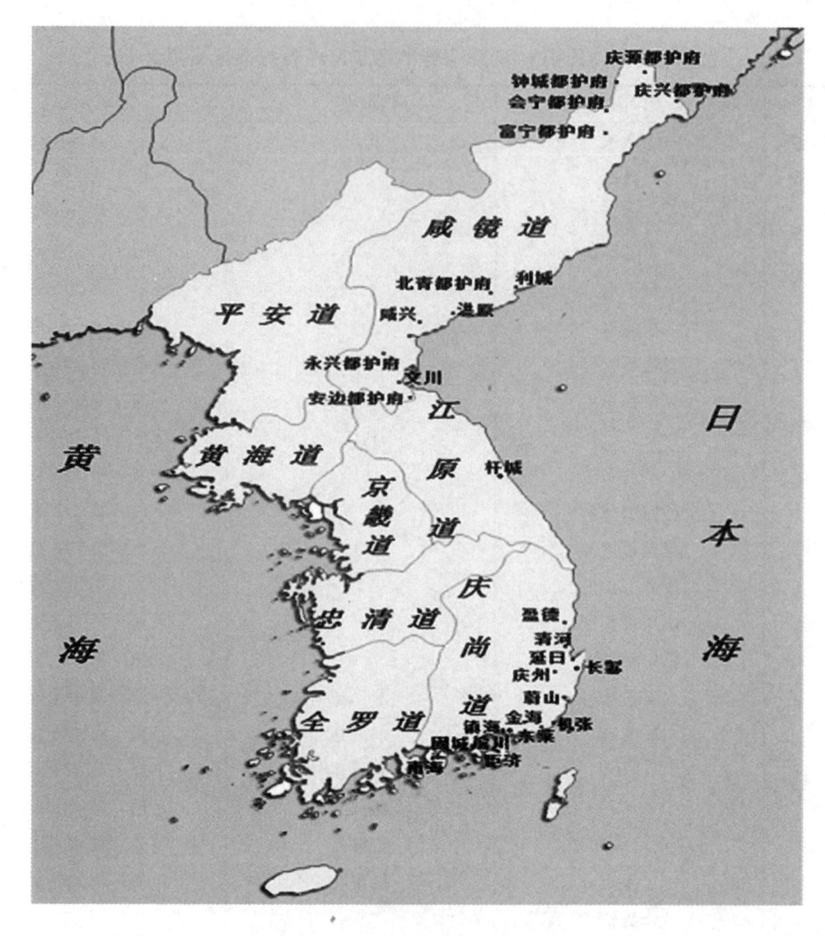

图 1　《舆地图书》记载朝鲜半岛东部沿海鲱鱼分布状况

结　语

1545～1765 年间，朝鲜半岛东岸鲱鱼资源经历明显的盛衰变动。在 220 年内，大约有 55 年属渔产衰落期，即 1670～1725 年。这一时间段内，渔获量大幅度下降，沿海渔民的生活以及政府的税收都受到较大的影响。但在其他时间，鲱鱼资源整体上较为丰富，市场上鲱鱼的价格也十分低廉。鱼群广泛分布在咸镜道和庆尚道沿海渔场，江原道则较为稀少。庆州、镇海是庆尚道鲱鱼的主产地，咸镜道北部沿海各地虽都曾出产鲱鱼，但渔产最为丰富的地区还是在今元山港沿海一带海域。

1551～1650年朝鲜半岛气候处于寒冷期，1640～1760年又是过去一千年来朝鲜北部最为寒冷的时期，其中1700～1710年的平均气温比现今低1℃～1.5℃，树轮方面的研究也显示1700～1730年是历史上气候最为寒冷的时期之一。[①] 气候转冷有益于鲱鱼等冷水性鱼类成长。朝鲜西海鲱鱼资源数量的剧烈波动和温度的变化有着密切的关系。不过，虽然同处小冰期以来的寒冷期内，东海鲱鱼大幅减产的同时，西海各地却并未随之减产。朝鲜半岛东、西两岸鲱鱼资源数量的剧烈波动并非同步，一侧盛产另一侧完全消失的状况也时有发生。对于东海而言，气候的冷暖变化显然并不是造成鲱鱼资源数量丰歉的最主要原因。

李玉尚的研究表明，15世纪上半叶，随着对马暖流的增强，大量高温、高盐的洋流进入朝鲜东海岸进而造成了庆尚道各地夏季持续性的赤潮，对马暖流是影响鲱鱼东朝鲜群的关键因素之一。[②] 然而，笔者通过检视1654～1755年间的《李朝实录》发现，比对李玉尚的研究，此时庆尚道赤潮出现的频率明显降低，而处在最北方的咸镜道，赤潮发生的频率较之以往则有明显的增加。

值得注意的是，18世纪前后，李朝官员以及儒生在讨论海防问题时曾多次提及"水宗"的变化。肃宗二十年（1694）十一月六日，大司宪李秀彦在一则奏疏中提到："近年岭东、岭南渔采之民，寻常往来于郁陵岛，则水宗变易之说，或不至于孟浪耶?"[③] 肃宗三十六年（1710）秋，司直李光迪在奏疏中也说："东海，古有水宗，而船舶不通，故革罢诸镇矣。数十年来，水宗大变，而倭船比比渔采于郁陵岛，诚可寒心。"[④] 英祖二年（1726）秋，江原道金化儒生李升粹在给英祖的上疏中奏说："臣适往岭东，详闻海情，即今水宗，异于昔时。片苇周流，无处不往。北关商船，往来于东莱者，无时无之。"[⑤] 英祖三年（1727）夏，江原监司金镇玉在谈及这一问题时仍不忘强调："自有所谓水宗之后，船路阻绝。虽在壬辰，亦无直为来泊之患，故朝家置之无虞，沿海关防，全无措置矣。近来水宗稍变，故倭船间

① ［韩］河长海（Chang-Hoi Ho）：《韩国气候变化评估报告·技术总结》［*Korean Climate Change Assessment Report*（*Technical Summary*）］，韩国国家环境研究所，2010，第7～8页。

② 李玉尚：《海有丰歉——黄渤海的鱼类与环境变迁（1368～1958）》，第231页。

③ 《肃宗大王实录》第27卷，肃宗二十年十一月六日。

④ 《肃宗大王实录》第49卷，肃宗三十六年十月三日。

⑤ 《承政院日记》第625册，英祖二年十月二十一日。

多来泊。”①

他们普遍认为“壬辰倭乱”时由于“水宗”的存在和阻隔，岭东地区的海防问题基本无虞。而此时东海“水宗”的变化则造成渔船以及商船可以便捷地往返那些之前很难到达的区域。文中出现的“水宗”所指的应该是存在于日本海沿岸的洋流。洋流的强弱以及流向的变化不仅会影响航运，而且也会对鱼类的洄游产生影响。1670～1725年间东海鲱鱼资源数量的波动或许与洋流的变化有关，但这一问题仍需要进一步的研究。而今后对于历史时期区域内明太鱼、鳕鱼等多种重要冷水性经济鱼类资源丰歉原因的研究，或许能为我们提供了解这一问题的更多线索。

The Fluctuation of Herring（*Clupea Pallasi*）Resources along the East Coast of Korea Peninsula during 1545 -1765

Chen Liang

Abstract: The herring resources along the east coast of Korean Peninsula had ever experienced obvious fluctuations during 1545 -1765. Generally speaking, the herring resources were abundant in these years. But the herring fisheries declined obviously from 1670 to 1725. The herring fisheries turned to be prosperous since 1730s. The fluctuation of Herring resources along the west and east Coast of Korea Peninsula were not synchronous during 1545 -1765. The most important factors that had impacted the fluctuation of herring resources might be related to the change of ocean currents along the east coast of Korean Peninsula during 1545 -1765.

Keywords: herring; fluctuation; Korea Peninsula

（执行编辑：罗燚英）

① 《承政院日记》第640册，英祖三年六月十日。

海洋史研究（第十四辑）
2020年1月 第101～116页

明清易代之际的皮岛贸易与东北亚

刘巳齐*

明清之际东北亚内陆商品贸易日益繁荣，出现多个区域贸易中心。由于明清战争的爆发，内陆贸易重心转向沿海地带。以皮岛为中心的东江贸易在天启初期出现于辽东沿海，以毛文龙为首的东江势力在东北亚区域崛起。[①] 毛文龙先以东江的治所皮岛为中心，开展贸易，把控登辽海道，后又以朝鲜为经济腹地与其建立了密切的贸易关联，逐步将山东半岛、朝鲜半岛、后金纳入其贸易范围，在东北亚范围内逐渐形成一个沿海区域贸易网。目前学界将皮岛（东江）贸易纳入东北亚海上贸易，关注其区域格局变化的研究不多。[②] 本文结合中外史料，把以皮岛贸易网络覆盖下的北黄海地区视为一个

---

* 刘巳齐，中山大学历史学系博士研究生。

① 皮岛即今朝鲜椴岛，朝鲜古文献中称“椴岛”。中国人最后一次登上该岛是在朝鲜战争（1950～1953）时期，岛上当时仍保留有关于毛文龙的祭祀习惯，随着后来志愿军从朝鲜撤离，此后再无登岛记录。参见罗充《关于“皮岛”》，《历史教学》1955年第1期。

② 相关研究参见〔日〕田川孝三《毛文龍と朝鮮との關係について》，《青邱説叢》卷三，京都，彙文堂書店，1932；吴一焕《17世纪初明朝与朝鲜海路交通的启用》，《历史教学》1996年第12期；〔日〕松浦章《天启年间毛文龙占据海岛及其经济基础》，《明清时代东亚海域的文化交流》，郑洁西等译，江苏人民出版社，2009，第105～120页；王荣湟、何孝荣《明末东江海运研究》，《辽宁大学学报》（哲学社会科学版）2015年第6期；王荣湟《明末东江屯田研究》，《农业考古》2015年第6期；赵世瑜、杜洪涛《重观东江：明清易代时期的北方军人与海上贸易》，《中国史研究》2016年第3期；王桂东《猜忌的同盟者：朝鲜王朝与明东江镇交涉史考论（1621～1637）》，刘迎胜主编《元史及民族 （转下页注）

中心区域，内外连接不同地区、人员之间的活动，观察皮岛与外部世界形成的网络与区域关系；并将皮岛的东江势力在东北亚的崛起与该地区的海陆贸易相关联，探求其在当时东北亚区域贸易中的商业地位及其发展与明清易代东北亚各方势力的兴衰、东北亚局势走向之关系。

一　由陆向海：东北亚贸易市场南移与皮岛贸易的兴起

明代前中期，东北亚地区的陆上贸易分为朝贡贸易和边境贸易，从明中期开始，边境贸易中的马市逐渐占据主要部分，交易包括“马匹并土产货物”①。当时明朝及其女真部、蒙古族部和朝鲜地区纷纷参与其中，汇集着来自各地的商品货物，迎来了东北亚的边境贸易热潮，辽东、山东及黄海诸海岛间形成了密切的商业联系。而马市贸易地点的设立对地区势力的崛起尤为重要，② 如海西女真部把控下的开原、③ 建州女真部控制下的抚顺，④ 随着势力角逐，贸易中心逐渐由北向南移动。⑤ 明廷为了遏制女真族的崛起，便关闭马市，故建州女真“抚顺关市时，例于日晡开场，买卖未毕，遽即驱逐胡人，所赍几尽遗失”，⑥ 失去了贸易依托，“其人参浥烂者至十余万”，⑦ 损失惨重。至万历四十六年（后金天命三年，1618），失去贸易市场的努尔哈赤部，起兵伐明，辽东战事爆发，东北亚的边境贸易受到极大影响。

明金战争爆发后，明军屡败于后金，明朝与辽东的陆上交通也被后金切断，为了解决辽东的军食供应，明廷于万历四十六年重开了封闭多年的登辽

（接上页注②）与边疆研究集刊》第 32 辑，上海古籍出版社，2016，第 115～141 页；〔日〕辻大和《朝鮮王朝の対中貿易政策と明清交替》，东京，汲古书院，2018。

① 李辅等修《全辽志》卷 1，《辽海丛书》本，辽沈书社，1984，第 35 页。

② 相关研究参见〔美〕亨利·赛瑞斯《明蒙关系Ⅲ——贸易关系马市（1400～1600）》，王苗苗译，中央民族大学出版社，2011，第 102～107 页；〔日〕河内良弘《明代女真史研究》，赵令志译，辽宁民族出版社，2015，第 624 页。

③ 陈子龙等辑《明经世文编》卷 422《议复开市抚赏疏》，中华书局，1962，第 4598 页。

④ 陈子龙等辑《明经世文编》卷 218《书辽东镇图后》，第 2282 页。

⑤ 《山中闻见录》卷 3，潘喆、李鸿彬、孙方明编《清入关前史料选辑》第三辑，中国人民大学出版社，1991，第 26 页。

⑥ 《清初史料丛刊八、九种·栅中日录校释 建州闻见录校释 》，辽宁大学历史系，1978，第 45～46 页。

⑦ 茅元仪：《武备志》卷 228，《续修四库全书》影印天启刻本，子部，第 966 册，上海古籍出版社，2002，第 224 页。

海道,[1] 启动了大规模的海运，海路畅通起来。以登辽海道开放为契机，沿海贸易活动兴起，东北亚区域贸易在海上打开了一条通道,[2] 商民贩运则异常活跃，给沿海地区带来了商机。[3] 当时参与海运的船只和人员就有一部分是从民间商贩中招募的，辽东经略王在晋言："惟有多雇造往胶籴贩之船，多招募淮海胶习海之人，厚其价值，领运驾船，径渡成山，抵辽交割。"[4] 辽东海运大开，沿海贸易兴盛，东北亚的贸易市场由内陆向沿海移动。

当时海运也受一些因素影响,[5] 辽东的地理环境限制了其长期的持续性，"转眼深秋，北风一发，舟楫不能行矣"。[6] 这使得明军军食供应大打折扣。沈辽大战（1621）后，辽南地区悉数为后金所蚕食，明军在辽东无力支撑下去，大规模海运终止。海运计划失败，沿海贸易采取走私形式进行，规模有限。明廷没有完全放弃海路经略，辽东经略熊廷弼提出了"三方布置"策,[7] 从海上进军袭扰牵制后金，以毛文龙为首的东江海上势力在这一战略中发展起来。

毛文龙初为辽东练兵游击，天启元年（1621）七月率二百余人渡海到达鸭绿江口，奇袭后金控制下的镇江，此战虽胜，但同后金相比，实力相差悬殊，很快就遭后金反击，退入朝鲜境内。朝鲜"为恐有日后之患，言其利害于毛将，使卷入海岛，毛将不意乘舡，入据椴椵岛（即皮岛）"。[8] 毛文龙在皮岛建立起抗金根据地后，明廷便考虑以皮岛为中心统合辽南诸岛，设

① 在明初，明军对辽东的占领是从山东登莱海上出发的，依靠登辽海道的运输，后被搁置。参见周琳《万历四十六年至天启七年海运济辽》，《长春师范学院学报》（人文社会科学版）2005 年第 3 期；陈晓珊：《明代登辽海道的兴废与辽东边疆经略》，《文史》2010 年第 1 辑，中华书局，第 209 ~ 234 页；杜洪涛《元明之际辽东的豪强集团与社会变迁》，《史林》2016 年第 1 期。

② 王在晋：《三朝辽事实录》卷 2，《续修四库全书》影印明崇祯刻本，史部，第 437 册，上海古籍出版社，2002，第 64 页。

③ 张士尊：《明代辽东边疆研究》，吉林人民出版社，2002，第 338 页；刘俊勇：《明代登辽海道浅析》，《大连大学学报》2015 年第 5 期。

④ 王在晋：《三朝辽事实录》卷 2，第 86 页。

⑤ 陈晓珊：《明代登辽海道的兴废与辽东边疆经略》，《文史》2010 年第 1 辑，第 209 ~ 234 页。

⑥ 王在晋：《三朝辽事实录》卷 5，第 141 页。

⑦ 《明熹宗实录》卷 11 "天启元年六月辛未"条，台湾中研院历史语言研究所据"国立北平图书馆红格抄本"影印本，1962，第 543 页。

⑧ 《光海君日记》卷 173 "光海君十四年一月初四日庚子"条，《李朝实录》第 33 册，东京，学习院东洋文化研究所，1962，第 748 页；《光海君日记》卷 182 "光海君十四年十一月十一日癸卯"条，第 809 页。

立军镇。天启二年（1622），明廷授毛文龙平辽总兵，他便以皮岛为基础，包括其附近一些控制区，建立了东江镇。

毛文龙建镇东江，首要问题是解决军需，进行屯田。[①] 日本学者松浦章估计，东江屯田一年收成约十余万石粮；[②] 除此之外，还有明廷的海运支援，[③] 当时“合船三百艘，每船可运米四五百石，则通岁共运米十余万，折色数万不等”。[④] 屯田和海运构成了东江初始的军食供应。[⑤] 不过，屯田收成并不稳定，海运接济也经常不足额，“每年津运十万，所至止满六七万，余俱报以‘漂没’”。[⑥] 明廷又让毛文龙负担起“以饷兵之费以并养民，徒为市德”的义务，[⑦] 为增加粮饷，毛文龙提出了引商人来皮岛贸易的策略，明廷很快采纳：

> 设有一策：使南直、山东、淮胶等处，招商运米，令其自备粮石，自置舡只，到鲜之日，核其地头米价，外加水脚银两，凡船装十分，以八分米、二分货为率。米必两平籴粜，货听其市买取利，则经商者既不苦于偏枯，而嗜利者乐于计有所出。如此设法通商，庶三十余万之辽民，得以生活。第海外孤悬，屯种无多势，不能尽辽民而仰食于太仓，则议与招徕商贾，□□于登，贸货于丽。[⑧]

之所以这样做，是因为“诸文臣视东江之师为赘旒，饷道屡绝。文龙亦退保皮岛，日以参、貂交结当道。海岛无事，惟招致商贾，以接济粮储；请械、请饷，呼应不灵”。[⑨] 另外，该地区以前的商路十分发达，可以

---

① 相关研究参见何锋《明朝海上力量建设》，海洋出版社，2015，第195页；王荣湟《明末东江屯田研究》，《农业考古》2015年第6期。

② 〔日〕松浦章：《明清时代东亚海域的文化交流》，郑洁西等译，第116页。

③ 《明熹宗实录》卷32“天启三年三月丁丑”条，第1638页；杨永汉：《从〈督饷疏草〉看天启年间岛饷运输之困难》，《新亚论丛》1999年第1期；王荣湟、何孝荣：《明末东江海运研究》，《辽宁大学学报》（哲学社会科学版）2015年第6期。

④ 汪汝淳：《毛大将军海上情形》，《清史研究通讯》1990年第2期，李尚英点校本。

⑤ 《明熹宗实录》卷76“天启六年九月甲戌”条，第3668页。

⑥ 毛承斗辑《东江疏揭塘报节抄》卷8，浙江古籍出版社，1986年点校本，第131页。

⑦ 毛承斗辑《东江疏揭塘报节抄》卷2，第20页。

⑧ 毛承斗辑《东江疏揭塘报节抄》卷2，第20页。

⑨ 张岱：《石匮书后集》卷10，上海古籍出版社，2007，第88页。

加以利用。[①] 而东江通商的本钱便是，开市初期“与商人及朝鲜贸易，统赖饷银”，[②] 后期自行“铸钱、通商舶，为长久之计甚悉，”[③] 并与朝鲜合作，[④] 通行钱法。[⑤]

天启三年（1623），皮岛正式开市通商，“内地前来之商人极多，财积如山”。[⑥] 商人来自山东登莱、山西、江浙，[⑦] 以及朝鲜、[⑧] 日本和暹罗。当时岛中“日市高丽、暹罗、日本诸货物以充军资，月十万计，尽以给军赡宾客”。[⑨] 西洋商人[⑩]也来过皮岛，如“岛中有红衣国所献炮具”。[⑪]停靠在东江诸地的商船络绎不绝，“从东江诸岛到山东登莱顺风不过三日程耳，较鸭绿抵前屯更为近便”。[⑫] 且“尔来往中国的船只，必须先到皮岛挂号，方准开行”；[⑬] 规模也较大，“登、津商货往来如织，货至彼一从帅府挂

① 郑永常：《明清东亚舟师秘本：耶鲁航海图研究》，台北，远流出版公司，2018，第259～260页。

② 《两朝从信录》卷31，《清入关前史料选辑》第二辑，中国人民大学出版社，1989，第380页。

③ 毛先舒：《小匡文抄》（《毛太保公传》），《东江遗事》卷下，浙江古籍出版社，1986，第211页。

④ 《朝鲜仁祖实录》卷8“仁祖三年三月一日己酉”条，第34册，1962，第187页。

⑤ 《承政院日记》，“仁祖三年九月二十五日庚午”条，韩国国史编纂委员会网站电子版（http：//sjw. History. go. kr/main/main. jsp），访问时间：2016年10月12日。

⑥ 《满文老档》第64册，天命十年正月，中华书局，1990，第621页。

⑦ 相关商人活动参见傅衣凌《明清时代商人及商业资本》，人民出版社，2007，第59页；王振忠《徽商·毛文龙·辽阳海神——歙县芳坑茶商江氏先世经商地“平岛”之地望考辨》，中国明史学会主编《第十五届明史国际学术研讨会暨第五届戚继光国际学术研讨会论文集》，黄海数字出版社，2013，第597～605页；赵世瑜、杜洪涛《重观东江：明清易代时期的北方军人与海上贸易》，《中国史研究》2016年第3期；陈韦聿《毛文龙旧部的降附与满洲之“水军”：史实的考论与成说的商榷》，李其霖主编《宫廷与海洋的交汇》，淡江大学出版中心，2017，第343页；王日根、陶仁义《明中后期淮安海商的逆境寻机》，《厦门大学学报》（哲学社会科学版）2018年第1期；王日根、陶仁义《从“盐途惯海”到“营谋运粮”：明末淮安水兵与东江集团关系探析》，《学术研究》2018年第4期；杨海英《山阴世家与明清易代》，《历史研究》2018年第4期。

⑧ 《承政院日记》，“仁祖十年三月三日庚子”条。

⑨ 毛奇龄：《毛总戎墓志铭》，《东江遗事》卷下，浙江古籍出版社，1986，第219页。

⑩ Pierre Joseph d'Orléans, *History of the Two Tartar Conquerors of China* (*Histoire des deux conquérants tartares qui ont subjugué la Chine*), Translated by Earl of Ellesmere, London: Hakluyt Society, 1854. pp. 13－14.

⑪ 《续杂录》卷5，《清入关前史料选辑》第三辑，第350页。根据上一条西文材料表述，当时去往东江的西洋人主要为葡萄牙人，所献火炮名称应为“佛朗机炮”，但是“红衣国”专指荷兰，笔者推测葡萄牙人带去的应该是荷兰制造的火炮。

⑫ 《崇祯长编》卷1，崇祯元年四月，北京古籍出版社，2002，第77页。

⑬ 《花浦先生朝天航海录》卷1，《燕行录全集》，首尔，东国大学校出版部，2001，第122页。

号，平价咨鲜易粮，以充军实。公自给价还商，市参以归，此一转移每岁亦不下数万矣"。[①] 当时东江市场有着一套完整的定价规则，物价也相对低廉。[②]

同时，东江在周边地区设立了分市，兼顾东西两面的商路，其"设栅于蛇浦，通山东物货粮饷，人户万余，又设栅于椵岛，互相往来"，[③] "汉商辐辏于椵岛，人户甚盛"，[④] 从而带动了整个区域贸易的发展，辽东沿海的商路在向东江汇集，初具区域贸易影响力。毛文龙扩展东江贸易的外围影响力，联络山东登莱，[⑤] 派人去江浙地区采购，引导当地商人互通贸易。[⑥] 根据西方来华耶稣会士的记载，东江势力还一度延伸至台海，从荷兰沉船上获得了火炮。[⑦]

东江贸易货物以米粮为主，"中原所送皮岛粮饷甚多，粮饷虽多，而商船亦在其中云矣"；[⑧] 盐也占一部分，当时朝廷加开东江一标的盐引，"按照宁远汨旧例官卖，以帮运脚"。[⑨] 而皮岛市场还一度垄断了东北亚地区的人参交易，"人参之价，便即踊贵，深藏不售，以索高价。此无他，椵岛参商，不能禁断"；[⑩] 皮岛货物堆积如山，多是南货，以手工业品为主，而北货大多来自朝鲜和后金控制的辽东陆上地区。皮岛以人参、貂皮等土特产为主，逐渐形成了一个南北商货集散中心。从贸易货物的种类和商人活动来看，皮岛市场与此前辽东马市无多大差异，区别只在于内陆和沿海而已。东江在东北亚地区已承担起贸易集散地的职能。

随着东江贸易的兴起，以毛文龙为首的东江势力开始在辽东沿海崛起，其把握住了东北亚贸易重心南移的契机，逐步在斗争局势复杂的东北亚区域中站稳脚跟。

---

① 汪汝淳：《毛大将军海上情形》，《清史研究通讯》1990年第2期，李尚英点校本。

② 《镇海春秋》第十二回，上海古籍出版社，1994，第72～73页。

③ 《燃藜室记述》卷23，《清入关前史料选辑》第一辑，中国人民大学出版社，1984，第434页。

④ 《两朝从信录》卷14，《清入关前史料选辑》第二辑，第279页。

⑤ 《崇祯长编》卷55，第3186页。

⑥ 江左樵子：《樵史通俗演义》（清刻本）第三回，上海古籍出版社，1992，第50页。

⑦ Martino Martini, "Bellum Tartaricum, or the Conquest of the Great and Most Renowned Empire of China, by the Invasion of the Tartars," in Alvaro Semedo, *The History of That Great and Renowned Monarchy of China*, London: Printed by E. Tyler for Iohn Crook, 1655. p. 263.

⑧ 《承政院日记》，"仁祖五年五月十八日癸未"条。

⑨ 《两朝从信录》卷31，第384页。

⑩ 《承政院日记》，"仁祖三年二月九日戊子"条。

二 开拓南北：东江与朝鲜、后金的贸易联系

东江贸易开市后，各地商人纷纷涌进皮岛，但不稳定。为军食，需要长期稳固的贸易对象，近邻朝鲜成为选择目标。此前中朝陆上边境地区的贸易重心逐渐向东江移动，皮岛成为当时朝鲜与明朝的交通、贸易中心。[①] 朝鲜对于东江来说，有着得天独厚的地缘优势，从皮岛出海，上岸就是朝鲜，是离东江最近的补给之地。皮岛对于朝鲜来说，“乃其要冲”，[②] 当时朝鲜贡道发生了改变，“天启元年八月，改朝鲜贡道，自海州至登州，时毛文龙以总兵镇皮岛”，[③] 双方有一定规模的贸易往来，但是并不稳定。

天启三年（朝鲜仁祖元年，1623）后期，朝鲜仁祖即位，毛文龙曾在帮助仁祖上位问题上发挥了一定作用，故与前任朝鲜国王光海君在位时实行对明金“两端外交”的政策相比，仁祖对明实行“一边倒”政策，这给东江贸易带来了发展契机。毛文龙于天启四年（朝鲜仁祖二年，1624）正式向朝鲜官方提请贸易，朝鲜备边司呈报：“毛将欲专靠于我国，出给一万银货，督责换贸。”[④] 时“业奉明旨，开马市于铁山境上，盖欲合汉、丽之货物，以充军中日用之资，可令刍糈之续继，交易之频仍，实便民大着数也”。[⑤]

随着双方此后正式建立贸易关系，北黄海区域便有了一个初具规模且较为稳定的贸易网络，因辽东战事而分散的沿海商路也向该地区集结。皮岛市场和陆上边境市场实现了中朝货物的流转，[⑥]粮食在双方贸易中居首位。早在天启三年，毛文龙就开始拿出大量银两从朝鲜买粮。除了购买米粮和大量的黄豆外，[⑦] 还购买了一定数量的种子，[⑧] 以便于在东江进行屯种。当时朝

① 相关研究参见陈生玺《明将毛文龙在朝鲜的活动》，《商鸿逵教授逝世十周年纪念论文集》，北京大学出版社，1995，第64～70页；孙卫国《登莱事变及对明、后金与朝鲜的影响》，北京大学韩国研究中心编《韩国学论文集》第十四辑，北京大学出版社，2006，第28～40页。

② 《朝鲜肃宗实录》卷5“肃宗二年三月二十五日丁未”条，第39册，1965，第121页。

③ 张廷玉等：《明史》卷320《外国传一・朝鲜》，中华书局，1980，第8302页。

④ 《备边司誊录》第3册，“仁祖二年三月二十九日癸未”条，韩国首尔大学奎章阁韩国学研究院网站电子版，http：//kjg. snu. ac. kr/sub_ index. jsp？ID = VBS，访问时间：2016年9月15日。

⑤ 吴晗辑《朝鲜李朝实录中的中国史料》上编，卷五十二，中华书局，1980，第3228页。

⑥ 《朝鲜仁祖实录》卷18“仁祖六年二月四日丙申”条，第34册，第454页。

⑦ 《朝鲜仁祖实录》卷7“仁祖二年十一月二十一日辛未”条，第34册，第159页。

⑧ 《朝鲜仁祖实录》卷2“仁祖元年五月丙申”条，第33册，第30页。

鲜的备边司负责此事，“令黄海、平安道，输送荞麦三百石于毛文龙军前”，时毛文龙久驻皮岛，欲为耕作之计。[①] 即使在东江财力不支时，也未中断粮食贸易，以布匹等物资向朝鲜换取粮食。[②] 在仁祖前期，朝鲜的粮食储备尚有结余，东江也有相当稳定的财力，双方物资互贸互补。

双方的粮食贸易多集中于皮岛，[③] 官方通过指定商人将粮食转运皮岛进行交易，[④] 这使得皮岛贸易市场逐渐从初期双方的物资互补，发展到一家独大的垄断。根据朝鲜官方的统计，从天启初开始，到崇祯二年（1629），朝鲜提供给东江的粮食共计二十六万八千七百余石。[⑤]

东江所缺的不仅仅是粮食，还包括其他的生活和军需品，只能从朝鲜获取，贸易的地点集中于皮岛。朝鲜文献中关于交易情况的记录十分详细，包括皮货、青布、人参、棉花、纸货、龙脑、弓角、火药、铜铁、香料、衣帽等十几种。[⑥] 此外，还有一些杂货交易，但是数额不大。如仁祖三年（天启五年，1625）朝鲜官员李絭所言：“即刻毛都司出标帖二张，计开发卖物货，皆是殊壳子、红英纲、香袋、帽子等物，而价银折定之数，则一千七百六十两有零矣。”[⑦]

随着中朝开市，毛文龙开始在边境贸易上征税，东江势力在该区域的主导能力得以强化，“时文龙建府铁山，时辽民归者益众，商舡多至岛，与朝鲜市易，毛文龙收其税以助费”，[⑧] “毛都督于岛中接置客商，一年税收，不啻累巨万云”。[⑨] 关于征税的具体制度和数额，受史料所限，无从考证，但是东江的税制很可能与之前的辽东马市类似。

东江贸易除了影响到登辽海道的黄海西部沿岸外，还影响到了黄海东部的海港釜山。釜山对于朝鲜来说，除了是和日本贸易的重镇之外，也是朝鲜商人获得从东江所转运来的货物的重要集散地，“椵岛物货，无数出来，京

① 《朝鲜仁祖实录》卷6“仁祖二年五月二十一日甲戌”条，第34册，第120页。
② 《备边司誊录》第3册，“仁祖二年三月十八日壬申”条。
③ 《承政院日记》，“仁祖五年五月二十二日丁亥”条。
④ 《朝鲜仁祖实录》卷19“仁祖六年七月二十八日丁亥”条，第34册，第480页。
⑤ 《朝鲜仁祖实录》卷21“仁祖七年十月二十三日甲戌”条，第34册，第546页。
⑥ 关于这些货物的贸易情况研究将另文专作讨论。
⑦ 《承政院日记》，“仁祖三年七月二十一日丁卯”条。
⑧ 朱溶：《表忠录》，《忠义录》卷7，《明清遗书五种》，北京图书馆出版社，2006，第776页。
⑨ 《朝鲜仁祖实录》卷19“仁祖六年十二月丁未”条，第34册，第507页。

商之凑集于釜山者，不知其数”。[①] 东江货物在黄海辗转于登辽海道的登莱和对马海道的釜山这两个区域商贸港口，辐射东北亚东西两大海域，为东江贸易链上的重要枢纽。东江势力凭借其军事存在，把控着东北亚的海上贸易网络，并不断向外拓展，加入全球贸易浪潮之中。

东江贸易从皮岛扩大到朝鲜及北黄海沿岸后，中朝民间走私十分活跃，往来的中朝官员通常会夹带私货参与贸易，这种现象十分普遍，[②] 辽东陆上后金控制区至东江也存在数条贸易走私通道，而它们更具隐秘性，后金也被囊括在其贸易网络之中。

后金政权是通过贸易兴起的，依赖于辽东马市，而在其与明朝战火燃起后，马市关闭，贸易中断，只能通过从南面海上或者借道朝鲜进行物资补给。后金与朝鲜有鸭绿江之隔，东江夹在中间，一方面成为封锁后金的贸易链，另一方面后金也可以通过这条渠道获取战略物资。

天启年间，明朝辽东前线的高层已经察觉到了出现在后金的一些被明廷列为违禁物的战略物资是来自明朝，而且多半是以东江镇的名义走私过去的。茅元仪曾发现“有假济文龙火药，阑出与奴者”[③]。蓟辽总督阎鸣泰认为：“奸人假东镇为名，夹带硝黄、铁器违禁等物，私卖外夷，希图重利。”[④]对于明廷官员的上疏所言，毛文龙也承认军中的确有人和后金有贸易往来，并在当年七月的奏报中说明了这个情况：

> 奴自陷辽至今，已历五载，有花费而无出产，其最不足用布疋、绵（棉）花、绸缎、杂货，臣即奉旨招商，原为赡辽人以实军需，以我有余，禁彼不足，坐困贼奴，已得窘之之策。奈马骢托守泛地之名，竟与（后金）往来，私相贸市，贪一匹布卖银五两，一匹绸卖银五十两，不顾中朝泄气。[⑤]

---

① 《承政院日记》，“仁祖三年二月十三日壬辰”条。

② 王剑：《论明代中前期中朝使臣的走私贸易》，《吉林大学社会科学学报》2003 年第 5 期；文钟哲：《明代中朝使臣的走私贸易对朝鲜的影响》，《辽东学院学报》（社会科学版）2010 年第 4 期。

③ 茅元仪：《督师纪略》卷 3，中国社会科学院历史研究所明史室编《明史资料丛刊》第四辑，江苏人民出版社，1986，第 44 页。

④ 《明熹宗实录》卷 71“天启六年五月庚子”条，第 3459 页。

⑤ 毛承斗辑《东江疏揭塘报节抄》卷 4，第 58 页。

时任江西道御史的牟志夔就曾言“毛文龙于奴酋蠢动，迟速未审宜，移居旅顺，切近登莱，转输匪遥，一便军中一切，需用贸易易致”，[①]“文龙所居东江，在登莱大海中，……且惟务广招商贾，贩易禁物，名济朝鲜，实阑出塞，无事则鬻参贩布为业，有事亦罕得其用”。[②]朝鲜史料也记载后金人员出入皮岛同毛文龙方面进行交易：“胡差五人及护送唐差一人，将轻货四五驮，出自蛇岛，直向义州之路，问于唐人，则秘不明言。毛将之与虏相通。”[③]

不能确定毛文龙是否亲自参与了同后金的走私贸易，但东江与后金的私下贸易确实存在。东江孤悬海外，明廷无法实行有效的管控，军镇中军民大部分是逃亡的百姓，他们对于同谁进行贸易，在观念中早已超越敌我界限，大多情况下是为获取更多的财富。崇祯二年（1629）六月与毛文龙被袁崇焕斩杀，东江一时群龙无首，在此情况下，东江走私贸易依然存在，刘兴治掌管东江时仍借道朝鲜与后金贸易，只不过把贸易的对象由朝鲜逐渐秘密改变为后金（清），朝鲜转变为贸易中介。[④] 史书记载，刘兴治直接派人携带货物与后金贸易：

> 天聪五年二月初一日，南方刘五哥（刘兴治）之五人徒步携货物至，所携货物之数：毛青蓝布一百一十八，值银七十一两；水银十四斤半、值银四十三两五钱；药二斤半，值银七两五钱；胭脂、梳篦子，值银三两；针四万八千，值银十两；又彭缎一，纱一，值银五两；银朱一斤，值银二两；烟一百八十把，值银四两，共付银一百四十六两。[⑤]

这次贸易的规模虽然不大，但货物种类较多，这也是目前所能发现的关于东江商人携带货物到达后金处贸易的最明确的记载，这种贸易或许毛文龙时就已经存在。可见，东江同后金之间存在走私贸易形成的经济联系，双方不是简单的军事敌对关系，还有更深一层的合作关系。

---

① 《明熹宗实录》卷70“天启六年四月癸未”条，第3354页。

② 张廷玉等：《明史》卷259《袁崇焕传》，第6719页；夏燮：《明通鉴》纪卷78，岳麓书社，1996，第2175页。

③ 《朝鲜仁祖实录》卷18“仁祖六年三月二十九日庚寅”条，第34册，第467页；《朝鲜仁祖实录》卷18“仁祖六年四月十三日甲辰”条，第34册，第469页。

④ 《满文老档》（下），第34册，天聪五年正月，中华书局，1990，第1087页。

⑤ 《满文老档》（下），第34册，天聪五年二月，第1094页。

三 内外困局：商欠危机与来自后金、明廷的冲击

东江贸易中，东江与往来商人的贸易额度逐年增大，至少有几百万两。[①] 根据东江塘报罗列，贸易过程中还产生商欠。天启初期，毛文龙为了填补资本之不足曾向商人借款，主要利用东江军镇的官方信用来与商人订立借赊，发行“红票”代表东江官方的债票，[②] 以替代应向商人支付的货款，待东江财政收入充裕时，商人再凭“红票”兑换银两。[③] 毛文龙“称贷于商贾，千方那处，设法养活”，[④]“因文龙议通商，多市商货，价至三十万，而以兵饷抵还，令诸商到登支领”。[⑤] 随着向商人借款频率的增加，天启年间与毛文龙之间产生的借款高达银二百多万两。[⑥] 以至于后来大量商人因商贷无法按时收回而破产，当时的海外商人情形如下：

> 不下五六百人，半在登州半在海外，据册借欠计九十余万，有登州理饷官，亦有还过者。即算海算，明约借欠亦不下五、六十万。据商人禀称，有银不至手，家不得归，而竟缢死于登者，有贫已彻骨而挑水度日者，及有为人役使而寄食守候者。[⑦]

商人们的状况非常糟糕，家破人亡时有发生。毛文龙和商人之间的关系也急剧恶化，以至于出现赖账事件。商人数量减少，商货流通数量大不如从前。东江内外交困，在东北亚的区域影响力开始弱化，[⑧] 东北亚其他势力借机向东江发起挑战，后金征朝便是前奏。

---

① 毛承斗辑《东江疏揭塘报节抄》卷7，第105～107页。

② 毛承斗辑《东江疏揭塘报节抄》卷6，第87页。

③ 赵世瑜、杜洪涛：《重观东江：明清易代时期的北方军人与海上贸易》，《中国史研究》2016年第3期。

④ 毛承斗辑《东江疏揭塘报节抄》卷2，第30页。

⑤ 《明熹宗实录》卷64“天启五年十月庚辰”条，第3000页。

⑥ 毛承斗辑《东江疏揭塘报节抄》卷7，第108页。

⑦ 《两朝从信录》卷31，《清入关前史料选辑》第二辑，第387页。

⑧ 日本学者岸本美绪对于这种现象有过分析，在总结17世纪出现的新兴边境势力的结局时认为，那些过度依靠海外贸易的势力大多面临经济的不景气而丧失了力量。与此相反，能够转换为以土地为基础的势力才能在竞争中生存下来。〔日〕岸本美绪：《“后十六世纪问题”与清朝》，《清史研究》2005年第2期。

后金此前虽被纳入了东江贸易的网络之中，与东江建立起了隐秘的商业联系，但是起初贸易的主动权并不在后金手里。努尔哈赤把重点放在辽西同明朝的对峙上，并未进军鸭绿江沿岸及辽东沿海。皇太极即位后，为了避免两线作战，解决南面问题，天聪元年（明天启七年，朝鲜仁祖五年，1627）正月，发动征伐朝鲜的“丁卯之役”，后金军队从鸭绿江边向朝鲜中部推进，直袭朝鲜王都平壤，朝鲜仁祖李倧仓皇出逃，毛文龙退守皮岛。这一事件使东江与朝鲜贸易产生了重大变数，三方关系发生逆转。

后金方面宣称发动“丁卯之役”主要是对付毛文龙，而对付朝鲜次之，[①] 对于后金此次出兵的原因，学界做过多番讨论。[②] 结合实际情况可知，这可能是后金急于打开海上通道，而海道对东江和后金来说都是至关重要的。茅元仪曾称：“奴用海，则向来隐虑而不敢名言者，……我得海以用，则粮可因、田可屯、食可足、兵可壮，即毛文龙远在皮岛可通。”[③]

后金取得征朝战争胜利，但并没有灭掉朝鲜李朝政权。据西方耶稣会士所见，后金此战虽胜，但损失也较为惨重，[④] 急需补充，故皇太极便和朝鲜进行江都盟誓，约为“兄弟之国”，请求在边境开市互易。[⑤] 朝鲜被迫与后金互市后，大量朝鲜货物进入后金。后金通过与朝鲜通商，又与日本建立间接的贸易联系，日本货物，如倭刀等频繁输入后金。后金逐渐把控了朝鲜半岛的贸易通道，从此东江势力退出朝鲜半岛，避居沿海海岛。

这次军事行动，后金打断了东江和朝鲜建立并发展起来的贸易关系，而后朝鲜的部分物货交换由陆路北上转至后金，拆分了原本的贸易线路，极大

① 《满文老档》（下），第2册，天聪元年四月，第825页。

② 参见李鸿彬《试论“丁卯之役”》，《社会科学战线》1987年第4期；宋慧娟《1627～1636年间后金（清）与朝鲜关系演变新探》，《东疆学刊》2003年第2期；魏志江、潘清《关于“丁卯胡乱”与清鲜初期交涉的几个问题》，《学习与探索》2007年第1期；王臻《“丁卯之役”的交涉及战后金鲜的矛盾冲突探析》，《韩国研究论丛》第十八辑，复旦大学出版社，2008，第355～370页；石少颖《和约背后的制衡——对“丁卯之役”及金鲜谈判的再讨论》，《历史教学》（下半月刊）2012年第7期；桂涛《“丁卯之役”后金鲜实质矛盾探析》，《史林》2015年第5期；王臻《角色认同的转变与重建：朝鲜王朝与明清封贡关系的变迁》，《世界历史》2018年第2期。

③ 茅元仪：《督师纪略》卷3，中国社会科学院历史研究所明史室编《明史资料丛刊》第四辑，第106页。

④ Martino Martini, “Bellum Tartaricum, or the Conquest of the Great and Most Renowned Empire of China, by the Invasion of the Tartars,” in Alvaro Semedo, *The History of That Great and Renowned Monarchy of China*, pp. 263－265.

⑤ 《朝鲜仁祖实录》卷17“仁祖五年十一月八日辛未”条，第34册，第435页。

地冲击了东江势力的经济利源,[①] 这造成东江贸易在区域内影响力的弱化，后金势力开始渗透东北亚沿海地带。

明廷方面，天启六年（1626），一些官员借着宁远之战胜利的影响，夸大宁远的战略作用，把东江贬到一个次要地位，东江移镇声音再起。[②] 在移镇声势中，袁崇焕就是发起者之一，然而当时天启皇帝并未理睬。到了崇祯时期，袁崇焕被崇祯皇帝委以重任，出任兵部尚书兼蓟辽督师，全权处理辽东问题；随后，袁崇焕开始实施移镇计划，向东江派出监军，并将东江饷道、朝鲜贡道、北黄海商道一并改到宁远地区的觉华岛，由此分流了东江的商道，夺取了东江在该区域的贸易主导权，这个变动给东江带来了灾难性的后果。

崇祯二年（1629）三月，“袁崇焕奏设东江饷司于宁远，令东江自觉华岛转饷，禁登、莱商船入海”,[③] “毛文龙累奏不便”。[④] 袁崇焕此时改饷道和贡道于觉华岛，所有过往的船只要先到渤海的觉华岛，朝鲜使臣也要从觉华岛登岸。如此一来，作为东江经济命脉的东江商路被废止，商道网络开始荒废，商人流动减少，以贸易称雄的东江镇很快进入萧条时期，其在东北亚区域贸易主导权进一步弱化。当时东江的惨状是：“自是岛中京饷，俱着关宁经略验过，始解朝鲜贡道往宁远，不许过皮岛，商贾不通，岛中大饥取野菜为粮”,[⑤] 岛内“争夺船只逃离东江”。[⑥] 这也给当时的朝鲜使臣朝贡带来了很大的不便，朝鲜备边司启曰：“今者中朝，将更易贡路，不许登、莱海道云。越海万里，……今若挂号宁远，迤从山海，则所经水路，风涛倍险，利涉难期。”[⑦]

海道变更使得海运也随即发生相应的变化，宁远海上线路上的商贸活动远不及以前以皮岛为中心所控制的东江贸易规模。改道之后，往来于东江的

① 叶高树：《明清之际辽东的军事家族——李、毛、祖三家的比较》，《台湾师范大学历史学报》第42期，2009。

② 姜守鹏：《辽西对峙时期的明清议和》，《东北师范大学学报》（哲学社会科学版）1986年第6期；孟昭信、孟忻：《“东江移镇”及相关问题辨析——再谈毛文龙的评价问题》，《东北史地》2007年第5期。

③ 《崇祯实录》卷2“崇祯二年三月辛未”条，台北，中研院历史语言研究所校印本，1962，第49页。

④ 《山中闻见录》卷5，《清入关前史料选辑》第三辑，第65页。

⑤ 计六奇：《明季北略》卷5，中华书局，1984，第115页。

⑥ 毛承斗辑《东江疏揭塘报节抄》卷8，第130页。

⑦ 《朝鲜仁祖实录》卷20“仁祖七年四月六日辛卯”条，第34册，第522页。

商贾也在日益减少，毛文龙称："而今登州严禁不许一舡出海，以至客米上舡者，俱畏国法不敢来。"[①]

这场海道变更事件的原因就在于毛文龙和袁崇焕之间的矛盾，从更深层次来看，这是围绕东北亚沿海贸易主导权的争夺；海道变更之后，东江失去了在东北亚的贸易影响力。到了该年六月初五日，袁崇焕借巡察之名召毛文龙到旅顺沿海的双岛，将其斩杀。袁崇焕在斩杀毛文龙之前，当面罗列出了毛文龙当斩的十二条罪状，[②] 其中有多条与东江贸易有着关联，由此可以看出东江贸易的复杂性。

毛文龙死后，东江势力群龙无首，东江也失去了向心力，很快被袁崇焕分化成多股势力。"东江屹然巨镇，文龙死，势日衰弱。且岛弁失主帅，心渐携，益不可用。"[③] 虽然仍有沿海居民以渔船载客至皮岛贸易，[④] 但是东江贸易再也没有往日繁荣的场景，以皮岛为中心的东北亚贸易网络不复存在。

结 语

毛文龙死后东江被袁崇焕分化，再也无法构成对后金的袭扰威胁，后金大举西进，从长城沿线多个关隘进入内地袭扰。往后的数年里，东北亚区域内再未出现类似东江的商业中心，东北亚贸易呈分散化趋势，多个地区出现了贸易中心。

一批东江势力将领诸如孔有德、耿仲明、尚可喜等相继出走至其他地区，在归顺后金后得到了重用，[⑤] 获封藩王，成为后金（清）入主中原的先锋，融入清军。崇祯十年（清崇德二年，1637），清军攻占皮岛，皮岛随即荒废，曾经极大影响东北亚区域局势的东江贸易也正式走到了历史的尽头。后清军发动"丙子之役"，再度攻伐朝鲜，朝鲜沦为清朝的附属国，[⑥] 改变了其与明朝二百多年的附属地位。清军从东部抽身与明军展开辽西决战，直

① 毛承斗辑《东江疏揭塘报节抄》卷8，第130页。

② 张廷玉等：《明史》卷259《袁崇焕传》，第6716页。

③ 夏燮：《明通鉴》纪卷81，岳麓书社，1996，第2259页。

④ 《崇祯长编》卷1"崇祯四年四月甲寅"条，第471页。

⑤ 昭梿：《啸亭杂录》卷1，中华书局，1980，第3页。

⑥ 徐凯：《论"丁卯虏乱"与"丙子胡乱"——兼评皇太极两次用兵朝鲜的战略》，《当代韩国》1994年第3期；王臻：《"丙子之役"及战后清鲜交涉的几个问题》，《韩国研究论丛》第二十一辑，复旦大学出版社，2009，第362~377页。

至入关，彻底改变了东北亚政治格局。值得一提的是，根据赵世瑜的研究，东江贸易模式影响深远，并未由此终结，后来征战华南的东江旧将尚可喜、耿仲明，利用担任毛文龙部属时获得的贸易经验，继续经营广东的通洋贸易。①

结合明清两代及朝鲜史料来看，东江贸易加强了东北亚海陆区域之间的联动性，影响了东北亚地区局势的变化，区域内各方势力也相继发生了较大的变化。首先，明廷内部出现移镇风波，战略重心向辽西偏转；东江在发展贸易的过程中滥用官方信用，没能把东江社会的稳定与经济繁荣有效地结合起来，给自身发展埋下了不稳定因素。其次，后金在遭受战争消耗和经济封锁下，内部出现严重的社会危机。最后，朝鲜因在经济流通上受制于东江，使得国家运作一度缺乏有效的自主性。伴随着东北亚区域内先后发生“丁卯之役”“东江商欠危机”“移镇风波”“毛文龙被杀”等一系列事件，从整体上看，与此相关的区域势力进行了新的整合，这给东北亚区域局势带来新的变数。

Pidao Trade in Ming-Qing Dynastic and the Northeast Aisa

Liu Siqi

Abstract: With trade development and prosperity in inland of Northeast Asia area, a number of regional trade centers have blossomed since the mid and last stage of Ming Dynasty. However, due to trade centers transition, each local power's overall strength waned and waxed, which even changed regional situation and directly shifted regional economic centers from inland of Northeast Asia area to Liaodong coastal area. Finally, Dongjiang trade, which centered by Pidao sprung up along Liaodong coastal area in the early Tianqi Period of Ming Dynasty (1620s). Dongjiang power, led by Mao Wenlong, rose sharply in Northeast Asia area. After Dongjiang power being established by Mao Wenlong, market was

① 参见赵世瑜、杜洪涛《重观东江：明清易代时期的北方军人与海上贸易》，《中国史研究》2016 年第 3 期。

opened and businessmen were introduced into Dongjiang where Pidao was important trade center. In order to further advance close relationship with Dongjiang, Korea Peninsula was established as economic hinterland, which brought great opportunities for business development along Liaodong coastal area. As Dongjiang trade influence capability improved in Northeast Asia area, Shandong Peninsula, Korea Peninsula and the late Jin Dynasty were brought into Dongjiang trade range, regional trade net along coastal area was established in Northeast Asia area, which had a series of effects on it.

Keywords: Ming-Qing Dynastic Transition; Northeast Asia area; Pidao; Dongjiang trade; Mao Wenlong; Dongjiang power

（执行编辑 王一娜）

海洋史研究（第十四辑）
2020 年 1 月　第 117～130 页

清代吉林东南海岛的开发与治理

聂有财*

清代吉林东南海域分布着 10 多座大小岛屿，这些海岛的数量及名称，在清代官修志书、历史档案及舆图等文献资料中多有记载，如《钦定盛京通志》记有 15 座①，《吉林通志》记有 16 座②，而《珲春副都统衙门档》中的一篇满文档案则记载了 14 座③。关于吉林东南海岛的数量、名称及方位等问题，笔者已做过探讨。④ 但有关海岛开发与治理问题，因史料多集中于满文档案内，故长期以来未有专文研究。加之近代以来，该处岛屿悉数被

---

* 聂有财，吉林师范大学历史文化学院讲师、博士。
本文系国家社科基金项目“清代东北海疆开发治理研究”（19BZS130）的阶段性成果。

① 勒富岛、珊延岛、小多璧岛、西斯赫岛、阿萨尔吉岛、大多璧岛、妞妞斐颜岛、札克瑭吉岛、法萨尔吉岛、岳杭噶岛、鄂尔博绰岛、特依楚岛、翁郭勒绰岛、和尔多岛、搜楞吉岛。参见《钦定盛京通志》卷 27，“山川三”，第 24a～25a 页，乾隆四十三年武英殿本。

② 珊延岛、小多璧岛、西斯赫岛、阿萨尔乌岛、大多璧岛、妞妞斐颜岛、扎克塘吉岛、法萨尔吉岛、岳杭噶岛、鄂尔博绰岛、特依楚岛、翁郭勒绰岛、和尔多岛、搜楞吉岛、勒富岛、舒图岛。参见《吉林通志》卷 19，清光绪十七年刻本。

③ hurge tun、orabonjo tun、onggolco tun、asarhi tun、ajige dobi tun、omolcu tun、holdo tun、sabarhi tun、yohangga tun、teicu tun、jakdanggi tun、lefu tun、seorenggi tun、mukšalakū ajige tun。参见中国第一历史档案馆、中国边疆史地研究中心合编《珲春副都统衙门档》第 33 册，广西师范大学出版社，2006，第 14 页。以下所引各册均于同年出版，故省。

④ 聂有财：《〈中俄北京条约〉签订前清政府对珲春南海岛屿的管理》，《云南师范大学学报》（哲学社会科学版）2018 年第 3 期。

沙俄割占，也导致上述问题长期为中国学界所忽视。本文主要利用满文档案及相关朝鲜文献，试对清代吉林东南海岛的开发与治理问题，做一初步探讨。

一 珲春旗人与海岛渔业开发

珲春旗人大都源自明末女真族东海瓦尔喀部。东海瓦尔喀部民“沿海而居”，朝鲜称其为“水野人”;[①] 又因其善捕海豹，故《清太宗实录》中将其称作“捕海豹人”。[②] 明末清初之际，努尔哈赤和皇太极曾多次派遣兵丁搜掠居岛的瓦尔喀部民，借以壮大八旗实力。[③] 至康熙五十三年（1714），清政府又将散居于珲春附近的库雅喇和库尔喀两地的瓦尔喀部民编入八旗组织。编旗后的部分珲春旗人依旧保留了在吉林东南海域从事海产捕捞的生产和生活传统。

清代档案中有关珲春旗人出海捕捞的记载极少，而在内阁刑科题本的一桩案件供词，难得地记录了珲春旗人出海捞海参的情况。乾隆五十六年（1791），由山东济南府德州来珲春的佣工民人[④]穆成林因索欠起衅，杀珲春旗人舒伦泰夫妻二人。穆成林供称：“二月，舒伦泰带着他儿子舒隆德捞海参去了。七月初三日，舒伦泰捞海参回家。”舒伦泰儿子舒隆德的供词也说：“我是正黄旗鄂善佐领下余丁，每年跟从父亲舒伦泰捞海参去。……二月，我同父亲捞海参去。七月，父亲先回家来，我们到九月二十七日回家。”[⑤]

编旗后的珲春旗人虽然有一定数量的田地和按时发放的钱粮，但依然从事海产捕捞，这主要是生计压力所迫。珲春旗人生计窘困情况，在乾隆初年

---

① 《朝鲜李朝世宗实录》卷53，十三年八月壬子。

② 《清太宗实录》卷51，崇德五年五月甲辰。

③ 参见聂有财《〈中俄北京条约〉签订前清政府对珲春南海岛屿的管理》，《云南师范大学学报》（哲学社会科学版）2018年第3期。

④ 有清一代，普遍施行旗民分治政策，满洲统治者以八旗制度统辖包括八旗满洲、八旗蒙古和八旗汉军在内“旗人”，以州、县制度管理以汉族为主体的“民人”。参见刘小萌《清代北京旗人社会中的民人》，《故宫博物院八十华诞暨国际清史学术研讨会论文集》（2005年8月），第93～107页。

⑤ 中国第一历史档案馆藏：内阁刑科题本，02－01－07－08129－014，《大学士管理刑部事务阿桂题为会审吉林珲春住民穆成林因索欠等因故杀舒伦泰夫妻二命一案依律拟斩立决请旨事》，乾隆五十七年四月初四日。

就已出现。乾隆二年（1737）二月二十二日，珲春协领库楚为请准珲春兵丁雇人种地事，在致宁古塔副都统衙门的呈文中说："去年雇人种地，勉强供给家口，因此祈请再雇人，兵丁才足以奉养妻儿，不致窘困。吾等向上级衙门呈请雇人。"[①] 乾隆十六年（1751），据档案记载，珲春官兵耕种田地有四千五百七十晌，然虽遇丰年，仍不足食。[②] 乾隆五十六年，在珲春租住旗人哲楞太房屋的山东德州民人穆成林供称："哲楞太有地一块，叫我开垦，约明十年后再行交租。……我替舒伦泰盖房三间，陆续借他谷米酒油等物，并未偿还。"[③]

从上述史料来看，乾隆年间，珲春旗人主要依靠汉人雇工耕种田地，或直接将土地租给汉人开垦，但仍然摆脱不掉为生计所困的窘境。因此，部分珲春旗人因循传统并借助地利之便，继续从事风险高但利润大的海洋捕捞工作。

珲春旗人之所以长期从事这一行业，首先是因为珲春位于吉林东南部，濒临南海（即今日本海；后文提到"南海"皆为这一海域），近海岛屿众多，有从事海上捕捞的便利条件；其次是因清政府出于"珲春地方每年春秋未禁海岛捕海参者，不过为有利于旗人生计起见"[④] 的考虑；最后是因这些来自南海边地的库雅喇人编旗后，依然保留着固有的生产和生活习俗。珲春旗人从事海上采捕，实际是其固有生产和生活习俗的一种延续，正如《黑龙江外记》所说："（珲春）旧无丁民，亦无外来民户，皆熟国语，捕打海参、海菜为生，少耕作。"[⑤]

---

① 中国第一历史档案馆、中国边疆史地研究中心合编《珲春副都统衙门档》第1册，第1页。原文："ilan nirui nirui janggin saokeša，nirui janggin jergi šangnaha dasingga，daiselabuha funde bošokūahaca，araha hafan kaltukū，sanggonri，wakinda，ajige bosokū aldu、singga、kaimu sei uhei alibunhangge niyalma turibure be baire jalin duleke aniya niyalma turibufi weilehe jeku anggala de nikedeme sirabure be dahame bairengge geli niyalma turibuci coohai urse mohoro de isinarakū bime juse sargan be ujici ombi，meni alibuha babe dergi yamun de alibufi niyalma turibureo。"

② 中国第一历史档案馆、中国边疆史地研究中心合编《珲春副都统衙门档》第3册，第10页。原文："ne huncun i hafan cooha i tariha ušin teni，duin minggan sunja tanggū nadanju cimara bi，udu ambula bargiyaha aniya seme jetere de isirakū。"

③ 中国第一历史档案馆藏：内阁刑科题本，02-01-07-08129-014，《大学士管理刑部事务阿桂题为会审吉林珲春住民穆成林因索欠等因故杀舒伦泰夫妻二命一案依律拟斩立决请旨事》，乾隆五十七年四月初四日。

④ 中国第一历史档案馆、中国边疆史地研究中心合编《珲春副都统衙门档》第23册，第90页。

⑤ 西清：《黑龙江外记》卷8，中华书局，1985。

珲春旗人的海上活动范围基本限于吉林东南海域，而该区域正是海岛密集分布之地。乾隆二十四年（1759）七月十五日，宁古塔副都统在为晓谕珲春兵民于沿海指定区域捕参事的告示中说：

> 观齐格等所行之事，理合禁捞海参之项。惟在地方生活之人，原于山川狩猎为生者众，当通行禁止后，未与盗贼串通、安分守己之贫困人众无罪而牵连，以致难免妨碍其生计，故本职此次亲自前来详加巡查地方，不准越过图尔穆（turmu）地方，仍准尔等沿海岸采捕。①

嘉庆十年（1805）二月二十二日，宁古塔副都统衙门为派遣官兵查禁民人捕捞海参事致珲春协领的札文也载：

> 今据闻悉，惟利是图之奸人，乘机逃去抓捕海参。将此倘不严查缉拿，放任随意采捕，则于旗人生计甚无裨益，况且前往之人逐渐增多后，难免肇事，俱为叵测。将此札付珲春协领，嗣后严饬遣往巡查搜楞尼（seorenggi）等海岛官兵严加稽查外，另行委派干练官兵直至图尔穆地方，严加查看沿海所有采捕海参之地。②

以上两份满文档案中均提到“图尔穆”地方。查阅《康熙皇舆全览图》，可知位于锡林河（sirin bira）与乌吉密河（ujimi bira）之间有图尔穆河（turmu bira），该地大体位于今日俄罗斯滨海边疆区乌苏里湾偏东地区。而图尔穆河与图们江入海口之间，恰好是吉林东南海域全部海岛的分布区域。③

出于对珲春旗人生计问题的考虑，清政府允许其在吉林东南海域捕海参。④ 而珲春旗人海上采捕范围应覆盖了该海域内的全部海岛。珲春旗人及其先民，为吉林海疆东南海岛的渔业经济开发做出了重要贡献。流传于珲春地区的多首满族歌谣，生动形象地描绘出珲春旗人出海采捕的情景，如由哈

① 中国第一历史档案馆、中国边疆史地研究中心合编《珲春副都统衙门档》第3册，第407页。

② 中国第一历史档案馆、中国边疆史地研究中心合编《珲春副都统衙门档》第23册，第90～91页。

③ 参见《康熙皇舆全览图》，第三排一号。

④ 中国第一历史档案馆、中国边疆史地研究中心合编《珲春副都统衙门档》第23册，第90页。

达门乡穆郎氏口述的《赶海谣》如下：

> 大杨树硬轱轳凿出的船，亮花花软布连成的帆。
> 长鬃快马大轮车，活吱啦把船驮进大海湾。
> 鹿角号呜呜叫呀，鹿皮鼓咚咚响呀，赶海祭歌声震天。
> 白鬓额娘，沙里甘，刚冒话的孩儿抱怀间。
> 玛发们送行语缠绵：南海路，浪万千，鲸鱼嘴，鬼门山。
> 勤要瞪圆豹子眼，两手扯牢小篷帆。
> 叉海参，抓盆蟹，拧海菜，网虾鳗。
> 到秋红叶别贪恋，顺顺安安早回还。[①]

此外，珲春当地还流传有由穆郎氏和郎景义口述、石光伟采录的《跑南海（渔民号子）》[②]，由郎景义口述的《南海号子最中听》[③] 等十余首类似的满族赶海民谣。[④] 这些歌谣不仅反映了珲春旗人在海上从事捕捞的劳动场面，以及细腻地刻画出旗人出海时亲人们的惦念与牵挂，而且包含了珲春旗人出海采捕时间、海产种类及所使用工具等信息内容。

此类流传于珲春民间的满族赶海歌谣，反映了清中前期珲春旗人的一种社会生活状态。因《中俄北京条约》签订，中国民众的出海活动逐步受到俄方的限制，而珲春地方政府也在光绪六年（1880）明令禁止旗人

---

① 中国民间文学集成全国编辑委员会、中国歌谣集成吉林卷编辑委员会编《中国歌谣集成·吉林卷》，中国 ISBN 中心，2005，第 23 页。

② 中国民间文学集成全国编辑委员会、中国歌谣集成吉林卷编辑委员会编《中国歌谣集成·吉林卷》，第 24 页。原文：“东南风来，哎嗨，西北浪来，哎嗨，出南海呀，哎嗨，过山岗啊，哎嗨。红白净子来，哎嗨，豹子眼来，哎嗨，白汗褟呀，哎嗨，大布衫啊，哎嗨。扯起篷来，哎嗨，抡起桨来，哎嗨，肩靠肩呀，哎嗨，膀靠膀呀，哎嗨。获丰收来，哎嗨，祭祖天来，哎嗨，吉祥如意，哎嗨，太平年啊，哎嗨。东道走来，哎嗨，西道往来，哎嗨，海参崴呀，哎嗨，撒大网啊，哎嗨。打好鱼来，哎嗨，大马哈来，哎嗨，叉海参呀，哎嗨，拧海带啊，哎嗨。鹦嘴靰鞡，哎嗨，脚上拴来，哎嗨，翻山越岭，哎嗨，把家还啊，哎嗨。”

③ 中国民间文学集成全国编辑委员会、中国歌谣集成吉林卷编辑委员会编《中国歌谣集成·吉林卷》，第 23～24 页。原文：“叉海参，拧海菜，南海号子最中听。声声发自哈哈们的口，句句印入格格们的心。东南风呀，扯满帆，出海快船一溜烟。桨划齐，舵拿稳，膀靠膀，肩靠肩，哪怕凶浪顶天罩，赶海哈哈抖精神。珲春小米香喷喷，千里美名传苏城。鱼皮靰子亲兄弟，换回鱼盐大海参。”

④ 程迅、李果钧：《吉林满族民歌试析》，金基浩、葛荫山主编《满族研究文集》，吉林文史出版社，1990，第 258 页。

兵丁赴海渔采，至1938年，受日苏战争的影响，珲春民众由图们江出海的唯一途径也被日苏彻底断绝。由此来看，这些满族歌谣所反映的场景，应是未受限之前珲春旗人的海上渔采情况。换言之，此等歌谣必然是一种真实的时代记录，还是珲春旗人在吉林东南海域从事渔业经济开发时的生动写照。

二　民人与海岛的多重开发

由于吉林东南海岛距离陆地较近，且沿岸大山又多出产人参，因此一些逃民藏匿于适合居住的岛屿上，伺机潜入参山盗采人参。至乾隆初年，吉林东南海域等地民众聚集情况愈演愈烈。乾隆七年（1742）四月，宁古塔将军鄂弥达曾选派满洲人那尔布和温德尔亨二人前往各地详查盗采情况。而后，鄂弥达于七月奏称，宁古塔属之绥芬、乌苏里以外之雅兰、西楞及南海岛屿地方，偷挖人参的民人与刺字的人犯，十数年间已聚数千人。[①] 此等聚集于南海岛屿等处的盗采民众，不但潜入参山偷参，还在南海捕捞海参等物产，部分民人甚至在适合居住的海岛上凿井、构屋、垦田，以便居住。此种情形在朝鲜文献《红岛侦探记》中也有详细记载：

> 岛口微有路，行五里，有设帐所，聚石为墙，墙傍累累者古墓，有二石井。二十三日，发船望阴坂，有数三人家而皆空虚。仍顺风向北海，未刻，到其岛之后麓，……东偏山底，有一空舍，亦有粟田可垦四日而甚沃。大海朝堂门外有大泽，距堂可百步，树红门，门内造石室，竖木板书三行，曰："五道之位，山神之位，土地之位。"又周行逾小岘，见一空舍，亦有位板书三行，曰："五道之位，山神之位，土地大爷之位。"堂楣书曰："敬身如在上。"左右偏书曰："庙中无僧片晒地，神前无火月昭明。"二十五日，诣一大岛，入其南，四面皆石壁，地瘠而多杉，杉皮多剥，为盖屋也。二十六日，到一岛。岛之东，向北有一谷，草木甚繁，有麦菽粟稻麻之属。室庐可容数十人，东有神室，木板书三行，曰："恭奉五道神位，恭奉山神位，恭奉土地位。"屋内有烛台一坐，盐可五六合，盛布袋，……至暮，寻其东有大路，牛马之迹纵

① 《清高宗纯皇帝实录》卷175，乾隆七年九月壬午。

横。逾一岘，阴坂无际，一狗嗥焉，载而自随。向暮由其东逾小岭，有人家五而皆虚无人，亦有麦田十余区，稂莠尽除。[①]

从朝鲜文献的描述来看，吉林东南海岛上的房舍多以杉树皮覆顶，庙堂多以石砌成，而这些材料在较大的海岛之上便于就地取材，随手可得。岛屿上的庙堂中供奉着五道神、土地神及山神，这三类神灵都是用来祈求保佑岛上居民能够平安进山并采得人参的，且均是汉地民人所信奉的神明。出现在岛屿上的这些庙堂也印证了岛上居民应该多系民人。此外，这些人还在岛上凿井、垦地，依文中“牛马之迹纵横”“稂莠尽除”的记载来看，岛上的耕作条件较好，技术处于较高水平，应该是当时民人所为。

这些藏匿于吉林东南海岛上的民人，因长期居住及日常生活所需，在海岛上建房、凿井、耕种。此外，还建有小型庙宇及墓穴等，这些设施满足了岛上居民的基本生活需求。由此可见，藏匿岛上的民人对吉林东南海岛的农业开发起了重要作用。

前文已说明吉林东南海域系珲春旗人的海上采捕之地，且据文献记载，清政府在乾隆十年（1745）之前，就曾对南海等地进行过巡查。[②] 但为什么还会有一定数量的民人长期藏匿于海岛，并在岛上构屋、垦田而居呢？究其缘由，是因为珲春旗人与该处藏匿人众多有往来，并未“实心厘剔”，有些旗人甚至与藏匿的偷参人等私下进行商品交易，从中获利。奉天将军达尔当阿就曾在其密奏中称：“宁古塔地方确有恶徒占据，南海等地奸民彼此勾结，互通消息，若此等情弊未加清除，终究难以办理。”[③]

乾隆十一年（1746），乾隆皇帝寄信给前往南海等地督办巡查事宜的都统阿兰泰，要求其查明珲春领催佛斯泰等 9 人案情。阿兰泰查清领催佛斯泰等 9 人每年将米、面、布、靴等物贩运至南海，私下与藏匿南海等地的偷参人等交易获利。[④] 据佛斯泰供述，其在乾隆元年（1736）至乾隆九年

① 杜宏刚、邱瑞中、韩登庸等主编《韩国文集中的清代史料》卷 12，广西师范大学出版社，2006，第 503～504 页。

② 《清高宗纯皇帝实录》卷 240，乾隆十年五月癸未。

③ 中国第一历史档案馆藏：满文录副奏折，档案号：0912－003 019－1687－1693。原文：“ningguta i bade yargiyan i ejelere ehe guwanggun bi, cohome julergi mederi jergi ba i jalingga irgen ishunde sirentume amasi julesi mejige isibumbi, ere jergi jemden be geteremburakū oci, jiduji icihiyara de mangga。”

④ 《清高宗纯皇帝实录》卷 272，乾隆十一年八月戊辰。

(1744)，共计6次去南海、雅兰、锡林等地行事，并详细说明了各地房屋及人员的数量（详见表1）。[①]

表1 珲春领催佛斯泰供述所到之处及栖居人员数

地 点	房 屋	人 员
玛延河(mayan bira)	6间屋	30余人
奇门河(cimen bira)	3间屋	10余人
干沟子(kan godz)	4间屋	20余人
石头河(ši teo he)北岸韩 k'angse (han k'angse)	2~3间屋	10余人
秃顶子(tu dingdz)	2间屋	4~5人
大 unjimi(amba unjimi)	2间屋	10余人
雅兰(yaran)	20余间屋	130~140人
锡林(siren)	20余间屋	160余人
小乌乎河(ajige uhu bira)	5间屋	50余人
大乌乎河(amba uhu bira)	2间屋	10余人
汪清(wang cing)	23间屋、窝铺	大概18余人
坡松(po sung)	2间屋	7~8人
富锦(fujin)	16间木架窝铺	大概100人,刺字者5~6人
档案中共计※	房屋、窝铺、木架子窝铺119间	700余人

※表中统计数据均出自原档记载，但同案内其他人员供述不在本表统计之内。

从领催佛斯泰本人供词来看，在乾隆九年，南海等地藏匿栖居人及房屋主要聚集在南海的雅兰、锡林[②]及富锦等地区。这些人居住的房屋有“boo（屋）”、“tatan（窝铺）”和“coron（木架窝铺）”，且此等人中还有一定数量的刺字人犯，人员构成较为复杂。

旗人佛斯泰等私下与南海等处藏匿民人相通，并不是孤例。乾隆二十三年（1758），珲春协领齐格，佐领讷尔布、阿松阿、雅必那，以及防御本德伊、玛岱等人，每年派去南海采捕海参的家丁或仆役也均与海中藏匿的民人往来，并私带米粮等物与此等民人交易获利。珲春协领齐格等人因此受到严厉惩处。[③]

由此来看，在对吉林东南海域的巡查中，底层驻防旗人与民人之间的关

① 中国第一历史档案馆藏：满文录副奏折，档案号：0912－003 019－2071－2072。

② 档案中的“雅兰（yaran）”和“锡林（siren）”应为汇入南海（今日本海）的两条河流。参见谭其骧主编《中国历史地图集》第八册，12~13（吉林），中国地图出版社，1996。

③ 分别参见中国第一历史档案馆、中国边疆史地研究中心合编《珲春副都统衙门档》第3册，第300页；第4册，第80页。

系，多体现为经济利益关系。为了获取经济利益，哪怕是官至协领级别的旗人官员亦会铤而走险，私下与南海藏匿盗采之人进行交易。而那些派出执行缉拿参犯的官兵，也有隐匿、私吞所查获人参的现象。

乾隆三十四年（1769）十二月二十五日，吉林将军傅良奏称："差往巡察乌苏哩、得克登吉等处之三姓协领尼新泰拿获偷采人参人二十名，搜获人参十八两六钱、参须二两三钱；又协领马尔虎山擒偷采人参人十三名，搜获人参二两九钱、参须三钱；巡察南海等处之伯都讷协领傅尔笏讷陆续拿获偷挖人参人四十二名，搜获人参四两四钱、参须三钱五分。"而乾隆则认为："此等偷挖人参之人，皆系图利者。倘二十几人去只获人参十八两余，四十余人去获人参四两余，则还不足伊等之费用，伊等又图何利行此干法之事。况且前于盛京、吉林等地拿获贩卖私参者后，每次皆搜获人参千百两。现拿获者虽非贩卖者可比，但拿获二十、四十余人，只获人参数两，绝无此理。由此观之，若非查拿兵怠忽，转移人参，则即原缉拿官兵从中侵扣。"为此，乾隆命傅良等将搜查时或因懈怠致使人参转移或从中侵扣等行为，严讯审明定罪。①

实际上，负责巡查的旗人官兵甘愿冒被查处的风险，与盗采者私相授受，无外乎就是为了经济利益。接济盗采人众米粮、布、靴等生活必需品或是侵扣查获人参等手段，均能获得经济利益，所以总会有旗人甘愿铤而走险。也正因如此，吉林东南海域栖居的偷参人众才屡禁不绝。至咸丰年间，吉林将军景淳召集揽头、刨夫充任采参人时，苏城（雅兰）的山沟内也一直有刨夫潜居采捕。② 但正是这些栖居偷参人众，与珲春旗人一同促进了吉林东南海岛渔业、农业乃至商业等方面的多重开发。

三 清政府的巡查治理

吉林东南海域本属封禁之地，为杜绝盗采民人栖居于海岛，清政府采取了派遣八旗官兵定期巡岛的治理方式。从满文档案来看，清代吉林东南海岛在巡查之列的有 14 座，开始巡岛的时间不晚于乾隆十一年（1746），巡查

① 中国第一历史档案馆编《乾隆朝满文寄信档译编》第 9 册，"寄谕吉林将军傅良著将缉查私参官兵有无侵扣情弊严讯审明"，岳麓书社，2011，第 521 页。

② 参见故宫博物院明清档案部编《清代中俄关系档案史料选编》第三编下册，中华书局，1979，第 901 页。

终止时间为咸丰十年（1860）。[①]

清政府对吉林东南海岛进行巡查，捉拿岛上藏匿之人，并捣毁其所建房屋，破坏其所拓耕地。每次负责巡查海岛的官兵，在任务结束后均要逐级呈报巡查结果。乾隆五十七年（1792）十一月二十日，珲春协领巴雅尔在报派员巡查14座海岛事的呈文中说："巡查海岛云骑尉职衔章京灵登保呈报，其率领兵丁自海中呼尔格（hurge）岛至搜楞尼岛共十四岛，经尽心查看，岛内俱无越冬盗贼及本年逃出盗贼，且无搭建之窝棚、开垦之田地。"[②] 此后，嘉庆、道光年间的呈报内容基本如此。

从嘉庆二十五年（1820）的一份满文档案来看，自嘉庆二十四年（1819）起，巡查海岛的珲春八旗官兵多了一项任务，就是到穆克萨喇库（muksalakū）小岛上替换木牌的工作。[③] 且此后历年巡查的呈报中，也常见此项内容。而此种于指定海岛替换上年所挂木牌的做法，类似于陆路巡边中的"会哨"制度。虽目前还无法准确判断巡查官兵替换木牌任务的起始时间，但至少可以得知，清政府为了督促官兵更好地完成巡岛任务，也在不断调整和完善吉林东南海岛的巡查与治理机制。

面对同在吉林东南海域活动的旗人与民人，清政府采取了区别对待政策。出于对珲春旗人生计的考虑，清政府允许珲春旗人在一定范围内采捕海参等海产。而对于逃去偷捕海参，并伺机潜入参山盗采的民人，清政府认为"倘不严查缉拿，放任随意采捕，则于旗人生计甚无裨益，况且前往之人逐渐增多后，难免肇事，俱为叵测"。因此札付珲春协领，命令：

嗣后严饬遣往巡查搜楞尼等海岛官兵严加稽查外，另行委派干练官兵直至图尔穆（turmu）地方，严加查看沿海所有采捕海参之地。旗人

---

① 关于清政府对吉林东南海岛的巡查问题，笔者已有专文论述，具体参见聂有财《〈中俄北京条约〉签订前清政府对珲春南海岛屿的管理》，《云南师范大学学报》（哲学社会科学版）2018年第3期。

② 中国第一历史档案馆、中国边疆史地研究中心合编《珲春副都统衙门档》第19册，第252页。

③ 中国第一历史档案馆、中国边疆史地研究中心合编《珲春副都统衙门档》第33册，第262页。译文："护理珲春协领关防佐领默尔庚额具呈副都统衙门：为呈送详尽巡查海岛保结一张事。十一月初五日，据本年委派巡查海岛正黄旗灵观保佐领下骁骑校哲明德返回呈称，为具保查看情形事。哲明德我率领兵丁，自海中呼尔格岛至搜楞尼岛共十四岛，俱详尽巡查毕，在搜楞尼岛旁边之穆克萨喇库小岛上有去年查岛云骑尉达洪阿所挂木牌一枚，岛内并无越冬及本年逃往盗贼，且皆无搭建之窝棚、开垦之田地。是以，哲明德我于穆克萨喇库小岛上挂木牌，换下去年云骑尉达洪阿所挂木牌携回，一并呈报。等因，呈报前来。"

船上烙以旗印，记档备查，遇到民人立刻毁其船只，将人拿解协领处惩处，不可留有一人。若有不遵法纪者，即刻拿解本衙门，严加治罪，以示惩戒外，仍由本处另派官兵访查。[①]

至咸丰时期，清政府对吉林东南海岛的巡查对象，由清剿藏匿民人转变为防范沙俄船只。在第一次鸦片战争中，英法以坚船利炮侵犯我国东南部沿海口岸，使清政府意识到加强各处海防的必要性，并要求沿海各关隘要冲严加防范。道光二十一年（1841），吉林将军及其下属的宁古塔副都统、珲春协领多次接到“加意严防”的海疆谕令。[②] 咸丰四年（1854），一艘外夷船只突然出现在吉林东南海域，据前往巡查十四岛的珲春骁骑校讷木坚禀称：“本月（五月）十一日，珲春东南百里以外绰阔哈达（coko hada）迤南大海上突然驶来大船一只，停泊两天后，即向南驶去。”[③]

面对突如其来的情况，吉林将军于六月初七日，遣五百里快骑，火速札行宁古塔副都统衙门，命其即刻委派干练可靠、品衔稍大官员，率领精锐兵丁20余名赶紧前往珲春，巡查该地方14座岛，会同骁骑校讷木坚及该协领增派之官员，于沿海岸地方注意巡查防范。同时还酌量支拨将军衙门库存的铅丸火药等物件，交给因公差至吉林宁古塔的骑都尉都林、沃赫等，令他们乘驿迅速解送珲春备用。此外，吉林将军还准许召集宁古塔、珲春二处现有兵丁及西丹整备器械，严加操练，以防制造事端。宁古塔副都统也选派云骑尉绰霍布及精锐兵24名，急速前往珲春，会同珲春官兵严加巡查沿海等地方。[④] 同年六月初六日，珲春协领伯恒额再次呈报，骁骑校永祥看见绰阔哈达海面又驶来大船4只，并未靠岸向东驶去。[⑤]

关于首次出现在吉林东南海面上的船只所属，笔者曾撰文认为是俄国船

---

① 中国第一历史档案馆、中国边疆史地研究中心合编《珲春副都统衙门档》第23册，第91～92页。

② 参见中国第一历史档案馆、中国边疆史地研究中心合编《珲春副都统衙门档》第48册，第181、279、476页。

③ 中国第一历史档案馆、中国边疆史地研究中心合编《珲春副都统衙门档》第68册，第56页。

④ 参见中国第一历史档案馆、中国边疆史地研究中心合编《珲春副都统衙门档》第68册，第81～85页。

⑤ 中国第一历史档案馆、中国边疆史地研究中心合编《珲春副都统衙门档》第68册，第86页。

只[①]，但也有学者对此不予认同[②]。笔者再次考证，确认此船应即1854年5月经过吉林东南海域并进行多日测绘工作的俄国“巴拉达号”三桅战舰。[③]俄国船只在该处海域的出现，拉开了沙俄侵占该地的序幕，至1860年《中俄北京条约》（又名《中俄续增条约》）签订后，清政府撤回了先前散布于绥芬、乌苏里等地巡防官兵，[④]清政府对吉林东南海岛的巡查治理随之被迫终结。

结 语

因吉林东南海域向来是珲春旗民的渔采之地，出于对该地旗民生计的考虑，清政府在《中俄北京条约》第一条中，经过争取加入了“上所言者乃空旷之地，遇有中国人住之处及中国人所占渔猎之地，俄国均不得占，仍准由中国人照常渔猎”之规定。[⑤]文中所谓“渔猎之地”，在咸丰十一年（1861）《中俄黑龙江定界记文》（《中俄勘分东界约记》）附录《旗户渔猎居住册》中是这样解释的：图们江口东至绥芬河口沿海一带，俱有卡台住址，俱系旗人渔猎之地；海中间十四岛屿，向系旗人渔猎之处。[⑥]

基于上述规定，在该条约签订后的一段时期内，珲春旗民仍然可以在该海域从事生产活动。该处的青岛（勒富岛）就曾有大量民人从事淘金活动，1867年至1868年，因沙俄军队的驱逐，还爆发过淘金华民起义。[⑦]至光绪五年（1879）二月，因旗民出海捕捞需要，珲春协领就曾抵岩杵河[⑧]为换发

① 聂有财：《清代珲春巡查南海问题初探》，《清史研究》2015年第4期。

② 王立新的《也谈清代吉林的南海巡查》（《清史研究》2016年第3期）一文认为，上述船只属英法海军。

③ 对于1854年出现在吉林东南海域的外国船只所属，笔者将另撰文章进行论述，故不在此赘述。

④ 参见李澍田主编《珲春副都统衙门档案选编》上册，吉林文史出版社，1991，第107～108页。

⑤ 《中俄北京条约》（《中俄续增条约》），第一条。

⑥ 汪毅、张承棨：《咸丰条约》，沈云龙主编《〈近代中国史料丛刊〉·续编》第8辑，台北，文海出版社，1974，第563～564页。

⑦ 关于青岛淘金华民起义问题，已有学者进行过研究。参见张本政《一八六八年青岛淘金工起义》，《社会科学战线》1979年第1期；郦正、邵汉明主编《近现代东北的变迁》，吉林文史出版社，2007；刘家磊《东北地区东段中俄边界沿革及其界牌研究》，黑龙江教育出版社，2014。

⑧ 也作“彦楚河”，在今吉林珲春以东的俄罗斯境内，入波西耶特湾。

旗民赴海捕鱼执照之事而照会俄国官员。[1] 光绪六年（1880），珲春协领又因俄国人多以“无票”为借口，要捉拿私去渔采或去海参崴之人，因此亲赴岩杵河与俄官廓米萨尔面议，商定今后凡本处渔采人等或及由界内赴俄界者，需要先在本协领衙门请领票照，才可前往，并按年更换。[2]

由于珲春旗人有海洋捕捞传统，在开春采捕海参之际，许多兵丁会私自赴海捕捞，并以西单（旗下幼丁）或老残之人充数操练，致使军队纪律严重涣散。光绪六年（1880）二月，珲春协领曾连续两次晓谕兵丁，嗣后不准私赴沿海渔采。[3] 然而禁令似乎未能削弱旗民从事渔采的热情。光绪十一年（1885），据奉命秘密查探俄国情况的曹廷杰记载，“海参崴西南、图们江东北海中大小数十岛，俄人现俱插立标记，禁止华民叉海参、拈海菜、取蟹肉诸大利，欲藉以征取重税也”；而“彦楚河海口内西南寒奇地方，向为华民海道玛（码）头，俄人近派俄兵数名，在此稽查出入货物，以为征收税务张本。昔之华民成邑成聚者，今皆散处他处”。[4] 此时距《中俄北京条约》签订已约 25 年，而中国人在该海域的活动依然频繁，致使俄国人采取课重税的经济手段，旨在禁绝华民在此处从事渔业及海洋商业活动。

1937 年，符拉迪沃斯托克（旧称海参崴）地方当局以中国人为日本充当间谍并潜伏于此为借口，对此地的中国人进行了大规模驱逐。至 1938 年底，仅该地区就有 10 余万中国人被彻底清除，而整个远东地区共有 30 多万中国人被驱逐。[5] 至此，中国人对吉林东南海岛的开发活动彻底终结。

1860 年，清政府对吉林东南海域的巡查治理戛然而止。而中国民众对该海域及海中岛屿的开发，则在巡查终止后又延续了 78 年之久。但在俄国（苏联）暴力胁迫下，清政府在《中俄北京条约》中争取到的一点经济权利终究没能逃过被彻底剥夺的厄运。

---

① 中国第一历史档案馆、中国边疆史地研究中心合编《珲春副都统衙门档》第 102 册，第 235 页。

② 中国第一历史档案馆、中国边疆史地研究中心合编《珲春副都统衙门档》第 104 册，第 11 页。

③ 中国第一历史档案馆、中国边疆史地研究中心合编《珲春副都统衙门档》第 104 册，第 22 页。

④ 曹廷杰：《西伯利亚东偏纪要》，《辽海丛书》本，第 2282 页。

⑤ 〔俄〕聂丽·米兹、德米特里·安治：《中国人在海参崴：符拉迪沃斯托克的历史篇章（1870～1938 年）》，胡昊、刘俊燕、董国平译，社会科学文献出版社，2016，序二，第 3 页。

Development and Governance of the Islands in Southeast Jilin in the Qing Dynasty

Nie Youcai

Abstract: The sea cucumbers in the southeastern part of Jilin Province produce particularly good sea cucumbers, and the mountains in the coast are also rich in ginseng. Therefore, there have been Manchurians in Hunchun and a large number of Han people who sneaked here to catch seafood and steal ginseng. In order to protect the fishing interests of the Hunchun Banner and monopolize the ginseng resources, the Qing government conducted long-term inspections on the southeastern island of Jilin. Until the signing of the "Beijing Treaty" between China and Russia in 1860, the inspection and management was terminated. However, the Chinese people's development of the sea area did not stop there, but it continued until 1938 when it was forced to stop.

Keywords: Qing Dynasty; Jilin; Island; Development; Governance

（执行编辑：王一娜）

海洋史研究（第十四辑）
2020 年 1 月　第 131 ~ 146 页

制造异国:《隋书》“流求国”记录的解构与重释

陈　刚*

引　言

“流求国”①，最早出现在唐初编撰的《隋书》中。自《隋书》首次以正史外国传的形式记入该国后，经唐、宋、元的历代累积，明以前的古典文献中形成了相对丰富但又论述各异的“流求国”记录。明朝初年，朱元璋以“琉球国”之名诏谕今琉球群岛上的政权，同其建立封贡关系。此后，“琉球国”逐渐成为后来的琉球王国的专称。明清时期，唐、宋、元史籍中的“流求国”记录，多被时人当作琉球王国的早期记录，而琉球王国在编修国史时也将这些记录作为追述自身历史的重要史料来源。近代以来，西方汉学家质疑明清时期的“明以前史籍中的流求 = 明以后琉球王国”的固有认知，并通过史地考证的方法提出明以前“流求”指台湾岛而非琉球群岛

* 陈刚，南开大学日本研究院 2018 级博士研究生。

① “流求”在古代典籍中有多种写法，比如，流求、琉求、流球、琉球、流虬、留仇、瑠球、瑠求等，大体读音一样。本文在史料引用上保留“流求”的写法，在一般行文中用明以后惯用的“琉球”写法。

的观点。[①] 此后，日本学界、[②] 中国学界[③]也先后加入对明以前史籍中“流求国”具体所指的史地考证和论争中。这一论争已持续百余年，迄今仍未定谳。

分歧长期存在的原因主要在于理解文献的方法论的差异。《隋书》是明以前史乘中最早记录琉球国的历史文献，隋至明七百多年间的琉球记录大多因袭《隋书》的记载，新形成的记述也相对零散，且所述的琉球国在位置

---

① 1874 年，法国学者圣第尼（D. Hervey de Saint-Denys）首先提出“隋代琉球系泛称今日台湾与冲绳列岛，唯隋人所至者仅为台湾”的说法。此后，法国学者喀迪埃（Henri Cordier）、希勒格（Gustave Schlegel）及德国学者里斯（Ludwig Riess）等也对这一问题进行过讨论，普遍认为“流求国”在明朝以前多指台湾，直到明朝时才开始移指冲绳或者兼指冲绳。参见梁嘉彬《琉球及东南诸海岛与中国》，台北，私立东海大学，1965，第 107 页；〔法〕希勒格：《西域南海史地考论译丛（第三卷）·中国史乘中未详诸国考证》，冯承钧译，商务印书馆，1999，第 401 ~ 426 页；ルードウィヒ・リース（Ludwig Riess）：《台湾岛史》，吉国藤吉译，东京，富山房，1897。

② 1887 年，兰克（Leopold von Ranke）弟子里斯（Ludwig Riess）受聘于东京帝国大学，教授欧洲近代史学方法并发表《台湾岛史》，提出隋代“流求国”指台湾南部的观点。此后，对明以前史籍中“流求国”位置的史地考证在日本学界展开，中马庚、隈本繁吉、加藤三吾、杉山文吾、箭内亘、伊能嘉矩、铃村让、森丑之助、藤田丰八、市村瓒次郎、和田清、伊波普猷、东恩纳宽惇、币原坦、真境名安兴、秋山谦藏、曾我部静雄、白鸟库吉、桑田六郎、甲野勇、喜田贞吉、宫城荣昌、松本雅明、国分直一、野口铁郎、石原道博、川越泰博、本位田菊士、铃木靖民、真荣平房昭等人也都先后参入这一问题的讨论中。日本学者山里纯一曾对 20 世纪 90 年代以前日本学界对于这一问题研究的学术史，做了较为详细的整理，具体可参见〔日〕山里纯一：《『隋書』流求伝について——研究史・学説の整理を中心に》，《琉球大学法文学部纪要》史学・地理学篇（36），1993，第 59 ~ 98 页。

③ 1928 年，冯承钧将希勒格《中国史乘中未详诸国考证》翻译成中文在国内发行，希勒格关于明以前“流求国”所指的论述正式传入中国。1932 年，钱稻孙在《清华周刊》发表了《“流求”，台湾？琉球?》一文，系统介绍了从 1874 年到 1930 年欧美学界和日本学界关于“流求国”位置考证的学术论争史。从 1935 年出版的《新元史》“流求国”条的相关论述中可见，当时中国学者已普遍接受了明以前“流求”是台湾的观点。20 世纪 40 年代后期，由于“二战”后琉球群岛归属未定，当时的学界及媒体又大都将明以前的“流求国”记录当成琉球群岛的早期历史，并以此来论证中国同琉球群岛的历史关系，表达中国对琉球群岛的所有权主张，这一时期比较有代表性的学者有姚烈文、吴壮达、许公武、梁嘉彬、汪诒荪、程鲁丁等，其中以梁嘉彬的研究持续时间最长，影响最大。20 世纪 50 年代及以后，中国学界除梁嘉彬以外，陈汉光、吴幅员、宋岑、林鹤亭、方豪等人对这一问题又有了新一轮论争。由于历史原因，这一时期的论争主要在港台学界展开，“台湾说”又重新成为学界主流。改革开放以后，中国学界对这一问题研究的兴趣又逐渐兴起，主要参与讨论的学者有周维衍、陈国强、张崇根、徐晓望、米庆余、周运中等人，虽然也有一部分学者坚持“琉球说”，但“台湾说”还是占了绝对主流的地位。如国内较为权威的《中国历史地图集》（谭其骧主编，中国地图出版社，1982）便将隋朝到明朝之间的“流求”皆标注为台湾岛。而国内台湾历史研究者多将明以前“流求”为台湾岛视为无须争辩的定论，并以此展开台湾早期历史研究。

及风俗地理上相差很大，无法形成逻辑严密的互证关系。史料的零散和互异情况导致多数学者的研究都集中于对特定篇目或者特定段落的考究。由于方法和视角不同，学者们对同一条史料的解释经常迥异。如对《隋书》中“当建安郡东，水行五日而至”的“流求国”位置记录的阐释，学界有10余种观点。[①] 其研究方法和过程似乎较史料本身更为复杂。

曹永和与铃木靖民对此展开反思，都提出应从资料、方法两个方面突破，走出“流求”问题研究的“死胡同”。[②] 松本雅明、本位田菊士等也对史地考证所依据的重点史料——《隋书》“流求国”记录的史料来源及史料性质提出批判性看法。[③] 近年来，周婉窈、大田由纪夫、黄树仁等学者又从海洋或海岛认知发展的角度提出新的思路和视角。[④]

本文将在前人研究的基础上，进一步分析《隋书》“流求国”记事同其所依据的历史经验之间的关系。具体而言，唐代史官编撰《隋书》“流求国”记录，所依据的是隋朝多次海外经略活动的历史经验，但《隋书》对这些海外经略活动的追述并不能等同于隋朝海外经略的实际状况。通过对《隋书》“流求国”记录本身的辩证分析，以及与同时代其他“流求”史料的对比互证，便可发现隋朝海外经略的具体实践同《隋书》对这些历史经验的记录存在后人的建构。跳出《隋书》编撰过程中的后人建构，追溯历史发生的具体语境和社会条件，将有助于我们对隋朝的历次海外探索形成更为客观的理解，同时也能对《隋书》“流求国”记录本身形成更为合理的评价。从这一视角出发，不仅可以走出长期以来关于“流求国”位置考证的

---

① 铃村让、藤田丰八、和田清、伊波普猷、币原坦、松本雅明、梁嘉彬、米庆余、徐晓望、周运中等学者，都曾通过对“当建安郡东，水行五日而至”的史料阐释来推定《隋书》所记“流求国”的位置，各家的观点详见后文论述。

② 曹永和：《台湾早期历史研究的回顾与展望》，《台湾早期历史研究续集》，台北，联合出版事业公司，2000，第13页，该文原刊于《思与言》第23卷第1期，1985；〔日〕铃木靖民：《南島人の来朝をめぐる基礎的考察》，田村圆澄先生古稀纪念委员会编《東アジアと日本》历史编，东京，吉川弘文馆，1987。

③ 〔日〕本位田菊士：《古代環シナ海交通と南島——『隋書』の流求と陳稜の征討をめぐって》，《東アジアの古代文化》二九，1981；〔日〕松本雅明：《沖縄の歴史と文化》，东京，近藤出版社，1971。

④ 周婉窈：《山在瑶波碧浪中——总论明人的台湾认识》，《台大历史学报》第40期，2007，第93～148页；〔日〕大田由纪夫：《ふたつの琉球：13・14世纪の東アジアにおける琉球認識》，《“13－14世紀の琉球と福建”研究成果報告書》，2008，第199～216页；黄树仁：《望见流求——从福建沿海观测记录论宋元明人的台湾认识》，（台南）《成大历史学报》第50号，2016，第37～84页。

分歧和困境，同时也能够为我们理解隋代至明代的“流求国”记录提供一种新的研究思路。“流求国”意象形成后流传较广，其所指涉的具体对象也在不同语境中发生变化和转移，但总体而言，这一意象是隋朝以后我国东南沿海地区认知海外异域、记录海外经验的重要知识载体。因此，回归具体的历史语境，摆脱史地考证的方法局限，从海洋发展史的视角重新释读这些有关琉球的记录，将对客观认识我国古代海洋认知演进以及海岛知识体系的建构过程，具有十分重要的意义。

一

依《隋书》记载，“流求国”首次进入中国人的视野源于隋炀帝派遣朱宽等人到海外求访异俗的实践活动。《隋书·流求国》对朱宽的求访经历记录如下：

> 大业元年，海师何蛮等，每春秋二时，天清风静，东望依希，似有烟雾之气，亦不知几千里。三年，炀帝令羽骑尉朱宽入海求访异俗，何蛮言之，遂与蛮俱往，因到流求国。言不相通，掠一人而返。明年，帝复令宽慰抚之，流求不从，宽取其布甲而还。时倭国使来朝，见之曰：“此夷邪久国人所用也”。①

在《隋书》的叙事中，朱宽的两次海外求访之地都被确定为“流求国”。由于朱宽是史籍记载的第一位到达“流求国”的官方使者，而《隋书》具有正史性质，因此后世士人和近代以来的研究者都将“流求国”认知的形成时间上溯到朱宽初到“流求国”时，并进一步将“流求”之名的由来附会到朱宽身上。

但是，《隋书》的这一记载以及后世的附会，存在一定的问题。根据上述记载，朱宽入海前对所往异域的认知主要来源于何蛮提供的海外信息。海师何蛮，史无详载，从其职业可知应为经常航行于海上、有着丰富航海经验之人。但是，从何蛮提供的“每春秋二时，天清风静，东望依希，似有烟

① 魏徵等：《隋书》卷81《东夷·流求国》，中华书局，1973，第1824～1825页。

雾之气，亦不知几千里"[①] 的异域信息可见，他对所去之地的了解，也仅仅是一种远距离的模糊观望和揣测，并无亲身前往的实践经验，对该地的具体情状亦无准确认知。就是说，朱宽的此次求访活动只是在混沌认知下对海中异域的一次探索；他在入海之前，并无"流求国"的概念，对将去之地也基本一无所知。

在这种认知背景下，朱宽同何蛮一起出海，到达了某处海岛，《隋书》将其所到之地直接记述为"流求国"，朱宽的海外求访活动同"流求国"联系也由此被建构起来。由于"流求国"之名是在《隋书》中首次出现的，而朱宽又是《隋书》记载的最早到达"流求国"之人，因此，按照一般理解，"流求国"也应该是朱宽最先命名的或者是朱宽最先知道的；《中山世鉴》等后世史书的附会应该也是在这一逻辑下形成的。[②] 但是事实并非如此，从朱宽到达该地后的情况来看，他遇到的情况是"言不相通"，因而只是"掠一人而返"。[③] 也就是说，朱宽此行实际上收获甚少，由于"言不相通"，也就不可能对该地有详细的了解。当然，朱宽此行还"掠一人而返"，朱宽是否有从这被掳之人那里获得更多当地的信息，我们已不得而知，但从朱宽第二次出海后的认知情况来看，答案可能是否定的。

朱宽回朝后的第二年（608），或许是对第一次出访成果的不满，或许是因为第一次出访时"掠一人而返"的无礼，隋炀帝再次派遣朱宽前往"慰抚"，但是此行的结果是"流求不从"，而朱宽也只是"取其布甲而还"[④]。就在同一年，倭国使者恰好来到隋朝，[⑤] 或许是因为倭国同样位于海外，隋廷便拿出从该地取回的布甲，向倭国使者咨询该国情状，而倭国使者的回答为"此夷邪久国人所用也"。[⑥] "邪久国"或"夷邪久国"是史籍中

① 魏徵等：《隋书》卷81《东夷·流求国》，第1825页。

② 具体可参见《中山世鉴》首卷《琉球国中山王世继总论》，名取书店（日本），1942，第8页。

③ 魏徵等：《隋书》卷81《东夷·流求国》，第1825页。

④ 魏徵等：《隋书》卷81《东夷·流求国》，第1825页。

⑤ 根据中国史籍记载，隋朝时日本（倭国）派往中国的使者共有4次，分别为开皇二十年（600）、大业三年（607）、大业四年（608）和大业六年（610）。学界一般认为，该段引文中所提到的大业四年（608）的倭国使者应该是指小野妹子一行。

⑥ 魏徵等：《隋书》卷81《东夷·流求国》，第1825页。《隋书·流求国》原文并无隋朝拿取回的布甲向倭国使者问询的直接记述，但是从倭国使者能看到隋朝从海外取回的布甲并回答"此夷邪久国所用也"可以推知，隋朝应该是主动拿出了从海外取回的布甲给倭国使者看，并向倭国使者咨询布甲所出之地的相关情况。

对朱宽所去之地名称的唯一一次直接记载，对于倭使所言“邪久国”所指何处，学界（尤其是日本学界）也有一番论争，但因史料匮乏迄今未有定论。① 但是如果从认知的角度去分析隋朝拿出所取回的布甲向倭国使者问询的行为和倭国使者的回答，我们或可窥知，在朱宽的两次出海求访活动之后，朱宽以及当时隋朝既有的海外异域知识尚无法解释这个新出现在他们认知视野中的海中“绝域”。

对于倭国使者口中的“邪久国”究竟指向何处，它是否确为朱宽所到达的地方，本文无意深入讨论。但从朱宽及其同时代人对其所去之地的认知状况来看，在两次入海求访之后，他们尚未形成“流求国”这样的异国概念，更难以形成《隋书·流求国》中包含社会组织、风俗物产、地理气候等系统化、体系化的“流求国”认知。也就是说，于朱宽的入海求访活动而言，“流求国”是一个后人的概念，它并不形成于求访活动行为主体朱宽本身，同朱宽的求访活动也无必然的联系。朱宽求访活动同“流求国”的关系建构，实际上产生于后人对朱宽求访活动的追述。而从现存史料来看，这种建构最早便是出现在《隋书》中。《隋书》将朱宽的两次求访活动放置于以“流求国”为主体的叙事框架之内，这两次求访活动，连朱宽自己都不知所到何处，却被后来的《隋书》编撰者明确为“流求国”。这样的叙事建构使朱宽这两次去地不明的求访活动得以在“流求国”的主体概念之下获得更为清晰、更为完整的表达，但同时也造成了后人对朱宽求访活动的误解。后世学者之所以对“流求国”所指争论不休而难有共识，可能也根源于历史发生的当时，人们其实尚未形成对所往海中异域的准确认知。实际上，如果跳脱出“流求国”这样主体叙事建构和对其位置考证的方法局限，如杨国桢先生那样，将其放置于古代中国海洋发展史的宏观脉络中进行认识，对类似历史事件的理解或许更为客观、理性。朱宽等人的入海求访是古

① 日本学界在讨论这一问题时往往将倭国使者所言“夷邪久国”同《日本书纪》等文献中所记载的“掖玖”“屋久”等地名联系起来，进而形成“掖玖 = 夷邪久 = 流求”的推论，将“流求”“掖玖”都视为从萨南诸岛到八重山诸岛的泛称。这一观点最早由真境名安兴于1923 年提出，后被比嘉春潮、东恩纳宽惇等冲绳历史研究者所沿用。20 世纪 60 年代以后，山田永里、宫城荣昌、松本雅明、上原兼善、高良仓吉、外间守善、村井章介、真荣平房昭、铃木靖民、小玉正任、中村名藏、山里纯一、田中聪、永山修一、田中史生等都不同程度地对真境名安兴等人的推断进行了讨论或修正。依据所持观点基本可以将他们分成肯定派、保留意见派和否定派。日本学者来间泰男对这一问题研究的学术史进行过较为详细的整理，具体可参见〔日〕来间泰男《琉球国与南岛——古代的日本史与冲绳史》，日本经济评论社，2012。

代中国对“环中国海岛屿的探险活动”，“这说明沿海王国和隋朝已有走向海洋的冲动”。[①]

二

《隋书》以“流求国”为主体概念的叙事建构，不仅表现在对朱宽两次海外求访活动的基本叙事中，还表现在对朱宽海外求访活动同陈稜海外征伐活动之间关系的叙事逻辑中。

《隋书·流求国》在朱宽求访、抚慰的两次出海记事之后，记入了陈稜对“流求国”的征伐。具体内容如下：

> 帝遣武贲郎将陈稜、朝请大夫张镇州率兵自义安浮海击之。至高华屿，又东行二日至鼊鼊屿，又一日便至流求。初，稜将南方诸国人从军，有昆仑人颇解其语，遣人慰谕之，流求不从，拒逆官军。稜击走之，进至其都，频战皆败，焚其宫室，虏其男女数千人，载军实而还。自尔遂绝。[②]

陈稜征伐“流求国”的记事也同样被编入了《隋书》中，成为《陈稜》的一部分。《陈稜》主要记述隋将陈稜的生平和功绩，其中也包括陈稜征伐“流求国”的具体过程。根据《隋书·陈稜》记载，陈稜征伐“流求国”的时间为大业六年（610）。[③]

《隋书·流求国》对朱宽、陈稜海外经略活动的关系叙事，内含如下认知与行动上的因果逻辑：大业三年（607）隋炀帝让朱宽入海求访异俗，海师何蛮根据自己的航海经验提供海外异域的情报，朱宽便同何蛮一起出海，因此就到了“流求国”。然而由于语言不通，朱宽此行并没有什么大的收获；隋炀帝对这样的出使结果并不满意，因此第二年又命令朱宽前往“流求国”抚慰，但是“流求国”并不顺从，朱宽没有办法，只是“取其布甲而还”。面对“流求国”的不顺从，隋炀帝自然很愤怒，于是就派遣陈稜率

① 杨国桢：《中华海洋文明的时代划分》，《海洋史研究》第五辑，社会科学文献出版社，2013，第7页。

② 魏徵等：《隋书》卷81《东夷·流求国》，第1823～1825页。

③ 魏徵等：《隋书》卷64《陈稜》，第1518～1520页。

军征伐，陈稜不负所望，取得大胜，斩其王，俘其王子，焚其宫室，基本上灭亡了“流求国”；此后，隋朝同“流求国”便断绝了联系。由是，隋炀帝时朱宽的两次海外求访和陈稜的海外征伐活动，便在《隋书》以“流求国”为主体的叙事下，被建构成隋朝对“流求国”从发现到求访，从求访到慰抚，从慰抚不成到伐灭其国的完整且具逻辑性的历史过程。

如果仅看《隋书》两传中的基本叙事，这样的逻辑建构并没有太大问题，但是如果参照散见在《隋书》其他部分以及同时代其他史籍中关于隋朝“流求国”经略活动的记载，《隋书》两传中这一以“流求国”为主体的叙事建构便值得质疑。

与《流求国》《陈稜》相仿，《食货志》也是《隋书》的重要组成部分，但是成书时间却比《陈稜》晚了约20年，主持编修的官员也由魏徵（580～643）变为长孙无忌（594～659）。《隋书·食货志》基本遵照编年体进行编撰，以时间为顺序，分述各年份的重要经济问题。其中有一条关于“流求国”的记载，内容如下：

> （前略）是岁，翟雉尾一，直十缣，白鹭鲜半之。乃使屯田主事常骏使赤土国，致罗刹。又使朝请大夫张镇州击流求，俘虏数万，士卒深入，蒙犯瘴疠，馁疾而死者十八九。又以西域多诸宝物，令裴矩往张掖，监诸商胡互市，啖之以利，劝令入朝。自是西域诸蕃，往来相继，所经州郡，疲于送迎，糜费以万万计。[①]

这段引文位于《食货志》隋炀帝即位条后，大业三年（607）条前，引文中的“是岁”虽没有明确的年份信息，但根据前后文推断应该是指大业二年（606）。引文中的常骏出使赤土国、裴矩经营西域都是隋炀帝时期积极展开对外关系和探索“绝域”的重要事件，具体经过在《隋书·赤土》《隋书·裴矩》等传记中都有详细记载。根据《隋书·赤土》中记载，常骏出使赤土国“致罗刹”的时间为大业三年（607），[②] 而《隋书·裴矩》记载裴矩到达张掖，“监诸商胡互市，啖之以利，劝令入朝”也发生于大业三

① 魏徵等：《隋书》卷24《食货志》，第686～687页。

② 魏徵等：《隋书》卷82《南蛮·赤土》，第1834页。

年（607）。[①] 由此可以推知，《食货志》中张镇州击流求时的“士卒深入，蒙犯瘴疠”之事也应该发生在大业三年，但这一条史料却并没有被《隋书·流求国》收录。

另外一条没有被《隋书·流求国》收录的史料，出现在《大业杂记》中。《大业杂记》又名《大业拾遗录》，共10卷，以编年体例记录从隋炀帝即位（604）到王世充降唐（621）时期的史实。其作者为隋末唐初人杜宝，正史并没有为杜宝立传，他的事迹略见于其所修撰的《大业杂记》中。根据《大业杂记》所载，杜宝在隋炀帝时期担任秘书学士、宣德郎，曾经参与编修全国地理总图志《区宇图志》，另外著有《水饰图经》。入唐以后他任职著作郎，并在唐太宗时期参与修撰《隋书》。[②] 杜宝对唐朝初年的修史评价并不高，他在完成《隋书》编修工作以后，自著《大业杂记》一书，并在该书序言中写道，他作此书的初衷正是有感于“贞观修史，未尽实录”，因此“故为是书，以弥缝阙漏”。[③]

《大业杂记》完整原书不存，在其尚存的内容中，收录了一条被《隋书》编修者所舍弃的“流求国”史料，这条史料被放置在该书大业七年（611）条中，具体内容如下：“十二月，朱宽征流仇国还，获男女口千余人，并杂物产，与中国多不同，缉木皮为布，甚细白，幅阔三尺二三寸。亦有细斑布，幅阔一尺许。”[④]

朱宽征“流求国”的这条记录同样也出现在《朝野佥载》中。《朝野佥载》是唐代士人张鷟所著记载朝野见闻的一部随笔，主要反映隋唐二朝的人物事迹、典章制度、社会风尚、传闻逸事等。张鷟主要生活在唐代武后、中宗、睿宗三朝和玄宗朝前期，卒于玄宗开元年间，因此该书应该也成书于开元年间（713～741）。虽然是随笔，但是由于所记载的事情与其生活的时代并不遥远，因此也具有很高的史料价值。书中记事后来被《太平广记》

---

① 魏徵等：《隋书》卷67《裴矩》，第1577～1578页；卷83《西域传序》，第1841页。

② 参见辛德勇《〈大业杂记〉考说》，《古代交通与地理文献研究》，中华书局，1996，第294～304页；牟发松《关于杜宝〈大业杂记〉的几个问题》，《汉唐历史变迁中的社会与国家》，上海人民出版社，2011，第316～323页。

③ 杜宝：《大业杂记自序》，陈振孙撰《直斋书录解题》卷5《杂史类》，上海古籍出版社，1987，第143页。

④ 杜宝：《大业杂记辑校》，辛德勇辑校，三秦出版社，2006，第42页。该段引文析出于《太平御览》卷第八百二十《布帛部七》；这一段中的“流仇国”有多种写法，辛德勇辑校“仇”字的鲍本写作“球”，而《太平御览》（《四部丛刊三编》景宋本）中写作“留仇国”。

《资治通鉴》以及其他后世治史者广为引用。在《朝野佥载》中也同样记载了隋炀帝派朱宽征伐“流求国”的史料，具体如下：

> 炀帝令朱宽征留仇国还，获男女口千余人，并杂物产，与中国多不同。缉木皮为布，甚细白，幅阔三尺二三寸，亦有细斑布，幅阔一尺许。又得金荆榴数十斤，木色如真金，密致而文彩盘蹙，有如美锦。甚香极精，可以为枕及案面，虽沉檀不能及。彼土无铁。朱宽还至南海郡，留仇中男夫壮者，多加以铁钳锁，恐其道逃叛。还至江都，将见，为解脱之。皆手把钳，叩头惜脱，甚于中土贵金。人形短小，似昆仑。①

据上述两条史料，可以得知，隋炀帝也曾派朱宽征伐过“流求国”。朱宽何时出发并未记载，但是其返回的时间是大业七年（611）十二月，返回的地点是“南海郡”。朱宽此行不仅获得“流求国”男女口千余人，还得到了一些“流求国”的独特物产。

综合上述被《隋书》编修者选择和舍弃的史料以及目前可见的唐初史料，有关隋朝同“流求国”的通交活动共有五次，分别是：大业三年，张镇州击“流求国”；大业三年，朱宽求访“流求国”；大业四年，朱宽再次抚慰“流求国”；大业六年，陈稜、张镇州征伐“流求国”；大业七年，朱宽征伐“流求国”。若将这些唐初的“流求国”记事进行对比，则《隋书》以“流求国”为主体的叙事陷入难以自圆其说的困境。

首先，张镇州击“流求国”和朱宽求访“流求国”的时间同为大业三年（607），虽然都是以“流求国”为对象，但在性质和结果上相差甚远。其中前者是军事征伐，结果是“俘虏数万”，后者是求访异俗，结果却是“言语不通，掠一人而返”。如果两次事件中的“流求国”是同一个地方，那么，隋炀帝为何会在同一年既派出大军征伐，又派出使者求访异俗？前者已经取到“俘虏数万”的战果，而后者却还处于异域探索的状态。这样的行事逻辑和认知错位显然有违常理。

其次，《隋书·流求国》在大业六年（610）陈稜几乎伐灭“流求国”

① 张鷟：《朝野佥载》，中华书局，1979，第169～170页。该段辑出于《太平广记》卷482《蛮夷三》“留仇国”条。

之后，写道“自尔遂绝”，也就是说按照《隋书》记载，大业六年之后隋朝同“流求国”的交往便断绝了，但是同为《隋书》编修者的杜宝却在《大业杂记》中记下了大业七年（611）朱宽仍然去往“流求国”的事实，这便让《流求国》中大业六年以后“自尔遂绝”的叙事架构难以成立。

这些自相矛盾的“流求国”记事让《隋书》所塑造的“流求国”的同一性产生分裂。若从人物关系上看，这些经略活动应该属于两个不同的序列：一个是张镇州、陈稜等两次目的较为明确的异域征伐，而另一个则是朱宽的三次对未知异域的尝试性探索。如果回归至隋炀帝海外经略的大背景中，那么这些事件应该都是在隋炀帝“甘心远夷、志求珍异”的背景下展开的，其在时间上有可能同时，但独立地进行，在性质上并不相同，在目的地上也不尽一致，相互之间也没有必然的直接联系。

《隋书》编撰者在记述隋朝这几次异域经略活动时，舍弃了大业三年张镇州和大业七年朱宽的海外征伐事件，割裂了这些事件本该有的人物关系和因果联系，重新塑造起“流求国”这一异国形象。经过主观的取舍和再建构，将隋朝从事的彼此间本无直接联系的多次异域经略活动，统合进以“流求国”为主体的叙事中。隋朝时本身零散且多元的海外经略史实，便在这一修史过程中被建构成隋朝对“流求国”从发现到求访，从求访到慰抚，从慰抚不成到伐灭其国的完整、系统且具有逻辑性的异域交往过程。

三

《隋书》的这一叙事模式不仅遮蔽了隋朝海外经略的多元面相，同时还造成其对“流求国”位置记载的多样性与混乱性。

《隋书》中关于“流求国”位置的直接记载有两处，都出现在《隋书·流求国》中。其一是《流求国》开篇便提到的“流求国，居海岛之中，当建安郡东，水行五日而至”；另一处是《流求国》最后一段中的“自义安泛海击之。至高华屿，又东行二日至鼊鼊屿，又一日便至流求”。其中前者是《隋书》对“流求国”方位和距离的总体概括，后者是《隋书》对大业六年陈稜远征“流求国”时的具体航程与途径主要岛屿的记载。

后世学者在考证“流求国”位置时，依据最多的也是这两处记载，学者们对这两处史料的释读和论争的焦点主要有二。

其一是对“水行五日而至”的解读。学者们往往依据后世册封使的航海经历，推测隋朝时“水行五日”所能达到的地点，比如，伊波普猷根据明清时期派遣的册封使汪辑从福州到琉球只用了三天时间，认为水行五日到达琉球国（冲绳本岛）是有可能的，因此主张《隋书》所记“流求国”应该是冲绳。① 而和田清却根据明清时期十四例册封使往来琉球平均日数为十二日指出，汪辑三日到达琉球只是受强风吹送的极端例子；并认为“水行五日”是平常时到达台湾的日数，所以《隋书》中“水行五日”所达到的应该是台湾。② 类似的例子还有很多，大部分学者在对“流求国”位置考证时，都会对“水行五日”所能达到的地方提出自己的看法，并将其作为确定《隋书》中“流求国”位置的重要依据。

其二是对“至高华屿，又东行二日至鼊鼊屿，又一日便至流求”中提到的“高华屿”“鼊鼊屿”两个岛屿的位置考证。学者们在释读这条史料时，往往会将其同“水行五日而至”的总日程相结合，从而形成“水行两日，至高华屿，又东行两日至鼊鼊屿，又一日便至流求，共五日到达”的基本认识。学者们往往以此为认知依据，根据后世航海经验，先推定出高华屿和鼊鼊屿的具体位置，继而以此为延长线推定出“流求国”的具体位置。③ 然而，正如铃木靖民指出的那样：由于没有决定性的材料，纪事中的内容同台湾和琉球都有类似性，学者们在对到台湾或者冲绳途经岛屿的推定时，具有较强的主观随意性。④ 实际上，学者们在考证时，对途径岛屿的推定存在主观性较强的问题；对同一史料的理解，学者们之间缺乏基本共识，他们对

① 〔日〕伊波普猷：《隋書の流求に就いての疑問》，《東洋学報》第一六卷，1927，第246～280页。

② 〔日〕和田清：《琉球台湾の名称に就いて》，《東洋学報》第一四卷，1924，第556～581页。

③ 各家观点具体可参见〔日〕铃村让《琉球弁》，东京，盛文社，1915；〔日〕市村瓚次郎：《唐以前の福建及び台湾》，《東洋学報》第八卷，1918；〔日〕藤田丰八：《汪大淵「島夷誌略」校注》，《国学文庫第二十六編》，东京，文殿阁书庄，1915；〔日〕伊波普猷：《隋書の流求に就いての疑問》，《東洋学報》第一六卷，1927；〔日〕和田清：《琉球台湾の名称に就いて》，《東洋学報》第一四卷，1924；《再び隋書の流求について》，《歴史地理》第五七卷，1931；〔日〕币原坦：《琉球台湾混同論争の批判》，《南方土俗》一ノ三，1931；〔日〕松本雅明：《沖縄の歴史と文化》，东京，近藤出版社，1971；梁嘉彬：《琉球及东南诸海岛与中国》，台南，私立东海大学，1965；米庆余：《琉球历史研究》，天津人民出版社，1998；徐晓望：《隋代陈稜、朱宽赴琉球国航程研究》，《福建论坛》2011年第3期；周运中：《正说台湾古史》，厦门大学出版社，2016。

④ 〔日〕铃木靖民：《南島人の来朝をめぐる基礎的考察》，田村圆澄先生古稀纪念委员会编《東アジアと日本》历史编，东京，吉川弘文馆，1987。

基本史料的释读存在前提性错误。

首先，学者们虽然都利用了"水行五日而至"这条史料，但是对"水行五日而至"的起点却未能达成一致。比如，市村瓒次郎将"水行五日"的出发点定为义安，并以此为据将高华屿判定为"潮州附近的岛屿"，将鼊鼊屿确定为"澎湖列岛"，将"流求国"确定为台湾。① 而米庆余则将"水行五日"的起点定位于建安，并结合后代琉球国册封使的航海经验，将高华屿判定为"钓鱼岛附近的岛屿"，将鼊鼊屿判定为"久米岛"，将"流求国"判定为冲绳本岛。② 由于在史料解读中缺乏基本共识，学者们的推断过程和结论往往各不相同，互相之间便失去了沟通、讨论的基础，这或许正是这一问题论争百余年尚未有定论的主要原因之一。

其次，学者们在推定途径岛屿及"流求国"位置时，都对《流求国》中的两处位置记载进行了融合，进而形成了自建安或义安出海，"水行五日，至高华屿，又东行两日至鼊鼊屿，又一日便至流求，共五日达到"的更为具体的航程和航路认知，并以此为基础展开考证。然而，虽然这两处位置记载都出自同一篇目，但有各自独立的语境，不能混为一谈。《隋书》对"水行五日而至"的完整表述为"流求国，居海岛之中，当建安郡东，水行五日而至"，由此可见，"水行五日而至"的起点应该是建安郡（今福建福州），"水行五日"是也应该是建安郡到"流求国"的航行距离。"至高华屿，又东行二日至鼊鼊屿，又一日便至流求"是《隋书》对陈稜征伐"流求国"航程的记载。又据《陈稜》传记载，其"自义安泛海，击流求国，月余而至"可知，这条史料的完整表述应为"自义安泛海，一月左右到达高华屿，又东行两日至鼊鼊屿，又一日便至流求，整个航程所用时间为一月有余"。因此，"水行五日"和"至高华屿，又东行二日至鼊鼊屿，又一日便至流求"的位置记载，产生于完全不同的航海经验，它们出发时间不同、出发地点不同、航行日程相差甚远，所到之地自然也未必相同。

学者们在考证过程中所产生的史料理解偏差，可能根源于《隋书·流求国》本身的编撰方式。《隋书》将朱宽、陈稜的两类本无关系即目的地和性质也不尽相同的海外经略活动，统合到以"流求国"为主体的历史叙事中，将其目的地都统一为"流求国"，就必然导致对"流求国"位置记载的

① 〔日〕市村瓒次郎：《唐以前の福建及び台湾》，《東洋学報》第八卷，1918。

② 米庆余：《琉球历史研究》，天津人民出版社，1998。

多样性与混乱性。后人在理解《隋书》中的“流求国”记录时，往往无意识地接受《隋书》对“流求国”作为单一主体国家的形象建构，当读者以单一主体的思路去理解文本形成基础的多元叙事时，便不免会产生认知上的错位和混乱。实际上，这种理解上的偏差并非近代以后才产生，《新唐书》地理志在叙述泉州地理时便已有如下记载：“自州正东，海行二日至高华屿，又二日至鼊鼊屿，又一日至流求国。”[①] 在这里“水行五日而至”的记载不仅已经同高华屿、鼊鼊屿糅合到了一起，而且认知基点也被从义安、建安换成了泉州。在明以前的“流求国”记录中，类似的将两种不同语境中的“流求国”位置记录融合到一起，并以此形成对“流求国”位置单一理解的现象已较为普遍，这些记录在一定程度上也误导了近代以后研究者对“流求国”记事的理解。

余论

通过上述分析，本文认为《隋书》的“流求国”记录并不能被理解为隋朝同单一特定地区的交往，“流求国”的指涉范围也并不能简单地理解为传统东夷范围内的台湾岛或琉球群岛。“流求国”认知形成的经验前提源于隋炀帝时期的朱宽、张镇州、陈稜等人的多次海外经略活动，这些经略活动中既有对“蛮夷”之地的征伐，也有对海中“绝域”的探索。不同的经略活动在动机、过程、性质、所到之地上也不尽相同。《隋书》编修者在追述这些经略活动时“未尽实录”，保留这些海外活动的多元样貌，而是对这些活动进行了主观取舍和逻辑再建构。《隋书》编修者以隋朝的海外征伐纪事为基础制造出“流求国”这一东夷岛国的异域形象，隋朝多样的海外经略活动便在以“流求国”为主体的叙事建构中被统一为对“流求国”这一特定东夷岛国的从求访到慰抚再到伐灭其国的完整叙事。《隋书》的这一叙事建构，直接导致其所塑造的“流求国”在位置上的多样性和混乱性。近代以来，学界对“流求国”地理位置进行了长达百余年的考证和争论后依然未能达成共识，实际上也根源于《隋书》这种化多元为统一的叙事建构。

综观明朝以前存世文献中的“流求国”记录，不如说“流求国”指的是现实中的某地某岛，毋宁说“流求国”是古代中国认知海洋异域世界、

① 欧阳修等：《新唐书》卷41《地理五》，“泉州清源郡”条，中华书局，1975，第1065页。

积累海外交流经验的重要知识载体。《隋书》以“流求国”为载体，追述了隋朝历次海外经略活动，而后世士人、海民、海商又通过对“流求国”形象的再阐释，留存了先民对海洋异域的丰富记忆和多样想象，在漫长的历史过程中，传统中国的东海知识体系得以在“流求国”这一异域概念之下逐步形成。闽南泉州一带，常以“流求国”为载体，记录其对同澎湖群岛相对的，位于“东洋航路”上的台湾岛南部的多样认识；闽中福州地区，也多以“望见流求”来记述其在登高航海过程中所累积的对台湾岛北部的早期认知；浙东宁波沿海，“海以外是流求国”的异域认知同频繁的中日航海交往实践相结合，“流求国”成为来往于中日航路上的僧侣描述其所经列岛时的见闻和想象的重要载体。明朝以后，“琉球国”虽然被明朝官方确定为中日航路间的琉球列岛，但明人依然以“琉球”之名记录其同台湾岛的交往经验。随着时人对东海外岛屿认知的不断清晰化，明人开始以“大琉球”和“小琉球”来区分其对台湾岛和琉球群岛的不同认知。明朝后期，随着“东番”“鸡笼”“台湾”等名称的出现，时人对台湾岛的认知才逐渐从“琉球”之名中剥离出来。

回归“琉球”之名产生的历史起点，还原隋朝海外经略活动本身的多元面相，揭示“琉球”之名在漫长历史时期的广域指涉特征，不仅能为百余年来的“流求国”地理位置论争提供一种新的思路，同时也有助于我们更加客观的理解隋唐及其后历史文献中的“流求国”记录，更加准确地把握古代中国海洋认知的发展历程和海洋知识体系的建构过程。

The Fabrication of Foreign Country: Deconstruction and Re-interpretation of the Ryukyu Records in *SuiShu*

Chen Gang

Abstract: In the study of *SuiShu* · *Ryukyu*, the most controversial problem is the position of the country it described. This paper, through the analysis of Ryukyu records in *SuiShu*, pointed out that there were five overseas activities of ZhuKuan and ChenLing during the Sui period and they have different motives and destinations. In the form of foreign biography, *SuiShu* · *Ryukyu* has shaped

Ryukyu as an island country in the East China Sea. Through the subjective choice of historical materials by the writers of *SuiShu* · *Ryukyu*, these unrelated overseas activities records were integrated and narrated as the process from discovery to visit to comfort and finally ruin of Ryukyu by Sui Dynasty. This narrative construction by *SuiShu* has led to the diversity and confusion in the image and position of the country it has shaped. This is an important reason why it is difficult to reach a consensus on the position of Ryukyu described by *SuiShu* in modern times.

Keywords: *SuiShu*; Ryukyu; East China Sea

（执行编辑：罗燚英）

海洋史研究（第十四辑）
2020 年 1 月　第 147～166 页

从明清针路文献看南麂岛的航线指向及其历史变迁

张　侃　吕珊珊*

南麂岛位于浙江温州最南端，《读史方舆纪要》谓："平阳县南麂山，在县东海中，有平壤数千亩，称饶沃，……其北接凤凰山，山岙阔大，坐临深海，山外皆大洋，别无山岛。"① 此处的"山"就是海中岛屿的俗称，南麂山就是南麂岛。此外，南麂岛还以谐音别称为"南几""南杞""南纪""南屺""南岐""南箕"等。南麂岛的陆地面积有 7 平方公里左右。周边 52 个岛屿以南麂岛为中心组成南麂列岛。民国地理学者对此简要说明为："平邑各海岛以南麂为望山，此外如竹屿、平屿、紫屿、破岭、空心屿、长腰、大雷、小雷、后麂、头屿、二屿、三屿、上长腰、琵琶、下长腰、上马鞍、落基、下马鞍、门屿等岛，均在南麂洋面，系平邑二十都地附属，其间以南麂为最大。"② 闽浙交界的海域之中，南麂洋面为南北航线的必经之地。它与温州、宁德的众多海岛、澳湾组成中国海岸的"海疆孔道"，（万历）《温州府志》描述：

> 温与台接壤，台之外海大陈山与温之外海邳山交界。自大陈山乘东

---

*　张侃，厦门大学历史系教授；吕珊珊，厦门大学历史系博士研究生。

①　顾祖禹：《读史方舆纪要》卷 94《浙江六》，第 33 页 b，宛溪顾氏原本。

②　佚名：《温州海岛》，《中国地学杂志》1910 年第 7 期。

北风，一日可至邳山。自邳山长潮向西南上行，半晌可至大鹿，自大鹿半潮可至横坎二门。自横、坎门半潮可至玉环山、大岩头、梁湾。如东北风自邳山，半潮可至麦园头、华架礁，或入三盘，或洞头，或白鹿，或马耳岙，俱可泊船。自邳山下行，一潮可至东洛。东洛一潮可至南麂。自东洛上行，一潮可至南龙，南龙一潮可至凤凰，凤凰半潮可至江口、青山屿、舵艚、炎亭、珠明、大岙、大小濩一带。自南麂向上行，遇东风一潮可至南龙。南龙半潮可至凤凰。如遇东北风，可往江口、舵艚、炎亭、珠明、大岙、大小濩一带。如出外洋遇东北风，直至三星、南台，向上可至七磙洋、苏官岙、镇下门，向下即出流江、沙埕、南镇、大筼筜、秦屿、嵛山、烽火门，入闽境矣。①

明清针路簿、海道经、航海图等记载了南麂岛在航海路线上的重要地位，整理有关南麂岛的史料并编年排列，可以发现它在航路上的指向功用有叠加与嬗变的现象。学界对此尚无系统说明，本文以此为切入点进行梳理分析，以求教于方家。

一　沿岸航路的“不易方位”

中国传统的远洋航行中，以岛礁、港湾、墩台、汛口、山峰等地物为标志，结合指南针和干支定位术在海上辨别方向，形成了以针路为主的导航技术。宋人吴自牧的《梦粱录》记载浙江沿海航行情况：“风雨晦冥时，惟凭针盘而行，乃火长掌之，毫厘不敢差误，盖一舟人命所系也。……海洋近山礁则水浅，撞礁必坏船。全凭南针，或有少差，即葬鱼腹。”② 元成宗元贞元年（1295），温州人周达观奉命出使真腊，回国后撰写了《真腊风土记》，记载了从温州出发的航程针路，“总叙”曰，“自温州开洋，行丁未针”③。根据前人研究，以温州为起点向南方航行至柬埔寨的线路大致为：温州—海南岛西南—北部湾—占城—真蒲—昆仑洋—查南—佛村—淡洋—吴哥。周达观对中国境内所经历的航海路线记载较为简略，没有说明南麂岛的航海方

① 王光蕴撰（万历）《温州府志》卷6《兵戎》，第17页a，万历三十二年刻本。

② 吴自牧：《梦粱录》卷12《江海船舰》，中华书局，1995，第108页。

③ 周达观：《真腊风土记校注·西游录·异域志》，夏鼐校注，中华书局，2000，第23页。

位。不过，南麂岛处航线必经之地，应已纳入当时针路之中。嘉靖年间，福建诏安人吴朴撰写《龙飞纪略》记元至正二十三年（1363）“罗良遣其将运粮由海道给行在”，其中南麂岛被列入元朝从漳州到成山头的海漕运输线中：

自太武而北，经乌垢、牛屿、东沙、三礁、官塘、五虎门、南己、东落、黄裙、岐山、真谷、箕山、东西鸡、坛头、沉礁、九山、乱礁、孝顺、双屿、崎头、升罗庙洲、滩山、姑山、大小七山、茶山、洪港、宝山，东出海门、刘家港、黑水、沙门，直抵成山。[①]

“南己”即南麂岛，“东落”即东洛，就是北麂岛。福建海运船户与温州海运船户共同担任海漕粮食运输。《大元海运记》记：“延祐三年（1316）正月……其温、台、福建船只起发刘家港交割，依旧平江路仓装粮，官民两便。”[②] 他们所行的就是上文所记录的航线。郑和下西洋之时，温州、福建航海人员参与郑和船队并绘制航海图。《海底簿》载：“永乐元年，奉旨差官郑和、李兴、杨敏等，出使异域，前往东西洋等处。一一开谕后，下文索图、星槎、山峡、海屿与水势，图为一书，务要选取山形水势，日夜不致误也。”[③] 中国航海图并不是仅仅将海域和岛礁标明在图纸上，而是以文字记载出洋航行的始发港、山形水势、风向、停泊港、航行时间、可否通舟等内容。《郑和航海图》的航海路线两侧均注有文字，上侧为去程针路，下侧为回程针路，五虎门至太仓的往返航线中的温州附近海域注为：

往针1：用坤未针，二更，船取黄山，打水十七八托，平中界山。用坤未针一更，船取东洛山，用坤未针，一更，船取南己山外过，船用丹坤及坤未针，三更，船取台山，打水二十托。用坤未针，三更，船取东、西桑山。用坤未针，二更，船取芙蓉山外过。平洪山，用坤申针及

① 吴朴：《龙飞纪略》卷2，《四库全书存目丛书·史部》第9册，齐鲁书社，1997，第474页。

② 赵世延：《大元海运记》卷下，第17页a，清抄本。

③ 《海底簿》手抄本，见庄为玑《古刺桐港》上册，厦门大学出版社，1989，第80页。《宁波温州平阳石矿流水表》记载了类似内容，见郑鹤声、郑一钧《郑和下西洋资料汇编》下册，齐鲁书社，1989，第253页。

凡坤针，二更，船取北交。

往针2：东洛山内过，用庚申及坤申针，一更，船平凤凰山，过南己山，打水十三托。用坤未针，三更，船取台山内过。用坤未针，三更，船取东桑内过。用坤未针，二更，船取芙蓉山内过。用丁未针，一更，船取北交头门内过，沿山取定海所前过。用丁未针，二更，取五虎门。

返针：用丑艮针，船取龟屿。用丑辰针，一更，船取东涌山外过。东涌山用丑艮针，二更，船平东桑山、西桑山，用丑艮针，二更，船平台山。用丑艮针，三更，取南己。用丑艮针，二更，船取东洛山。用丑艮针，一更，船平中界山。及黄山，用癸丑针，三更，船取狭山外过。用癸丑针，三更，船平直谷山。用癸丑针，三更，船取羊琪山及大陈、三母山。

“中界山”即今玉环岛的木榴屿；“石塘山”为今温岭县隘顽湾口石塘镇，原为海中小岛；“东洛山”为北麂岛；“南己山”或“南己”为南麂岛；“东洛门”指南麂岛和北麂岛间的航道。往针的内外条线路以从南麂岛内外过而定。返针为一条线路，南麂岛则是必经之地。

明代的其他针路或针经还特别说明南麂与附近岛屿的水文特征，以便船只避风停泊：“南杞：大灵山，好抛舡，系是赋澳。西北去是凤尾，内有凤仔，沉水可防。凤外、马鞍连四屿，可寄舡。北杞：澳前有礁，北面去沉礁甚多，夜间不可行舡。”① 一般而言，渔船或民间商船以停泊于南麂岛避风为主，而官方船只则停泊沿海大澳和巡检司、卫所。《海道经》记载了明初福州至太仓的海漕运输路线，其中进入浙江海域后，在温州境内以停靠沿海卫所和巡检司为主，“过一日，至满【应为“蒲”】门千户所。防有天雾，晚收舟罢艚巡检司海口。过一日，至金乡卫，告要水手船只引送。过一日，至松门卫。过一日，至温州平阳县平阳巡检司海口，至凤凰山、铜盆山。防东南飓作，晚收中界山抛泊。过一日，至磐石卫，但见天雾，在中界山正北岛抛泊”。②

清代海上航行基本沿用明代针路，如民间针路记，“大清康熙甲子岁奉

① 佚名：《两种海道针经》，向达校注，中华书局，1961，第148页。

② 《〈大元海运记〉及〈海道经〉所记漕运水程》陈佳荣、朱鉴秋执行主编《中国历代海路针经》，广东科技出版社，2016，第133页。

旨开洋，各处通商，舟往山左，从来山海未有凭证，考取先朝遗著，设法较量牵星图样、海岛山水形势、水远近深浅，选成一集，特选能识山形水势，日夜用心研究”[1]。清代抄本《指南正法》有“大明唐山并东西二洋山屿水势”的题名，大略可推其内容为明代资料。[2] 温州海域记为：“东箕山，打水十三托，门中好过船；贵【应为“直”】谷山，东边大陈山，中门十五托；披山，打水十四托；东福山，打水十四托；东洛山，打水十八托；南纪山，打水二十托。”[3] 另外，《指南正法》记载南麂岛有关航路：（1）敲东更数：沙埕二更至南松，内有大小渔舡岛共二个，南松二更至北松。北松二更至南杞。南杞二更至北杞。北杞三更至松门。（2）南杞往长崎，用单卯十更，用艮十更，又艮寅壬五更，见里甚马，照前针收入。[4]

章巽先生发现编成于雍正（1723～1735）年间的“舟子秘本”绘有从辽东湾到珠江口的69幅对景海图，除了描绘对景山、岛屿、礁石、港湾的形状之外，还配以文字说明针位、更数等内容。该书图三十七号绘有三个南杞[5]，图三十二、图四十二也各绘南杞的图样。本文图1为图三十七号所绘的三个南杞和两个北杞。

章巽先生根据69幅对景海图复原了清初从北到南的航海路线，其中南麂岛所在航线序列为：茶山—花鸟山—尽山（陈钱山）—两广山（狼冈山）—外甩山—东福山一普陀山—朱家尖—韭山群岛—渔山—东矶岛—台州港口—石堂（松门山）—大小鹿山—温州港口—南、北麂山—台山岛。[6] 有意思的是，上图的南麂岛形状各不相同，这是航海人员据在航行中的方位不同而绘制的南麂岛不同侧面图。比如，左上角的“南杞”注有“船去南看此形”；左下方的“南杞”注有“齐身对西，北上看此形”；右方的“南杞”注有“南杞内是温州地面”。这说明船员依靠陆标形状判断船位（对景定位），以便沿岸航行。类似情形见于耶鲁大学斯德林纪念图书馆（Sterling Memorial Library of Yale University）收藏的《清代东南洋航海图》（图2）。

---

① （泉州）《石湖郭氏针路》，东埔记，抄本。

② 佚名：《两种海道针经》，向达校注，第114页。

③ 佚名：《两种海道针经》，向达校注，第115页。

④ 从温州港出发到长崎的针路有所不同：温州开船，用单甲五更，用甲寅六更，用单寅二十更，用艮寅十五更，取日本山。《指南正法·温州往日本针路》，佚名著《两种海道针经》，向达校注，第169页。

⑤ 章巽：《古代航海图考释》，海洋出版社，1980，第81页。

⑥ 章巽：《中国航海科技史》，海洋出版社，1991，第183～184页。

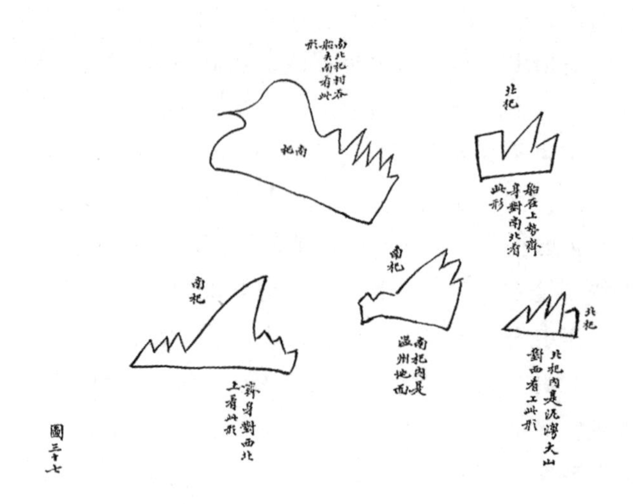

图 1 “舟子秘本”绘南杞的图样

资料来源：章巽《古代航海图考释》，第 81 页。

此图标识说明了南杞在各个航行方向上看到的形状，“在南势看，此形相吞”；“内面是烂糍大山，对西看此形”；“内面是温州山，坑停看山头八九个”。与此同时，文字说明附加有关南麂岛及周边海域地形，如“南杞，南高北低，第一山头有烟墩。洋中不见峰尖，其南杞头四面平。北面三四个，洋中断看有水腰，开有白沙，西北安甚好取水大墩”①。

清代中叶，李廷钰②编著《海疆要略必究》记录了从南到北的抛船、行船垵礁序列，南麂被记载在各条不同的航线中：“三沙五澳——烽火门——窑山坡——棕蓑澳——屏方澳——南关——北关——草屿——金乡——盐田——琵琶——凤凰——南杞——北杞——乖屿——三盘。”“厦门到盖州”针路航程：“大担开驾，用单卯，一更，离海翁线【汕】。用甲寅，一更，离北椗。半更开，用艮寅，五更，取乌龟外过。离，半更。又用单丑，六更，取东涌【冲】山。一更开，用丑癸，取台山。又用丑癸，三更，取南、

① 见钱江、陈佳荣《牛津藏〈明代东西洋航海图〉姐妹作——耶鲁藏〈清代东南洋航海图〉推介》，《海交史研究》2013 年第 2 期。

② 李廷钰，同安人，闽浙水师提督李长庚抚养的同姓族侄，继嗣李长庚并袭爵位。第一次鸦片战争期间，任浙江提督，并会同浙江巡抚刘韵珂办理海防，对航海路线较为熟悉。他以民间舟师走船时的经验辨礁识水，用海道针路的传统形式记录沿海航线。

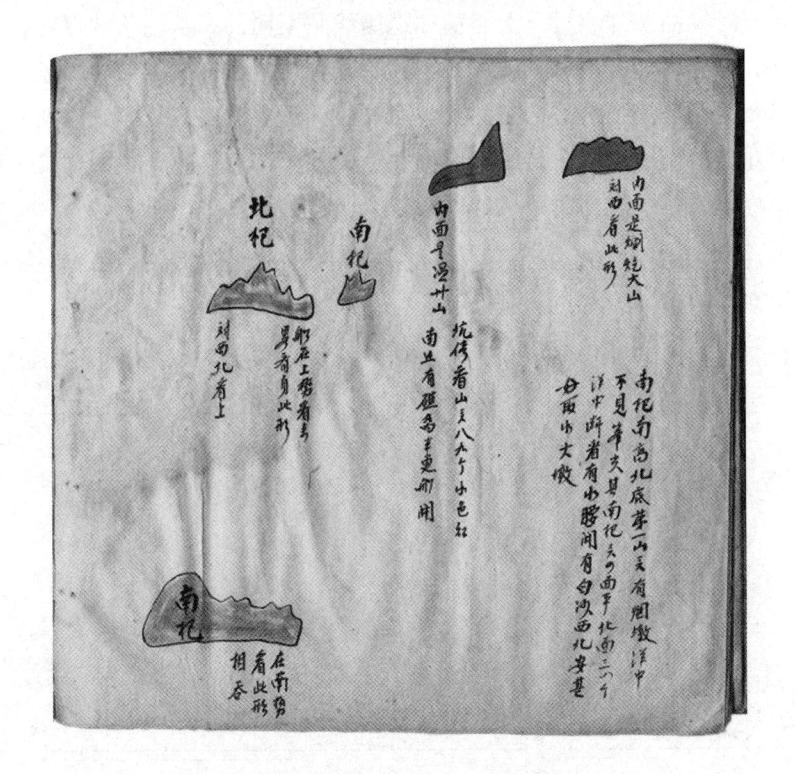

图 2 耶鲁大学斯德林纪念图书馆（Sterling Memorial Library of Yale University）所藏《清代东南洋航海图》

资料来源：转见南溟网 http://www.world10k.com/blog/? p = 2382feed/，2019 年 4 月 22 日。附录一《清代东南洋航海图》调序后的全部图幅。

北杞山。”① 由此可见，自宋元以来，南麂在沿海航线中处于相当重要的地位，是各种针路文献必须记载的方位地名。

二 中琉朝贡路线的回程首岛

洪武五年（1372），朱元璋派遣杨载奉《即位建元诏》出使琉球。同年十二月，琉球中山王察度遣弟泰期随杨载入明进贡，成为明代的早期朝贡

① 李廷钰编著《海疆要略必究》，见陈峰辑注《厦门海疆文献辑注》，厦门大学出版社，2013。

国。明清时期的琉球朝贡、册封的往返路线是不同的，从福州到那霸，利用夏季五、六月的西南风、东南风或南风，配合西南往东北方向的海流；那霸返回福州，则利用十一月的东北风、西北风和反向海流，返程针路就在往程针路的北边。南麂在沿岸航线中是南北通的重要节点，也是东西横穿性航线的主要标识，是中琉朝贡路线的回程首要坐标（图3）。

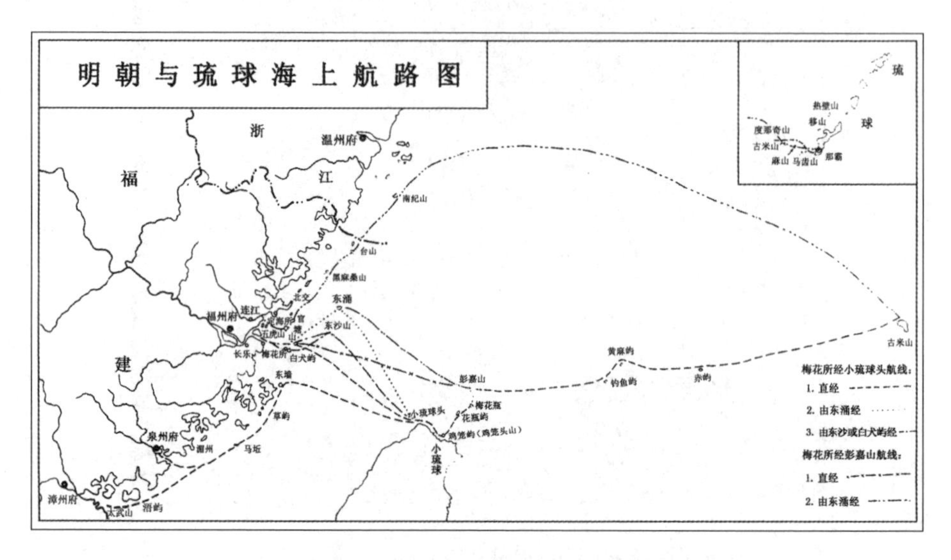

图3 《明朝与琉球海上航路图》

资料来源：王文楚《明朝与琉球的海上航路》，《史林》1987年第1期。

清代参与朝贡活动的使臣留下的大量文献，记载了南麂的航向指引作用。康熙五十八年（1719），册封副使徐葆光的《中山传信录》记载针路与风向的密切关系："琉球归福州，出姑米山，必取温州南杞山。山偏在西北，故冬至乘东北风，参用乾戌等针，袤绕北行，以渐折而正西。虽彼此地势东西相值，不能纯用卯酉针径直相往来者，皆以山为准，且行船必贵占上风，故也。"[①] 清初，程顺则编《指南广义》保存了《（洪武）三十六姓所传针本》，它大概是记载这条回针路线的最早文献之一，"又古米山开舟，东北风（用单戌针）十更，（又辛戌针）五更，（又单辛针）五更，（又单酉针）十更，见水色浑白远看有山，（又用庚酉针），认是南杞"。[②] 不过，

① 徐葆光：《中山传信录》卷1《针路》，清康熙六十年二友斋刻本，第22页a。

② 《〈（洪武）三十六姓所传针本〉首记经钓鱼岛至琉球航路》，陈佳荣、朱鉴秋执行主编《中国历代海路针经》，第136页。

琉球贡使或明清册封使节就从琉球到福州的航线，因东北风、西北风或北风的风向变化，以及舵手操作的差异，其具体航行又有所微调。明中叶针路记载的“福建使往大琉球针路”的“回针”已有区别（见表1）。

表1 明中叶针路文献对“福建使往大琉球针路”“回针”的记载

作者	文献内容	文献来源
佚名	港口用坤申一更半,平古巴山、是麻山,用辛酉四更半。用辰戌十二更,单乾四更、单辛五更、辛酉十六更,认是东路山,望下势便是南犯【杞】山。	《顺风相送》
郑若曾	出那霸港,用单申针放洋。辛酉针一更半,见古米山并姑巴甚麻山。用辛酉针四更,辛戌针十二更,乾戌针四更,单申针五更,辛酉针十六更,见南纪山。	《郑开阳杂著》卷七《琉球图说》
王在晋	出那霸港,用单申放洋。辛酉一更半,见姑美山并姑巴甚麻山。用辛酉四更,辛戌十一更,乾戌四更,单辛、戌五更,辛酉十六更,见南纪山。	《海防纂要》卷二

康熙二十二年（1683），汪楫出使琉球，描述水手在确定航路时产生的分歧，“出洋后，伙长主用辰针，考之图说亦然。而琉球人为向导者谓：‘历年归国皆用乙针’，争之甚力，不得已，参用辰乙针”。清代历次航程各不相同（见表2）。

表2 清代文献关于汪楫出使琉球的记录

程顺则《指南广义》	十月十日已时,由那霸港,用申针放洋,辛酉针,一更半,见姑米山并姑巴甚麻山。用辛酉针,四更,用辛戌针,十二更,用乾戌针,四更,单申针,五更,辛酉针,十六更,见南杞山。用坤未针,三更,取台山,打水二十托。
徐葆光《中山传信录》	康熙五十九年(1720)三月“二十四日(辛酉),日出,用单申,一更,至鱼山及凤尾山,二山皆属台州。封舟回闽针路,本取温州南杞山。此二山又在南杞北五百里,船身太开北行,离南杞八更许。日晡,转北风,用丁未针,三更。日入,舟至凤尾山。风止,下椗。二十五日(壬戌),无风,泊凤尾山。夜,雨。有数小船来伺警,至明。二十六日(癸亥),日出,东北风,起椗行。大雷雨,有旋风转蓬。日晡,转壬亥风,用单未、坤未,三更。日入,风微,用单未,一更,见南杞,离一更许。二十七(甲子),日出,晴,见盘山。至温州,东北顺风,用坤申庚,四更。缒水,十四托,离北关一更许。日入,用坤申庚,一更,至台山下椗。夜十八漏,又起椗。至明,见南北关。二号船先一日过南关。”

续表

周煌《琉球国志略》	(乾隆二十二年)二月初一日,西南风;初二日本刻,转西风。初三日,北风甚壮;初四日寅时,单癸风,用午针出澳。巳刻,转丑风,单辛针三更;午时,过姑米山,单申针五更。初五日早,乙辰风,单辛针五更;夜,辰巽风,单辛针六更,过沟、祭海。初六日,单艮风,辛针六更;转辰巽风,单辛件四更。初七日,风同,辛针三更;申刻,大雾,不见山,寄碇。初八、初九日,俱大雾,西南风;初十日早,白虹见,雾暂开,见台州石盘山。午,复大雾,白虹再见,转午风;成(辰)时,东北风,起碇,用未针,见温州南杞山。亥时,雷电风雨交作;船攲,急落帆叶,只用半帆。十一日,东北风,单辛针七更;晚,至罗湖,下碇。十二日,风同,用申针,收入定海所,下碇。十三日巳刻,进五虎门。

注：表文照录于相应文献原文。

值得注意的是，无论选择何种针路，南麂岛在中琉返程航路上一直以“首岛”地位而被描述，并在海图中有突出标识。1785 年，日本林子平著《三国通览图说》，其中《琉球三省并三十六岛之图》的返程海路记录的岛屿，依次为南杞山、凤尾山、鱼山、台山、里麻山（图 4）。

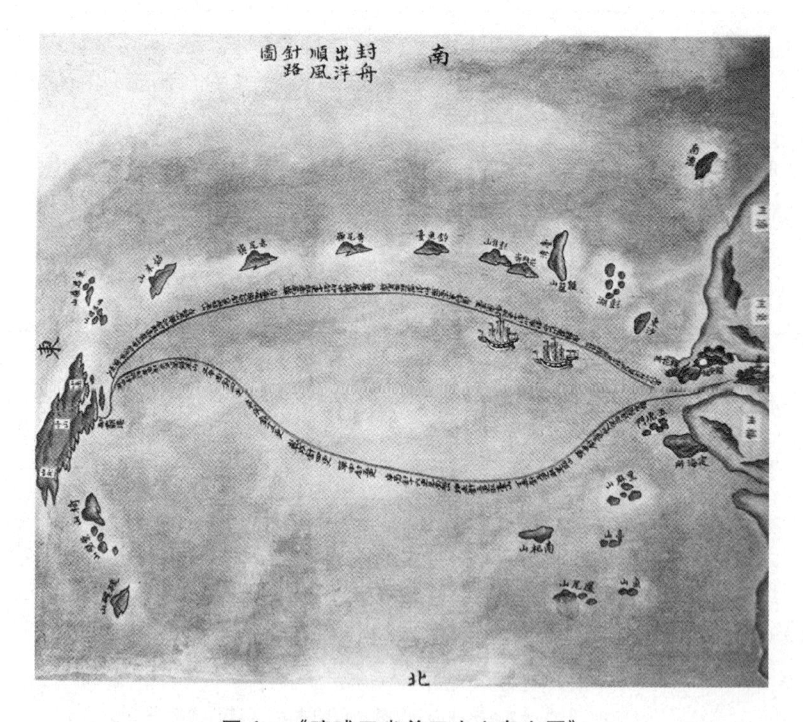

图 4 《琉球三省并三十六岛之图》

资料来源：林子平《三国通览图说》，东都（今东京）刊行，1785。

乾隆年间的《封舟出洋顺风针路图》描述了1755年翰林院侍读全魁、编修周煌出使琉球的往返路线。根据图5所示，南麂岛在返程路线中具有“望山”之首的空间地位。

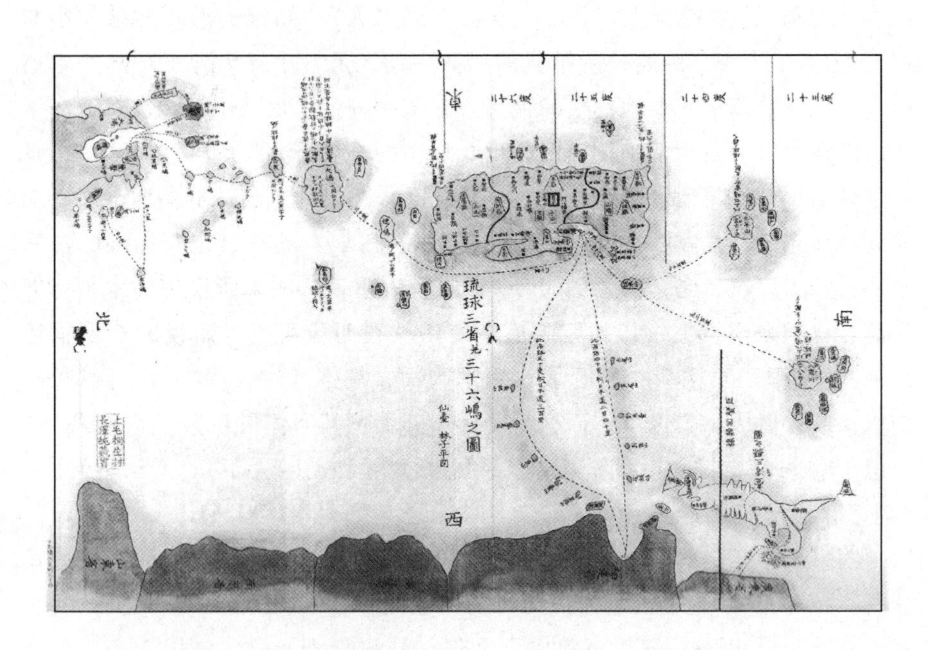

图5 中国图书馆馆藏（乾隆）《封舟出洋顺风针路图》

台湾海峡气候多变，一旦贡使或册封使船队偏离航向，处于望山地位的南麂岛便成为避风救助场所。（弘治）《温州府志》中有资料记载琉球人漂风至温州：

> 元延祐四年（1317）六月十七日黄昏时分，有无舵小船在永嘉县海岛中界山地名燕宫飘流，内有一十四人，五人身穿青黄色服，九人并白衣。内一人携带小木刻子，长短不等，计三十五根，于上刻记圈画，不成字样。提挈葫芦八枚，内俱有青、黄、白色成串硝珠。其人语言不辨，无通晓之人。本路彩画人形、船只图，差官将各人解起江浙行省。当年十月，中书省以事闻，奉旨寻访通晓语言之人，询问得系海外婆罗公管下密牙古人氏，凡六十余人，乘大小船只二艘，欲往撒里即地面博易物货，中途遇风，大船已坏，惟十四人乘驾小船漂流至此。有旨命发

往泉南，候有人往彼，顺便带回本国云。[①]

海上航行船只遭遇不良天气而失去控制，随风涛漂至他乡异域的人，被称为“漂风人”“漂流人（民）”或者“漂海人”。漂流到温州的乘坐小船的14人本是大小二艘船只所组成的船队中的人员，中界山即玉环岛的木榴屿，是航海针路的重要地标。漂流事件在某种程度上反映了温州与东亚海域诸国沿海航行和贸易活动的活跃程度。所谓的“密牙古”和“撒里即”，日本学者藤田丰八将前者比定为宫古（miyako）岛，地处琉球群岛西南部，在先岛诸岛东部，是宫古列岛的主岛；认为后者是“salat”，是新加坡的古称之一，意为海峡，是马来语的汉译。[②] 史料表明，这些人所携带的木刻，即木简，可能是朝贡文书，如元朝遗老陶宗仪在明代所撰《新说》中所描述的：“琉求国职贡中华，所上表，用木为简，高八寸许，厚三分，阔五分，饰以髹，扣以锡，贯以革，而横行刻字于其上，其字体科斗书。”“科斗书”类似于“蝌蚪文”，应为南洋文字系统中的一种，时人不识，于是描述为“刻记圈画，不成字样”。

明万历七年（1579），萧崇业出使册封琉球，十月回程，“北风暴，柁牙折，柁叶折”。他们沿着南麂岛方向向北漂移，“二十九日晚，见台州山，三十日，历温州”[③]。清代康熙二十二年（1683）十一月，汪楫奉命册封琉球国王后回程，航行途中飓风大作，“舟行忽上忽下，上则九天，下则九地，跳掷奔腾，不可名状”；在十二月二日，“见温州之南屺山”；十二月三日“小泊青岙”[④]。乾隆二十一年（1756）二月，奉旨册封琉球国正使翰林院侍讲全魁、副使编修周煌于六月初二日在闽起行后，遭遇风暴，即漂流至南麂岛。其情形如七月初七日闽浙总督喀尔吉善奏称：“兹七月初八日据温州镇总兵官林洛报称，有巡洋守备张居佐禀报：六月二十七日巡至东臼洋面，了望见有被风船只，随经查询，船已损伤，尚未破烂，船内有福建督标中营都司陈嘉言，据称奉委带领弁兵护送钦差前往琉球，六月初二日由省起

① 王瓒：（弘治）《温州府志》，胡珠生校注，上海社会科学院出版社，2006，第478页。

② 〔日〕藤田丰八：《琉球人南洋通商的最早记录》，《东西交涉史研究（南海篇）》，东京，冈书院，1932，第410页。〔日〕藤田丰八：《中国南海古代交通丛考》，何健民译，商务印书馆，1936，第350页。

③ 周煌：《琉球国志略》卷5《山川》，第12页a，乾隆二十四年漱润堂刻本。

④ 汪楫：《使琉球杂录》，黄润华、薛英编《国家图书馆藏琉球资料汇编》上册，北京图书馆出版社，2003，第806页。

程，初十日在五虎门放洋，十三日已到琉球之姑米山，因风不顺，浮飘洋面……二十六日晚飘流到此。”① 根据中琉档案相关记录，乾隆朝共有54件琉球漂风事件，温州地方官奏报3件（见表3）。

表3 中琉关系档案记录的温州地方官奏报的琉球漂风事件

日期	起航地点	遭风地点	上岸港口	船只类别	人数(人)
乾隆三十九年三月二十四日	那霸	马齿山	温州	差船	21
乾隆四十一年二月十四日	那霸	八重山	温州	运输船	24
乾隆六十年四月二十一日	那霸	大岛	平阳县琵琶洋	差船	51

资料来源：中国第一历史档案馆编《清代中琉关系档案选编》，第162、183、274页。

清朝政府对琉球漂风船只抚恤有加。船只到境后，由地方官率营员或汛弁莅船查验，将船只及乘员人数、所载何物、有无牌照或违禁品等查明造册，并禀报本省督抚；督抚除向皇上奏报外，如系在闽省以外，还须移咨闽省督抚，闽省接咨后，即饬司遴选委员赴闽首站接护来省。各地府、厅、县对难民在本境停留期间的生活负起完全责任，由地方官“动用存公银两，赏给衣粮，修理舟楫”，然后逐站护送至福州。嘉庆年间，琉球船只漂流到温州。徐昆在《遁斋偶笔》描述：“分刺温州时，适海漂琉球船一只泊岸。其船形有栏水而削直，不类中国船。上载马一，牛、马皮、小米及稿秸各若干。其人十九，询为小岛中载贡赋输其国者也。人皆焦布长衫，宽袖跣足，首裹色布作圈，知跪拜。无通事，内有一人略识中国字，乃书柴、米、盐、醋等字，问其有无而给之。时溽暑，船中郁蒸，病暑者数人。为择海边空庙，令起船暂避，不愿也。无何，马死，病者亦一人死。给芷、术、椒、姜等物薰疗之，旋已。候中丞檄下，乃拨兵船护至闽，附其进贡使者而还。”② 官方救助海难的措施不只限于贡使群体，也惠及普通商民。如乾隆二十八年（1753）六月，真腊载52个商人的船只遭遇大风迷航，漂流到南麂岛附近洋面后，由水师救护遣送到厦门而转道回国。

① 《军机处录副奏折》，第一历史档案馆外交类164－7757－50号。陈在正：《台湾海疆史研究》，厦门大学出版社，2001，第252页。

② 陈瑞赞编注《温州文献丛书·东瓯逸事汇录》，上海社会科学院出版社，2006，第189页。

三　民间海运的交叉节点

就文献形态而言，《郑和航海图》《顺风相送》等并非原始海道针经，是整理了沿海渔民或舟师等业海者的“秘本”形成的文本。原始的“舟子秘本”的文图均较简略，画法无一定规格，主要记录航路上的关键问题。如今民间保留着的这些文献，保存更为多元的海洋活动信息，不少涉及南麂岛及其洋面的内容，展现南麂岛作为海道针路节点的更多面向。如泉州海外交通史博物馆所藏的惠安《源永兴宝号航海针簿》记：

> 在乌屿往宁波南风针路直落：台山外，用癸丑见南杞，三更；南杞用癸丑见丕山，三更。
>
> 放洋往淡水针路：南杞，用子午，见台墩，十二更。
>
> 对开直落针路：凤尾山外，用艮申，四更，见南北杞；南北杞，用丑未，三更，见台山。
>
> 厦门往北对坐针路：台山共南杞癸丑对坐，至南杞屿，三更；南杞共凤尾癸丁对坐，至凤尾，六更。
>
> 放北风洋往台湾港：南杞用壬丙，十一更半，见大墩山。
>
> 北风放洋往淡水针路：南杞，用子午、壬丙，十一更，见台山。
>
> 厦门往宁波开洋针路：牛屿用丑癸，五更，取东涌；用丑癸，三更，取台山，台山，用丑癸，三更，取南北杞。南北杞用丑癸，五更，取凤尾。
>
> 台湾往长【应为“唐”】山针路：淡水用壬亥，取南杞。
>
> 东椗往“外皮山”针路及各山岙再详：台山用单丑，三更，取南杞。……南杞山打水十托，外打水十七托，用单丑，四更，取凤尾。
>
> 名山屿直透咬嵧吧：大鹿小鹿透三升，北杞南杞霜台致。东涌乌龟牛屿过，海坛南日乌龟吼。①

另一份泉州民间流传的《山海明鉴针路》也有类似资料：

---

① 《泉州的〈源永兴宝号航海针簿〉》，陈佳荣、朱鉴秋执行主编《中国历代海路针经》，第675～745页。

春冬放洋北风北流甚多：南北杞用子午、壬丙，见观音大墩山，十一更。……南杞下头巾礁用壬丙，十一更，见观音大墩山。

漏开直落针路：凤尾用丑未，六更，取南北杞，南北杞用丑未，三更，取台山。

厦门往北对坐针路直起：台山共南杞癸丑对坐，至南杞三更，……南杞共凤尾癸丁对坐，至凤尾六更。

台湾往长【应为“唐”】山针路：淡水用壬亥，取南杞。①

泉州的《石湖郭氏针路簿》记：

海南往宁波法外洋路：台山外欲要入南杞前，抛虎仔屿，用子午入来，在南杞前乌林屿。台山外，用丑艮，四更，取南杞。……南北杞用丑，七更，取凤尾山。

尽山往海南针法要外驾：南北杞，用丁未，三更，取台山。

泉州出大坠对外往宁波针法：东涌用丑及丑艮，六更，取南杞，一更开。南杞用丑癸，七更，取凤尾，半更开。

普陀回泉州对外针法：凤尾山用丁未，七更，取南杞，打水卅托。南杞用坤申及单申，三更，取台山，半更开。南杞半更开，用坤未及单未，六更，取东涌，一更开。

却牵【爵溪】各处对坐向：（凤尾）在艮，共南杞山为坤艮对，四更。……南杞，共镇下门为寅申对。在艮，共台山为丑未对，四更。南杞在丑癸，共东涌为癸丁、丑未对，七更。在卯，共金乡山北头为卯酉对，二更。又共风【烽】火门为庚申对。南杞卯酉相生，南北看长，长有屿仔五、六个，南有石屿二点对南台山，打水十七、八托。北去一更开有七星礁，南有出水礁，名曰三白，夜间不可行船。用丁未，三更，取黑双屿，入沙埕可防。

往“顶港”针路：南北杞，用子壬，十二更，见山。②

---

① 《泉州的〈山海明鉴针路〉》，陈佳荣、朱鉴秋执行主编《中国历代海路针经》，第755、801、805页。

② 《泉州的〈石湖郭氏针路簿〉》，陈佳荣、朱鉴秋执行主编《中国历代海路针经》，第848、849、860、861、863、867页。

民间针路簿是根据各种更为原始的文本或口传资料杂抄而成的，文体格式有所差别，体例不一，可以看到以南麂岛为节点的航线呈现纵横交叉的复杂格局。比如，泉州白崎郭氏所藏的《乘舟必览》记载的“厦门至北【往尽山针路更数】”的节点间联系，说明其多点联结的海路空间特征。“台山共破霜，艮坤，二更；台山共南杞，癸丑，三更；台山共洋山，甲庚，二更，台山共北官【应为“关”】，乙辰，二更。南杞共金香【应为“乡”】，丑艮，二更；南杞共凤凰，己亥，更半；南杞共杨棋，癸丑，六更”，如果以台山—南麂岛为连接线而各自向外延伸，可发展出 9 条航线。

“外驾”“内驾”等名目出现，说明南麂岛主要是在延续着传统的外洋航线，而贴近海岸航行的路线得到开发后，针路就不再以南麂岛为航标。如“上海往南内驾针法”在温州境内航线为，“三盘用坤艮，见外凤；外凤用单申，见盐田；内凤用坤申，见盐田；金香大鱼鼻，用坤申见草屿；草屿，用单申，见拜屿；北关用单坤，见大俞山；南关用单坤，见大俞山”[①]。《厦门志》中的“厦门往北洋沿垵海道”也是将南麂岛视为外港，“由烽火门过大小崳山、秦屿、水澳至南镇、沙埕，直抵南北两关、闽浙交界。由北关上至金乡、大澳。东有南屺屿，可泊千艘”。[②] 近代航运开启之后，南麂岛在沿岸航运的针路标识作用就下降了，“温州起锚，落潮出瓯江口，到崎头南行单坤针二时，近霓屿。顺北风走辰巽针，遇东南风，行丙巳针顺风二时，可到荔枝山。走单巳字三多时，近琵琶山。东南涨水，行丙字或再偏南半字，行丙午针四时，近交【应为“筶”】杯礁，再走单巽针，过二、三时，即到浙江、福建交界镇下关口”。[③]

随着清王朝对台湾开发步伐的加快，大陆与台湾之间形成多条海上移民路线。南麂加入闽浙地区通往台湾淡水港、基隆港的航路，北麂岛成为台湾回洋的航标。如《源永兴宝号航海针簿》的“台湾回头针路放北风洋”记：“基隆用壬巳，见北杞山。”[④]《山海明鉴针路》的“长【应为“唐”】往台湾对坐针路”记：“北杞与淡水丙午对坐，至淡水十一更”，“北杞与圭笼头子壬对坐，至圭笼十更”；“台湾往长【应为“唐”】山针路”记载：“圭笼

① 《泉州的〈石湖郭氏针路簿〉》，陈佳荣、朱鉴秋执行主编《中国历代海路针经》，第 853 页。

② 周凯：（道光）《厦门志》卷 4《防海略》，清道光十九刊本，第 43 页 b。

③ 《从上海到厦门针路》，陈佳荣、朱鉴秋执行主编《中国历代海路针经》，第 959 页。

④ 《源永兴宝号航海针簿》，陈佳荣、朱鉴秋执行主编《中国历代海路针经》，第 675 ~ 745 页。

头用壬亥，取北杞。”[①]

随着海洋人群在南麂岛洋面的航海活动增多，他们也不断上岛暂住，由此深入了解了南麂岛的水文和地貌。因此，他们在前人已有认识的基础上进一步补充相关情况。比较以下二种针路簿描述，可为例证。

（1）《源永兴宝号航海针簿》：

南杞：第二个有烟墩阴山脚看开洋，有一个看不见。棋头尾尖峰四方平地，向山三、四个，洋中看断其山底南势。有船出入，山内面有白沙湾，山尾有烟墩。南面山头有湾，好抛船。看西近有一条白坑，甚好水。过南四个山头，各不可驶入，此山或是东西过。看方山脚尽是白沙湾，好抛船取水。烟墩下是好水，有庙在此，其船取之水，俱在南头第三乡。[②]

（2）《山海明鉴针路》：

第二个烟墩阴山脚看开洋，一个看不见。其南头山尾尖峰，四方平地，向山三个，洋中看断其山底于南势。有船出入，内有白沙湾，山尾有烟墩。南面山头有湾，好抛船。看西近有一条白坑，甚好水。过南四个山头，或东面过，看四方山腰尽是白沙湾。好泊船或取水，俱在南头第三个山。东湾或西势看，有此坑便有水。其凤山下平余山多连，是内面大山或是定海山，水色红。南有石屿纱帽样，中有礁。离开此屿，至南杞有半更开。[③]

两种文本之间的联系是显而易见的，并且与前文引用的耶鲁大学斯德林纪念图书馆的《清代东南洋航海图》的说明性文字也有传承关系。与此同时，随着海洋群体对南麂岛了解的加深，在图文结合的针路簿中，相关文字描述就更为细致周全，厦门大学博物馆藏泉州白崎郭氏的《乘舟必览》即为一例证（图6）。

① 《泉州的〈山海明鉴针路〉》，陈佳荣、朱鉴秋执行主编《中国历代海路针经》，第754、805页。

② 《泉州的〈源永兴宝号航海针簿〉》，陈佳荣、朱鉴秋执行主编《中国历代海路针经》，第675～745页。

③ 《泉州的〈山海明鉴针路〉》，陈佳荣、朱鉴秋执行主编《中国历代海路针经》，第807页。

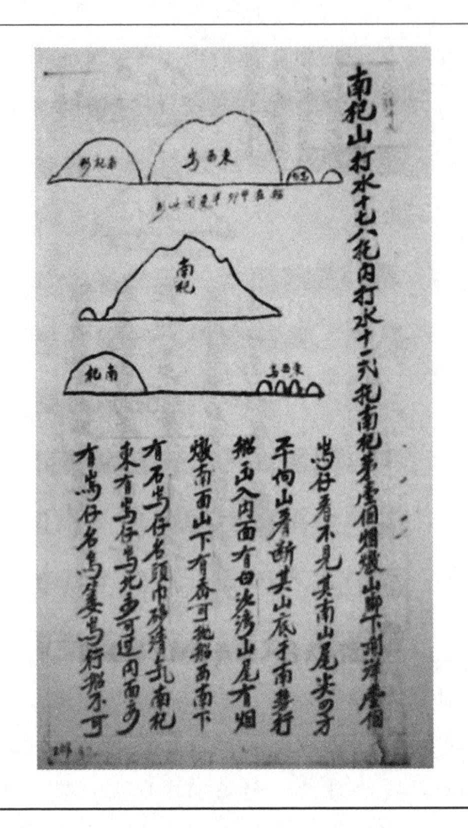

南杞山，打水十七、八托，内打水十一、二托。南杞第一个烟墩山脚下开洋，一个屿仔看不见。其南山尾尖，四方平向山，看断其山底于南势。行船出入，内面有白沙湾，山尾有烟墩。南面山下有岙，可抛船。西南下有石屿仔，名头巾礁，清气。南杞东有屿仔，屿北亦可过。内面亦有屿仔，名乌篓屿。行船不可倚。再内是金香【应为“乡”】。

图 6　厦门大学博物馆藏泉州白崎郭氏《乘舟必览》

更为重要的是，船只靠泊南麂岛暂居后，一部分人以南麂岛为中心开拓了往来周边岛屿之间的航线，如《山海明鉴针路》记载南麂列岛内部航行针路：

> 南杞西南有乌篮（篓）屿，西有半洋礁。乌篮（篓）屿西北是分流屿，此门可过。乌篮（篓）屿南外去，门中是头巾礁屿，上下门中可过。南杞外用子午、壬丙取补头屿，用癸丁、丑未去凤尾、乌篮（篓）屿，内打水十四、五托。南杞内边用壬丙取外凤。南杞用乙卯取琵琶头。南杞用子壬见外凤。南杞用甲寅取金乡鼻。[①]

① 《泉州的〈山海明鉴针路〉》，陈佳荣、朱鉴秋执行主编《中国历代海路针经》，第 807 页。

结　语

中国东南海域的岛屿星罗棋布，整体上形成与大陆若即若离、蜿蜒漫长的岛链，它们既是东南沿海人群长期从事海上经济活动的航路依托，也是连接中国内地与东亚海域的重要贸易纽带，各种人群在此互相接触并形成特有的文化形态。海岛的经营与开发都经历了漫长的历史过程。尤其在明清时期，它们随着亚洲地区社会经济的整体转型而产生相应变迁。[①] 不过，处于不同海域的岛屿因历史条件的差异，呈现的海洋活动也有所不同。南麂岛由于面积小而又离大陆过远，长期处于无常住居民状态，成为渔民按鱼汛捕捞的停泊地或者补给地。

从海洋社会角度而言，南麂岛的地理位置相当特殊，一直是航海针路中具有重要指向意义的一个标识或一个区域。海洋人群在驾驭海洋过程中所形成的知识自成体系，航海针经、更路簿是开展海上航行的知识保障，犹如清康熙年间曾任南澳总兵的陈良弼所说："大凡陆地往来，有里数有程站，可以按程计日，分毫不谬。惟洋船则不然。盖大海之中，全凭风力，若风信不顺，则船势渐退，此不可以日期定也。汪洋所在，杳无山影，非同内洋，可涯岸垵泊者，此不可以程站计也，故设为更数以定水程。"[②]

海洋知识以秘本形式或者父子、师徒口授方式，代代相传，具有内在延续性。在针路文本中，可能因使用者不同而形成不同的文字或图例标识，但基本构造和规范较为稳定，因此标识的地名一直是海洋人群在流动中得以定位的空间坐标。因此，航海针路上以海岛为核心形成的海路坐标，其空间意义并不在于岛屿本身，而在于它所连接的周边岛屿与海域。这是一个开放性的地理单元，海洋人群在共享同一个海洋知识范式之际，聚散于此，进行商品交换和文化交流。正因为此，明清时期的琉球贡使、中外海商、闽浙渔民、倭寇海盗、地方官绅等穿梭在闽浙交界洋面，展现了多重网络的海洋社会变迁图景。

随着航海实践的增多，海洋群体对南麂岛周边海区更为熟悉，针位运用更为准确，开辟的航线也更为多元。进入清朝后，沿海民间航运日趋繁荣，

① 杨国桢：《明清海洋社会经济发展的基本趋势》，《瀛海方程——中国海洋发展理论和历史文化》，海洋出版社，2008。

② 陈良弼：《水师辑要》，《续修四库全书》第 860 册，上海古籍出版社，2002，第 372 页。

航海者通过实践修正、补充、拓展、测量更新航路，沿着南麂岛延伸出新的海洋网络，南麂岛也成为各个航线的交叉节点。在此过程中，有关南麂岛的文本内容更为详细，并记载于针路文献中，形成更为多样的海洋知识。

Discussion on the Role and Historical Changes of Nanji Island in Navigation Routes by Marine Navigation Manual in Ming and Qing Dynasties

Zhang Kan, Lyu Shanshan

Abstract: Nanji Island is located at the south end of Wenzhou, where is the maritime boundary between Zhejiang and Fujian. Most ships sail north and south through the sea. The marine navigation manuals and nautical maps in Ming and Qing Dynasties record the importance of Nanji Island in Navigation routes. Historically, Nanji Island is a geographical name that must be recorded in all kinds of marine navigation manual from Song and Yuan Dynasties. In addition to playing an important role in navigation routes from the south to the north, Nanji Island is the main mark of cross-sea route from the west to the east. Being the primary landmark on the return journey in Sino-Ryukyu tributary, Nanji Island often became wind shelter port. In Ming and Qing Dynasties, all sorts of maritime crowd, such as tributary envoy, fisherman, maritime merchants, pirates were active around Nanji Island. They were gradually familiar with the hydrological characteristics of Nanji Island and set up new routes. Especially in the Qing Dynasty, the sail men kept supplementing, expanding, surveying the routes around the Nanji island with the development of coastal civil shipping, and the Nanji Island became the crossing point of the navigation routes.

Keywords: Nanji Island; Marine Navigation Manual; Navigation Routes; Ming and Qing Dynasties

（执行编辑：王潞）

海洋史研究（第十四辑）
2020年1月　第167～179页

从交通枢纽到避暑胜地

——晚清花鸟山的兴衰变迁

薛理禹*

花鸟山，亦称花脑山[①]，是长江口外的一座小岛，据大陆最近点66千米。岛型似鸟，头东尾西，东西长3.7千米，南北宽2.2千米，陆域面积3.617平方千米，当下是浙江最北端的有居民海岛，行政上属于浙江省嵊泗县花鸟乡。[②]由于特殊的地理位置，这个今日舟山群岛中的一座普通海岛，在清代晚期一度成为中外各方势力关注的热点，也引发了诸多的国际争端与涉外交涉，而在当下仍具有关注和研究的价值。

花鸟山，清初原属定海县，康熙二十九年（1690）浙江分洋汛，划归江苏崇明县管辖。[③]在传统的中央集权统治下，花鸟山是远离行政中心的荒僻岛屿，定居者寥寥，主要发展捕鱼业，浙江沿海渔民在鱼汛时前来捕捞乌

---

* 薛理禹，上海师范大学都市文化研究中心副教授。
本文是上海市社科规划一般课题“清代东南沿海地区的户口管理和基层控制”（2016BLS007）阶段性研究成果。

① 如“而崇明上锁长江，下扼吴淞，东有洋山、马迹、花脑、陈钱诸山”，参见陈伦炯撰、李长傅校注、陈代光整理《〈海国闻见录〉校注》，中州古籍出版社，1985，第20页。乾隆《崇明县志》载：“花鸟山，亦名花脑（山）。”

② 参见《中国海岛志》编纂委员会编《中国海岛志·浙江卷（第1册）·舟山群岛北部》，海洋出版社，2014，第207页。

③ 《中国海岛志》编纂委员会编《中国海岛志·浙江卷（第1册）·舟山群岛北部》，第208页。

贼等海产，“在四月、五月和六月上半月，群岛一片繁忙景象，满是来自宁波和温州海岸的渔民。各处可见数以千计的舢板和渔船，展现了生动热闹的活动场景。遍布这一海域的大量乌贼（墨鱼）是主要的渔获物，它们被晒干后运往大陆”。[①]政府除实施海防、海禁与征收渔税外，对其未加重视。[②]鸦片战争后，随着上海、宁波及长江内河港口陆续开埠，国际航线日益繁忙，花鸟山地处航运孔道上，且靠近大陆，无形中成为上海出洋的第一道门户，同时也是通往日本、美国等地远洋航线的途径要冲，随即受到外部势力的关注。鸦片战争中航海到此的英国人，因岛上山形似马鞍，称其为“北马鞍岛”（North Saddle Island）。在以往国内的史籍文献中，涉及花鸟山的记载寥若晨星，而在 19 世纪以来的英文著述、报刊中，却时常论及北马鞍岛，本文的研究极大得益于当时外文文献的相关记述。

一　花鸟山灯塔的修建

上海开埠不久，1850 年 6 月 17 日，《旧金山先驱报》（*San Francisco Herald*）所载的一篇报道说：“航路上有件事亟待解决以确保安全——应当在荒岛（barren）或西北马鞍岛建造一座灯塔，作为扬子江的导航标。无疑英国政府将承担部分建造费用，而如果没有政府支援，为确保航线能建成，上海的美国、英国和中国商人将捐款修建。”[③]可见，在花鸟山修建灯塔的设想由来已久。

而花鸟山北端灯塔的建成，则在此报道刊发的 20 年之后。晚清的海关由英国人罗伯特·赫德（Robert Hart）长期担任总税务司，在其治下，一系列重大工程付诸实施，包括在重要海港、航运枢纽等处修建灯塔，维护航行，花鸟山地处远洋航运要冲，故此花鸟山灯塔成为首批建设项目之一。

文献记载：“花鸟山灯塔，为护卫扬子江口三大灯塔之一。距大戢山东偏北约二十六浬，对于取道近海航线，经由舟山群岛而南驶之船只，虽无直接功用，然其指导由上海直达日本以及经过太平洋之远海航路，厥功则伟，

① Edward S. Little, “The Saddle Islands,” *The East of Asia Magazine*, 1905, Volume 4.

② 在清末外国人眼中，“中国的浩繁史籍对这一群岛从未实质性提及，甚至其当归属何省亦存疑问。在其看来是由江苏和浙江两省分别管辖。厘金局的吏役无处不在，在每年鱼汛时前往捕鱼的各处地点征收税金”。参见 Edward S. Little, “The Saddle Islands,” pp. 183 - 193。

③ *The San Francisco Commercial Press on a Steam Mail Across the Pacific*, San Francisco: Towne & Bacon, Printers, Excelsior Office, 1860, p. 92.

而为绝不可少之标识也。且该灯适居航路分野交叉之地，北往船只固得恃以测定航行正路，以避鸡骨礁（笔者注：英文作 Amherst Rocks）之险。即驶入扬子江口之船舶，亦可藉以照耀于后焉。”[①]这一灯塔在茫茫海上非常引人注目。“一个强有力的旋转灯屹立于岛的最北端，将其强光投射海上，达 20 英里之远。所有来自日本和美国海岸的船舶在抵达中国海岸时都能看到此光。有时浓雾笼罩这一海域，灯塔配备两门炮，向船只发炮以避免其触礁。”[②]花鸟山灯塔给海上往来的中外船舶提供了巨大便利。

花鸟山灯塔自建成后，一直由中国海关管理维护。“该站建于同治九年（1870），亦为海关海务科筹设灯塔计划中首先所筑之一也。该灯设置之初，即具特殊优点。原为旋转镜机，每一分钟旋转一周，且用四芯灯头，燃以植物油，烛力 38000 枝。迨光绪二十五年（1899）改置十二加仑压油灯，并配以六芯灯头，烛力增为 45000 枝。洎民国五年，复改置头等镜机，旋转于水银浮槽之上，并装置煤气灯头，配以五十五公厘白炽纱罩，每十五秒钟闪光一次，烛力增至五十万枝。嗣于民国十七年，又将所用之微小纱罩三个撤销，而易以 110 公厘‘自燃式’大纱罩一个，于是烛力增为 74 万枝矣。该站建筑，异常坚固，自成立以迄宣统二年（1910），越四十载，始行大加修葺。”[③]这一灯塔至今仍发挥重要的航运导向功能，同时也是花鸟山上首屈一指的历史人文景观。

二　花鸟山电缆的接通和电报站的设置

1885 年，在中法战争尚未平息之际，英国与俄罗斯因争夺远东利益，引发外交争端。当年 4 月，英国出兵占领朝鲜南端的巨文岛（英文文献中称“汉密尔顿港”，Port Hamilton），进一步加剧与俄国的军事对峙局面。与此同时，出于战略考虑，“英署使拟在扬子江外大七山（笔者注：即“大戢山”）相近之花鸟山北岛接线上岸”。[④]英国的举动引发了时任直隶总督兼北

① 班思德（T. R. Bannister）：《中国沿海灯塔志》，李廷元译，海关总税务司公署统计科，1933，第 211 页。

② Edward S. Little, “The Saddle Islands,” pp. 183 - 193.

③ 班思德（T. R. Bannister）：《中国沿海灯塔志》，李廷元译，第 211 页。

④ 李鸿章：《复总署议花鸟山接海线》，光绪十一年三月二十三日，顾廷龙、戴逸主编《李鸿章全集》（33），安徽教育出版社，2008，第 487 ~ 488 页；本段与下一段引注均出于此。

洋大臣李鸿章的重视，立即就英国连接电缆线的目的向英国使节做出询问。“查阅海图，花鸟山距洋子角约一百二十里左右，不通陆路。今英使忽有此请，似非为侵夺利权起见。虽驻津英领事璧利南来谒，询其花鸟山设线之意是否出于英廷，抑系（英商）大东公司所为。该领事称系外部主意，大约为英、俄如有战事，俄则有大七山丹（麦）线为之传电，俄、丹素昵，大北公司向由俄保护，恐临时不肯代英传电，英亦必预备一处，以通兵船消息。”

英国指使本国企业大东电报公司在中国领土上连接电缆线，无疑是对中国主权的侵犯，但当时清政府内外交困，同法国的冲突早已使其捉襟见肘，疲于应对，唯恐再生事端。出于对列强势力制衡的考虑，李鸿章认为：“今春大七山丹线屡为法国传电，即饬盛道电属［嘱］上海邵道派员往诘，该公司不肯遵阻。鄙见大七山既有丹线上岸，则花鸟山英线上岸势难驳斥。该岛孤悬海中，不通陆路，于华北局权利无损，彼既为俄事请设，殷勤询商，似应暂准其海线展至花鸟山北岛，设一电房，以示敦睦。但与议明，俟俄事了结，仍行拆去，庶于通融之中稍有限制。”

因清政府未采取任何抗议或干涉措施，大东电报公司顺利地将电缆接上花鸟山，除此以外，“在北马鞍岛上英国人修筑一些平房，建立一处电报站，有若干名电报生在此驻扎。大东电报公司连通欧洲的电缆比邻岛屿经过，其时一根电缆于东南海湾处接上岸。国际争端解决后，岛上的电报站撤除，但此地仍由电报公司占有，可在任何时候重新架接电缆”。①英国的举措一方面使中国的受到侵犯，而另一方面则进一步提升了花鸟山的战略地位，使这一原本少有瞩目的荒僻岛屿受到世人的关注，进而引发了游览业的兴起和有关中国主权的交涉争端。

三　花鸟山外侨游览业的兴起与主权之争

（一）外侨度假地的构想

英国在花鸟山连接电缆线 3 年之后，上海英美外侨中最具影响力的英文报纸《字林西报》登载了一篇题为《搭乘“仙女”号轮船游览北马鞍岛》的篇幅较长的文章。作者一行乘坐轮船，周五晚间 9 点从上海出发，周六早

① Edward S. Little, “The Saddle Islands,” pp. 183 - 193.

上10点多到达北马鞍岛，周日晚间9点开始回程，周一早晨5点半回到上海。在两天多的旅行中，作者饱览了花鸟山的优美景色和风土人情。作者将花鸟山景致做了有声有色的描绘：

> ……风光美丽，蔚蓝色的海水使人惬意，与滚滚东流、长达一二哩的长江泥泞水纹形成明显对比。在我们右侧，是780英尺的高耸山丘，覆盖着碧绿油亮的青草，左侧则是花岗石覆盖的荒山——一块孤立的巨石，看上去稍一推动，足以将它沿着旁边险峻的沟谷抛下。[①]

在奇山丽水之间，作者一行开展了海水浴、攀山等活动。游玩之余，作者亦留意观察岛上的生产活动与风土人情：

> 山的两侧处处栽种岛上的主要谷物——玉米，还有御谷、芋头、甜薯、南瓜、花生等作物。山上有四五条清澈的小溪流下，在其中一条的溪口，可看到小块的稻田。有三个定居点，居民共计150~200人，主营渔业，兼营种植业，他们对我们非常客气。这一季节初始，人们把墨鱼放在裸露的花岗石块上晒干，但在七月的第三周都收走了。常年的鱼腥味使岛的北端成为不适宜外国人居住的地方。我们很容易就买到味道鲜美的鱼类。我们看到四英尺长的巨大鳕鱼，重达三四十磅，但我们更喜欢小些的幼鱼。……岛上没有官员，牲畜仅限于一些猪、几十只山羊和家禽，没有马和牛。每个村落有一间小庙，屋舍都是泥地的简陋棚屋。

当时岛上“有两座西式建筑，可从上眺望沙湾，如果我们能进入，那就更好，然而我们获悉钥匙在上海”。可见当时已有上海的外国侨民在岛上短期居住。作者意识到岛上发展度假观光产业的潜在价值：

> 炎热、疲乏中的上海居民，其假期或偏好不能使之前往烟台或日本度假，难道不能有机会来这个宜人的小岛做一次难得的暑期旅行吗？偶

---

① “A Trip in the S. S. ‘Fairy’ to the North Saddle Island,” *The North China Daily News*, Aug 1, 1888, p. 107；后几段引注亦出于此。

尔的从周六到周一，从上海炎热压抑的氛围到上述清新富氧的环境，对于诸多疲乏虚弱的躯体，将有巨大价值。有一处悬崖可眺望两个邻近海湾间的分水岭，它可以微不足道的价格租下，于此建造价格适中的石木材质的房屋。可以租一艘小轮船来做一周一度的岛屿旅行业，有闲暇的人士可以耽搁一周或数周。我敢肯定，比起烟台，许多人会更喜欢这里。如有人能联手筹集款项，无疑此事就能得以筹办。

尽管这篇文章将花鸟山描绘得自然迷人，但其刊登之后，并未产生较大影响。此后相当长一段时期，岛上观光业并无进展。5 年后《字林西报》有了关于花鸟山的新报道，即在岛上兴建度假疗养地的计划提上日程：

R. E. C. Fittock 在最近的考察中拍摄了北马鞍岛的迷人照片，这次考察与在当地建立一处疗养地有关。这些山丘、港口、海滩的照片，充分印证了这一目的的恰当。我们殷切期待明年夏天这个计划能付诸实施。①

（二）外侨避暑度假的黄金时期

上海的外国侨民组织较大规模的花鸟山度假观光，始于 1904 年夏季。当年 6 月及 8 月，《字林西报》均有周末前往花鸟山度假的报道，游客周五夜间或周六中午出发，周一白天返回。6 月那次旅行，每人的全程资费为 40 元。②

1905 年，上海的英文刊物《亚东杂志》刊登了一篇详细探讨花鸟山各方面情况的文章。这篇文章近乎该岛的地方志，从地形地貌、历史沿革、自然气候、风土民情、生产方式、岛屿景观等方面对岛情加以描述，重点是描绘该岛的迷人景致和避暑度假的优越性：

岛上有肥沃的土壤，广植红薯，遍生芳草，景色多样而美丽。有些地方能看到硕大的石洞；不断变化的海岸线上，礁石滩被潮水冲刷成天

---

① *The North China Daily News*, Aug 24, 1893, p. 3.

② *The North China Daily News*, Jun 7, 1904, p. 5 & Aug 5, 1904, p. 5.

然的海湾。有些地方200英尺多高的陡峭悬崖矗立海边，其下朵朵白浪冲刷翻腾。当攀登到岛的高处，可以看到山脊和溪谷交替，以海水为绝佳背景，呈现变化的景致，将许多迷人的图景展示于眼前。

岛上的气候非常理想。从气象局的数据看，夏季北马鞍岛和上海有15~20度的温差。海上经常凉风习习，给岛上带来凉爽的影响，而在上海及周边的低平大陆则不明显。冬季岛上温度较上海高，也就是在寒冷的季节较大陆气候更温和。岛上夏季更凉爽，冬季更温暖，可能归结为这里完全为大海包围，从而使全年都有更为平稳的气候。

岛上没有蚊子，苍蝇是最大的害虫，尽管它们并不比上海的情形更恶劣，且仅在五六两个月，也就是鱼汛期间为害。六月后，大部分的苍蝇随着渔民一同离开。

我们的图片和说明旨在展示这个岛屿的自然特征，但如要欣赏，那就必须在六月到八月离开上海酷热的街道，沉醉于这海陆美景带来的欢愉中。吸引游客之处众多，攀山、海水浴、钓鱼、航海以及其他极具自然特色的诸多娱乐活动提供给疲惫的城市居民，他们或许会在碧海中的气垫船上心驰神往。避开酷暑，妇孺的脸上绽放健康之花，而病患则能重新归聚生命和力量。

这一疗养地将是上海和沿海居民的福音。中国其他著名的疗养地都相隔太远，多数居民难以受惠。有个把月闲适的人可以从容拣选地方，而多数辛勤忙碌的人至多挤出一个周末或数日的闲暇，故此去不成什么地方。而现在在八小时内，就能来到美丽的海滨、享受清新的空气、如同家乡最佳度假地的自然景观和类似家乡的气候。男人们可把家眷送到这一胜地，利用周末来探访他们，在周六中午离开工作，在周一早上及时回到岗位。一次海上航行，气候与环境全然改变；周末的海水浴，恢复一周体力消耗的远足，使一年的剩余时间保持健康良好的状态。几年后，如果没有马鞍列岛的避暑胜地，上海人恐怕将不知如何应对酷暑。孩童以往抱怨待在上海闷热的街道上和花园里，面色苍白，无精打采，今后将在如同故乡的环境中茁壮成长，获得健康和蓬勃生机。①

这篇文章的作者李德立（Edward S. Little）是一位英国来华的传教士，

① Edward S. Little, "The Saddle Islands," pp. 183 - 193.

同时也是一位成功的地产开发商。19 世纪晚期，他作为第一位外国人，在江西庐山购置土地，修建别墅，进而发展成华中地区闻名遐迩的外侨避暑度假胜地——牯岭镇。李德立颇具商业眼光，他看中花鸟山毗邻上海、地理位置优越、气候宜人、环境优美，且远离中国政府统治中心，中国官府在岛上的行政控制力薄弱，极其适合成为上海及周边地域外侨的避暑度假地。

与 10 余年前不同，李德立的构想并非单纯的空中楼阁，他与一批外侨将其积极付诸实践。李德立在庐山等处积累了丰富的经验，擅长规避中国官府的法规禁令。由于花鸟山并非通商口岸，中国政府不允许外侨在此租地、购地，故此他们不经中国政府批准，在花鸟山私下同当地居民订立土地转让契约（为躲避政府干涉制裁，外侨往往隐匿身份，以华人名义签约交易），修建房屋，营造避暑地。《字林西报》报道："北马鞍岛明年将成为上海居民喜爱的避暑胜地，游客规模会大大超过今年。我们获悉于明年春季在岛上建造平房的 8 项契约已经订立。"①

次年 5 月，上海至花鸟山开通定期班轮"山水"（Samshui）号，该轮船拟"夏季一周航行两次，可载客 30 人，安装电灯，设施完善"。② 1906 年 5 月 26 日，该轮花鸟山之旅首航，因时值圣灵降临节，乘客为数不多，票价为每人 25 元（含船上伙食）。③

从现有资料看，"山水"号班轮的营运时间似乎不长，未能持续。两年后，《字林西报》刊登的报道表明，将把花鸟山到上海的接驳交通，定期化与常态化，"北马鞍岛与上海间需要定期持续的运输交通，我们满意地得知这一目标已在规划实施中"。另一项重要的举措是在岛上修建一座规模较大的旅馆，供避暑游客居住。"将成立一家公司来提供这一服务，并在分隔西北和南部海湾的狭窄地峡处建造一栋大型旅馆。亨利·莫里斯（Henry Morris）先生将把靠近海岸的 100 亩土地，连同所有建筑物，无偿（除常规地税外）移交给公司。该公司资本将达 15 万元，每 10 元作为一股，其中 5 万元用于新旅馆建造，1.6 万元用于维修、修路、建造浮码头及其他适宜工程。有关本地轮船公司的资金筹备，将提供一艘头等舱的轮船，在一年的三四个月中提供运输。如这一计划得以完全实施，北马鞍岛将成为一处更好的

① *The North China Daily News*, Sept 26, 1905, p. 5.
② *The North China Daily News*, May 18, 1906, p. 7.
③ *The North China Daily News*, May 30, 1906, p. 7.

疗养与避暑之地。”[1]按照李德立等在沪外侨（尤其是英侨）中的筹划，花鸟山将继牯岭、莫干山等地后，成为华东地区（尤其是江南一带）旅居外侨群体眼中的独具海洋特色的热门避暑胜地。

（三）有关主权的争端与交涉

在外侨着力打造花鸟山避暑胜地同时，国人也意识到这一举动对于中国主权的现实影响和日后的潜在威胁。庐山牯岭、莫干山等地，自外侨大规模租地购产、建造屋宇、建成避暑胜地以来，中国官府在当地的行政管辖权不断被外侨攫取，进而外侨自行设立管理机构，在当地实施“自治”，最终成为法外“飞地”，对中国领土主权造成侵犯。花鸟山孤悬海中，人口稀少，中国官府在岛上的行政力量原本相当薄弱，如若听任外侨置产建屋、营造避暑基地，势必将迅速步牯岭、莫干山等处的后尘。更重要的是，与牯岭、莫干山等内地山区不同，花鸟山地处国际航道要冲，建有灯塔等重要交通设施，既是重要的交通枢纽，也是上海的一道海上门户。门户若失，全局震动。晚清国势疲弱，领土日渐丧失，主权不断为列强削夺，但图存救亡、维护主权的民族意识，日渐深入人心，官府也无法坐视不管。外侨在花鸟山的举动很快引起中国官府的关注与交涉。

1906 年 9 月，官府获悉外侨在花鸟山营建避暑基地之事，“前由领袖领事照会江督、苏抚转札上海道瑞观察照准，观察于初二日（笔者注：9 月 19 日）札委崇明县魏大令并咨苏松镇陈军门请委熟悉沙岛之守备黄吉三同往勘查，以凭上复”。[2]经调查，“崇明县属之马鞍山，前被该处居民盗卖与洋人建造房屋，以为避暑之地。兹因洋人来往较前愈多，崇明县魏大令以该处系属内地，自应设法禁止。爰于昨日禀请沪道转禀江督、苏抚咨请外务部照会驻京公使设法禁止”。[3]

外侨在花鸟山置产建屋属于非法，然而鉴于当时国际地位不平等，西方国家享有领事裁判权，中国官府无法直接对外侨施加处分，只得采取两项措施：一是惩处私自向外侨出卖土地的国民；二是将卖出土地设法赎回；并“责成该县（笔者注：即崇明县）勒令原业户退价赎回，将契注销，并由江

---

① *The North China Daily News*, May 26, 1908, p. 7.

② 《纪委勘马鞍山租与洋人》，《申报》1906 年 9 月 23 日，第 4 版。

③ 《禀禁马鞍山民人盗卖山地于洋人事》，《申报》1906 年 9 月 21 日，第 3 版。

督札行苏松、狼山、福山三镇台查禁沿海各山岛，不准私售在案”。[①]

从资料上看，惩处卖地国民的行动并不顺利。晚清的封建官府，官僚作风盛行，行政效率低下。次年，官府查获倒卖土地给外侨的浙江人李召南，李召南供出同案犯鲍五水，随即“所有供出之鲍五水即鲍宝钟，曾由沪道移请宁绍台道提解崇明县。经魏大令讯明，鲍五水并非鲍宝钟，鲍宝钟另有其人，家住宁波陈家埠朱家湾地方，当即饬令李召南指认，据称亦非鲍宝钟。前日魏大令禀请道台拟将鲍五水交保释放，瑞观察以鲍宝钟既未逮案，应先将鲍五水保释，以免拖累，昨已批饬魏大令遵办，一面移请宁绍台道饬再查拿鲍宝钟解崇讯究矣”。[②]这成为一桩令人啼笑皆非的乌龙事件。另外，官府又查获嫌疑犯黄仁林，但此人迟迟“尚未获案，无凭讯究”。[③]惩处私卖土地国民之事最终往往不了了之，私卖土地的赃款也大都无法追回。

赎回卖出土地的行动更是举步维艰。州县官府因循苟且，赎回土地的行动长年毫无进展。主管官员甚至敷衍推说：“本年春季沿海各山岛基地查无私售情事，惟只有各国洋人前来游猎，亦均时来时往，并不久驻。”[④]而其时，外侨在花鸟山开通班轮、营建旅馆之举正如火如荼地开展。这件事为《字林西报》披露后，“沪道蔡观察以崇明县之马鞍山前被乡民盗卖与洋人李德立建造避暑房屋，经瑞前升道札饬该县勒令退价追缴原契在案，迄今多年，曾否将契追回，未据禀报，爰于日前札行崇明县，饬令迅即查复”，[⑤]惩处赎买私卖土地的举措在耽搁长达两年后方才展开。

另一方当事人——以李德立为代表的外侨，为维护自身利益，对于中国官府的举措自然百般抵制，英国方面也诸般推诿。“迭经沪道勒令赎回，（李德立）迄未就范。兹又照会英领，将原立契据送道查阅。昨据复称，此项印契早经该商人寄回本国，无从检交。蔡观察以该处究非通商口岸，洋人照章不得置产，因又函商英领迅饬收回原价，将契注销。”[⑥]

在中国官方的压力下，李德立表示“既奉道宪一再商劝，愿为和平了结，惟所出地价及造屋等费均须偿还”，“兹由沪道饬据崇明县何大令查复，

① 《查复并无售卖山岛情事》，《申报》1908年7月1日，第18版。

② 《沪道批准省释无辜》，《申报》1906年5月17日，第19版。

③ 《道批二则·李孙氏禀批》，《申报》1906年10月17日，第19版。

④ 《查复并无售卖山岛情事》，《申报》1908年7月1日，第18版。

⑤ 《追回洋人买地契据》，《申报》1908年7月11日，第18版。

⑥ 《沪道坚请收回地价》，《申报》1908年10月4日，第19版。

谓黄仁林所售之花岛山地八亩，计得价银一百二十两，又鲍宝宗即鲍五水售卖之璧下山、陈钱山渔地二方，共得价银一百九十两，此皆税契所填之价”。[①] 加上建房费用，“兹崇明县何大令查得该洋商共买山地及造房原价计有一万二千余两，业已会同绅董筹款赎回，禀陈沪道转致该洋商收价退还，以免纠葛”。[②]

然而此事可谓一波三折，李德立并不打算放弃到手的利益，拒绝将花鸟山土地由中方按价赎回，原本的旅馆和班轮项目也照旧开展。上海道员蔡乃煌不得不就此再度进行交涉：“今该洋商不知华官体恤外人，反欲在该山开设公司、旅馆，实属有意违约，因特函致该洋商，嘱勿前往营业，以免交涉。”[③]针对李德立来函抗辩，上海道员两度依法依理公开予以驳回：“乃该县早已查报（原租地价及房屋造价），而贵商迄未将实价开示，亦不将税契取回送道，反谓本道未将办法示悉。试问凭何而定办法，且该处租地造屋既为约所不准，法当充公。贵商乃不谅本道前拟估价偿还系属出于格外通融，贸然再租轮船，再设旅馆，置产为要索重价地步，竟置两国钦定约章于不顾，此岂愿于和平商办者所应出此？”[④]“若欲仍归旧议，情愿和平商结，则地价、房价及贵商贴与乡民迁费，早据崇明县会绅确切查明，为数仅银一万三百十两，洋二千余元，似尚可会商地方公正绅士筹款付给，或收回之后能否租与避暑，照纳例捐，详请上宪核示。如仍不顾约章公理，意外滥案，本道实属万难照办，纵便来函哓渎，本道亦不再作复函，惟有按照条约听候贵国领事行文交涉而已。”[⑤]

从行文措辞不难看到官方就此事的坚决立场，最终李德立等迫于压力，不得不接受官方的意见，将土地由中方照价赎回，度假地的营建工作也随之中止。从此外侨不复再来，其留在岛上的建筑物也日益坍坏。待到民国中叶，除灯塔依旧屹立外，花鸟山已完全重归荒僻萧条的渔村景象，“清光绪二十七八年间，英人马立司（笔者注：似即上文提及的亨利·莫里斯）建洋房四座，利德立（笔者注：即李德立）建二座，戴先生建一座，分布于龙舌嘴、黄胖嘴、外山嘴等山沿，现只存沙滩埂中部中冲角马立司洋房一

① 《批饬崇明官绅筹还地价》，《申报》1908年10月13日，第18版。
② 《崇明官绅筹还地价》，《申报》1908年12月29日，第19版。
③ 《函阻洋商违约营业》，《申报》1908年12月29日，第19版。
④ 《沪道为马鞍山事复李德立函》，《申报》1909年8月18日，第18版。
⑤ 《沪道对于马鞍山交涉之复函》，《申报》1909年8月24日，第18版。

座，余均湮灭，无迹可寻。马氏房八间，东南向，整方石块叠砌成墙，亦以年久失修，屋顶已损毁。如再任其朽败，二三年后恐将空存圈墙矣。马氏死已十余年，七八年前马子曾到山视察一过，与就地卢姓订立委托照管之约……花鸟地瘠民贫，岁收丰歉，全视墨鱼汛之鱼获。去岁墨鱼渔荒，今年鱼价倾跌，他岛贮鲞以待善价，而花鸟之渔民则已鲞罄易食矣。长日漫漫，民生可虑。”①喧嚣一时的花鸟山在外侨离开之后，又逐渐重归荒凉沉寂。

结 论

花鸟山的兴起，得益于近代以后国际交往不断增加和全球化日益紧密。鸦片战争之前，清代统治者长期推行海禁，花鸟山虽毗邻江南繁盛之乡，但始终是孤悬海洋的荒僻岛屿，人烟稀少，无开发建设可言。鸦片战争之后，国门打开，尤其是远洋航路的开辟，花鸟山以其得天独厚的地理位置，备受外来势力关注，地位瞬间发生重大改变。一方面，花鸟山成为重要的海上交通枢纽：一者，以其地处航运要冲，是上海通往外洋的必经门户，成为修筑航道灯塔的首选之地；二者，花鸟山成为越洋电缆的转接地。另一方面，花鸟山以其凉爽宜人的夏季气候、优越地理位置，吸引上海及周边地域的外侨乘船前来消夏度假，可发展成避暑观光胜地。不可否认，晚清时期，花鸟山的繁荣与西方势力的渗透及其对中国的主权侵犯，存在密切的联系。近代中国不自觉地步入全球化进程中，积极的意义和负面的后果兼而有之，花鸟山这一小岛经历的兴衰变迁，便是具体的印证。而随着外来势力的离开和主权的恢复，花鸟山一度拥有的潜在发展机遇迅速消失，重归萧索沉寂，这又不得不令后人为之深思。

From Transport Hub to Summer Resort: The Incidents and Changes of the North Saddle Island in Late Qing Dynasty

Xue Liyu

Abstract: The North Saddle Island, which locates outside of the Yangtze

① 程梯云：《江苏外海山岛志·花鸟山》，《江苏研究》第1卷第6期，1935，第9页。

River Estuary, is close to the important international ocean lane and becomes the maritime portal of Shanghai. In the beginning of the 20th century, in order to settle a summer resort for the resident aliens in Shanghai, some Englishmen purchased real estates and built houses on the island while starting a regular steamship service between this island and Shanghai. These actions induced public concerns about the sovereign rights by Chinese people and led to diplomatic disputes. After the official inquiry and multiple negotiation between the Chinese government and Englishmen, the real estates purchased by Englishmen were finally redeemed by Chinese people. However, the North Saddle Island lost the chance for development and then returned to a bleak and barren island.

Keywords: The North Saddle Island; Lighthouse; Electric Cable; Foreign Immigrant; Sovereignty

（执行编辑：王潞）

海洋史研究（第十四辑）
2020年1月 第180~198页

聚岛为厅：清代海岛厅的设置及其意义

朱 波*

厅是清代特有的行政区划类型。据《清会典》，“府分其治于厅，凡抚民同知、通判，理事同知、通判，有专管地方者为厅”[①]，这指的是政区意义上的厅。清代专管地方的政区厅主要分布在边疆少数民族地区、沿海地带和内地的边缘区域等国家统治力量较为薄弱的地方。有清一代，在沿海地区存在数个辖境主要由海岛构成的政区厅，它们是海门厅、定海厅、南田厅、玉环厅、澎湖厅、南澳厅（如图1）。这些厅的辖境包括海域和陆域两部分，其中陆域部分主要由海岛构成，此即本文所要论述的海岛厅。[②] 此外，清代厦门厅、平潭厅、三都厅等也是与海岛相关的厅，但它们属“无专管地方之同知通判，是为府佐贰，不列于厅焉”[③]。虽有“厅”名，却非政区，故本文不对其做专门研究。[④] 清代台湾岛、海南岛上的厅，其辖境的陆域部分

---

* 朱波，复旦大学历史地理研究中心博士研究生。
本文为教育部人文社会科学重点研究基地重大项目“《清会典》地理研究”（批准号15JJD770009）之阶段性成果。

① 光绪《清会典》卷4，《大清五朝会典》本，线装书局，2006，第16册，第29页。

② 除玉环厅外，其他各厅陆域部分完全由海岛构成，玉环厅陆域部分包括楚门半岛，但治所位于玉环岛，该岛1977年与大陆相连，成为半岛。

③ 光绪《清会典》卷4，《大清五朝会典》本，第16册，第29页。

④ 有关厦门厅、平潭厅的相关考证见傅林祥、林涓、任玉雪、王卫东著《中国行政区划通史·清代卷》，复旦大学出版社，2017，第300页。

只是由海岛的部分区域构成，甚至有的厅并不靠海（如埔里社厅），故不属海岛厅。

海岛问题历来是海洋史研究的热点。近年来，关于近海大中型岛屿的研究日渐增多，其中不少涉及海岛厅的设置。[①] 在对清代厅和沿海政区的个案研究中，也有一些是关于海岛厅的。[②] 本文在现有研究基础上进一步探究清代海岛厅的设置过程、制度化运作、地理基础等问题，总结清代海岛厅设置的历史意义。

一　清代海岛厅的设置过程

厅作为一种地方行政单元，在明代已有萌芽，[③] 清代逐渐趋于成熟。府的佐贰官同知或通判被派遣到地方并管辖一定区域，称作“分防”，随着时间的推移，其分防地（管辖区域）逐渐转变为与府、州、县类似的行政单元和地理单元，成为政区意义上的厅。[④] 清代海岛厅的形成过程即同知、通判的分防体制在海岛地区的推广过程，因各海岛的历史背景及地理环境各不相同，其设置情形也各有差异。

---

① 例如，王潞《从封禁之岛到设官设汛——雍正年间政府对浙江玉环的管理》，张伟主编《中国海洋文化学术研讨会论文集》，海洋出版社，2013；龚缨晏《南田岛的封禁与解禁》，《浙江学刊》2014 年第 2 期；吴榕青、李国平《早期南澳史事钩稽》，《国家航海》第 9 辑，上海古籍出版社，2014；谢湜《明清舟山群岛的迁界与展复》，《历史地理》第 32 辑，上海人民出版社，2015；祝太文《清代浙江南田诸岛的封禁与展复》，《公安海警学院学报》2016 年第 2 期；王潞《论 16 ~ 18 世纪南澳岛的王朝经略与行政建置演变》，《广东社会科学》2018 年第 1 期。专著，如卢建一《明清海疆政策与东南海岛研究》，福建人民出版社，2011；龚缨晏《象山旧方志上的地图研究》，浙江大学出版社，2016；王潞《清前期的岛民管理》，杨国桢主编《中国海洋文明专题研究》第 10 卷，人民出版社，2016。

② 例如，刘灵坪《清代南澳厅考》，《历史地理》第 24 辑，上海人民出版社，2010，第 204 ~ 205 页；李智君《海洋政治地理区位与清政府对澎湖厅的经略——以风灾的政府救助为中心》，《社会科学战线》2012 年第 11 期。徐枫《从太通道到海门厅：雍乾时期长江口沙务管理机构的变迁》，《史林》2016 年第 1 期；朱波《清代玉环厅隶属关系考辩》，《历史地理》第 34 辑，上海人民出版社，2017，第 133 ~ 140 页。专著如祝太文《清代浙江行政职官与海防关系研究》，光明日报出版社，2016。

③ 傅林祥：《清代抚民厅制度形成过程初探》，《中国历史地理论丛》2007 年第 1 期。

④ 清代厅的形成过程参见吴正心《清代厅制研究》，硕士学位论文，台湾中正大学，1995；〔日〕真水康树：《清代“直隶厅”与“散厅”的“定制”化及其明代起源》，《北京大学学报》（哲学社会科学版）1996 年第 3 期；傅林祥《清代抚民厅制度形成过程新探》，《中国历史地理论丛》2007 年第 1 期；席会东《清代厅制初探》，《中国历史学会史学集刊》2011 年第 43 期；胡恒《厅制起源及其在清代的演变》，《文史》2013 年 2 期。

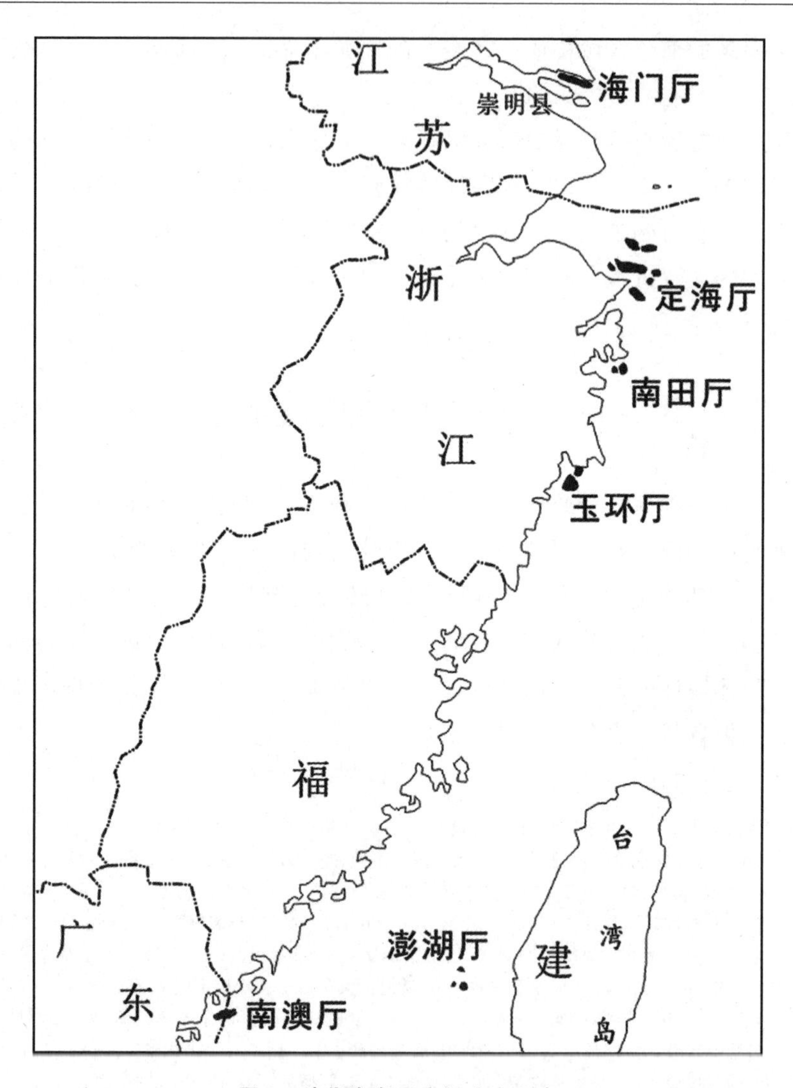

图1　清代海岛厅空间分布示意

注：本图依据海门厅设置初期的地理特征绘制，展现了有清一代海岛厅空间分布状况，图中各厅的存在时间不具有共时性。南田厅设置时，海门厅已与大陆相连。

底图来源：中国历史地理信息系统（CHGIS），复旦大学历史地理研究中心，2003年6月。

（一）澎湖厅

澎湖厅治所位于今台湾省澎湖县，其辖境陆域部分由澎湖列岛构成

(图2)。澎湖战略位置十分重要，无事之时，“海舶过台者，必视澎山为标准；或风潮不顺，则仍收泊澎湖，幸免蹉跌”。[①] 台湾一旦有战事，“内地舟师东征，皆恃澎湖为进战退守之地”。[②]

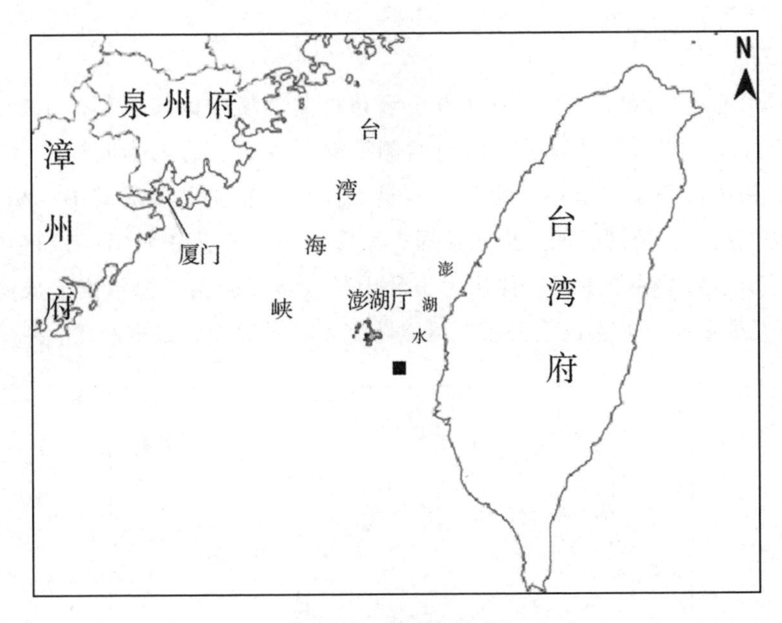

图2 清代澎湖厅及周边区域示意

底图来源：中国历史地理信息系统（CHGIS），复旦大学历史地理研究中心，2003年6月。

澎湖列岛至迟在元代就设有单独的行政机构。据汪大渊《岛夷志略》，元代澎湖“地隶泉州晋江县，至元间立巡检司”。[③] 在中国古代的航海技术条件下，澎湖作为远海岛屿，距大陆和台湾都较为遥远，不便被大陆或台湾岛上的基层行政机构管辖，具有独立建治的必要性。康熙二十三年（1684），清政府在澎湖设副将一员，统兵两千，[④] 但文官仍只有巡检一名，“与副将对掌文武之任，司监放粮饷、稽查偷匪，愈觉轻微，均难资弹压办理之益”。[⑤] 雍

① 光绪《澎湖厅志》卷1《封域》，《台湾文献史料丛刊》第1辑（15），台北，大通书局，1984，第9页。

② 光绪《澎湖厅志》卷1《封域》，《台湾文献史料丛刊》第1辑（15），第9页。

③ 汪大渊：《岛夷志略校释》，苏继庼校释，中华书局，1981，第13页。

④ 《清圣祖实录》卷115，“康熙二十三年四月己酉条”，中华书局，1987，第5册，第191页。

⑤ 中国第一历史档案馆编《雍正朝汉文朱批奏折汇编》第8册，雍正四年十一月二十八日，江苏古籍出版社，1986，第540～541页。

正五年（1727），闽浙总督高其倬建议“添设台湾府通判驻扎澎湖，而将巡检裁去，似于监放、巡查诸务亦似有益”。[①] 是年，台湾府通判驻扎澎湖，以澎湖列岛及所属海域为专管地方。随后，逐渐有了澎湖厅之名。

（二）玉环厅

清代玉环厅治所位于今浙江省玉环市，其辖境中的陆域部分由楚门半岛、玉环岛、洞头列岛以及乐清湾西侧沿海的盘石、蒲圻等地构成（如图3）。清初厉行海禁，玉环一度禁止开垦。但“无籍游民多潜其中，私垦田亩，刮土煎盐，及网船渔人搭寮住居，渐次混杂”。[②] 雍正六年（1728），浙江总督李卫力主展复玉环。他认为玉环山长期弃置会给沿海治安造成隐患，“会委大员查勘，如果设兵增戍，可以防御，开垦地土，足供经费”。[③]

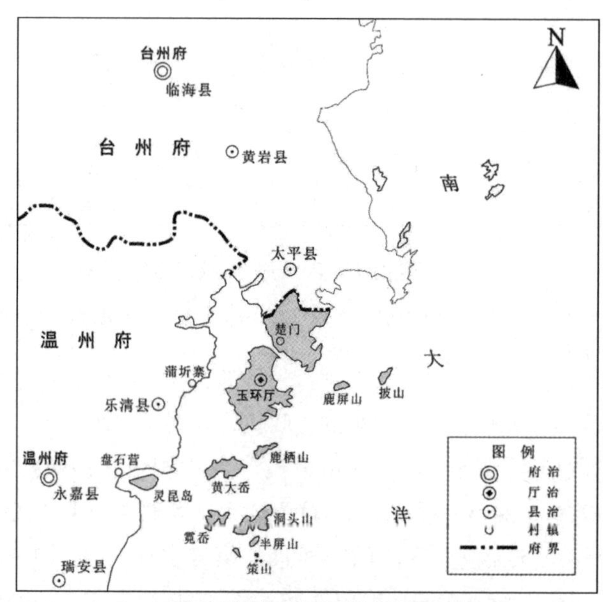

图3 清代玉环厅位置示意

注：清代玉环厅辖境包括乐清湾沿岸的盘石、蒲圻等大陆沿海区域。

底图来源：中国历史地理信息系统（CHGIS），复旦大学历史地理研究中心，2003年6月。

① 中国第一历史档案馆编《雍正朝汉文朱批奏折汇编》第8册，雍正四年十一月二十八日，第541页。

② 中国第一历史档案馆编《雍正朝汉文朱批奏折汇编》第8册，雍正四年十一月二十日，第476页。

③ 中国第一历史档案馆编《雍正朝汉文朱批奏折汇编》第8册，雍正四年十一月二十日，第476页。

是年，分台州府太平县楚门、老岸、南塘、北塘，乐清县盘石、蒲圻、三盘等地，设置温台玉环清军饷捕同知，[①] 治玉环岛。玉环同知以展复后的玉环岛及周边区域为专管地方，是为玉环厅；其辖境原属温州府、台州府，且有权管理两府涉玉环山事务，故又称温台玉环厅。

（三）南澳厅

南澳厅治所位于今广东省南澳县，其辖境的陆域部分由南澳岛及附属岛屿构成（图4）。南澳岛位于粤闽交界之海域，“前襟大海，后枕金山，屏障内地，控制外洋”，[②] 实为“闽、广上下要冲，厄塞险阻，外洋番舶必经之途，内洋盗贼必争之地”，[③] 故被称作“闽粤咽喉形势之最胜者也”。[④] 尽管南澳岛幅员较小，耕地有限，但其交通和军事地位使其发展成一个独立的县级行政单元。

设厅之前，南澳岛“分隆、深、云、青四澳。云、青属闽，诏安治之；隆、深属粤，饶平治之”。[⑤] 清康熙二十四年（1685），南澳设总兵，分左右二营，左为福营，右为广营。[⑥] 这种分属两省的军事驻防格局，会对行政管理造成不便，因此需要设置专官管理民政，统一事权。雍正十年（1732），广东总督郝玉麟上奏，南澳“孤悬海岛，界联闽粤，兵民杂处，商船络绎，实为海疆冲要之区”，[⑦] 故请“添设粤闽海防军民同知一员，驻扎南澳，照州县之例……凡四澳军民保甲、编烙渔船、监放兵饷，一切事宜，俱归该同知管理”。[⑧] 职权方面，“该同知职任海防，应照厦门同知之例，兼理刑名钱谷，地方命盗等事悉归该同知就近勘审，分别径解各该知府申转”。[⑨] 是年，

---

① 《清世宗实录》卷67，雍正六年三月甲戌，中华书局，1987，第7册，第1026页。

② 乾隆《南澳志》卷2《疆域》，《中国地方志集成·广东府县志辑》（27），上海书店出版社，2003，第388页。

③ 蓝鼎元：《潮州海防图说》，《皇朝经世文编》第4册，卷83，沈云龙主编《近代中国史料丛刊》第74辑，台北，文海出版社，1966，第2945页。

④ 乾隆《南澳志》卷3《疆域》，《中国地方志集成·广东府县志辑》（27），第388页。

⑤ 蓝鼎元：《潮州海防图说》，《皇朝经世文编》第4册，卷83，沈云龙主编《近代中国史料丛刊》第74辑，第2945页。

⑥ 乾隆《南澳志》卷3《建置》，《中国地方志集成·广东府县志辑》（27），第403页。

⑦ 中国第一历史档案馆编《雍正朝内阁六科史书·吏科》第68册，广西师范大学出版社，2002，第443页。

⑧ 中国第一历史档案馆编《雍正朝内阁六科史书·吏科》第68册，第444页。

⑨ 中国第一历史档案馆编《雍正朝内阁六科史书·吏科》第68册，第444页。

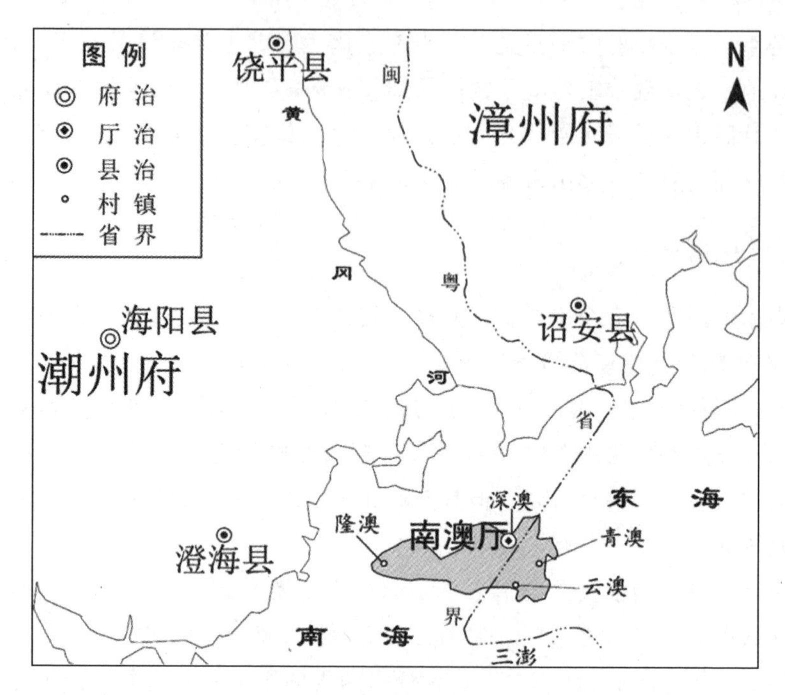

图4　清代南澳厅示意

底图来源：中国历史地理信息系统（CHGIS），复旦大学历史地理研究中心，2003年6月。

置“粤闽海防军民同知”，以南澳岛及所属海域为专管地方，后渐有南澳厅之名。

（四）海门厅

海门厅治所在今江苏省海门市，其辖境中的陆域部分由长江口外沿海沙洲（冲积岛）构成（图5）。

清初以来，长江口附近“日渐涨出沙洲，延袤数十里，悉皆报部升科，人动辄纷争，有断归通州者，亦有断归崇明者，更有断令两邑民人分垦者”。[①] 由于崇明、通州两地均有沙洲涨出，两处居民因争沙而纠纷不断，

① 大学士兼吏部事务傅恒：《题为遵旨议准江苏苏州府海防同知裁汰改为海门同知移设沙洲等事》，朱批奏折，乾隆三十三年四月初十日，档号：02-01-03-06230-008，中国第一历史档案馆藏。

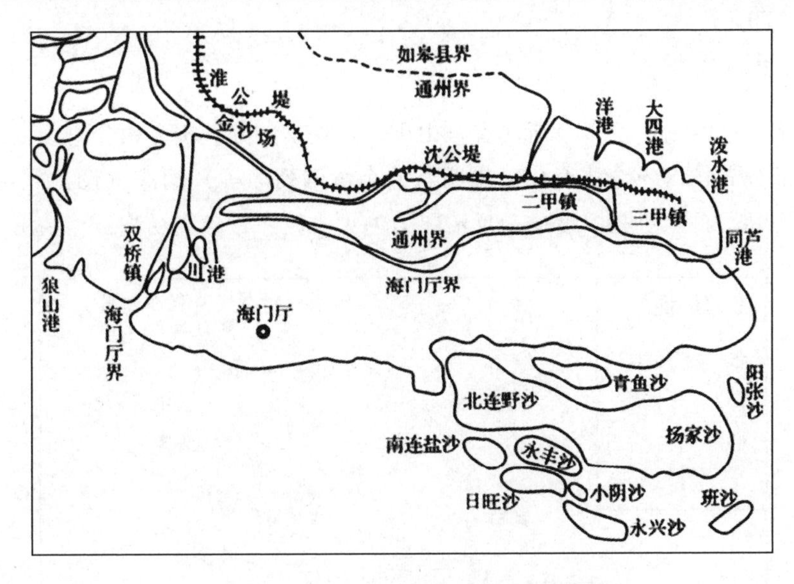

图5 清代（1875年）海门厅示意

底图来源：本图转引自孟尔君、唐伯平主编《江苏沿海滩涂资源及其发展战略研究》，东南大学出版社，2010，第11页；制图依据史料为光绪《通州直隶州志》首卷。

两地地方官均难于管理，“通崇之民互争数十年，抗官杀命之案无岁不有”[①]。乾隆三十三年（1768），江苏巡抚明德奏曰：“苏州府海防同知驻扎常熟，该县……原无需设员经理”，“若将海防同知裁汰，移驻通崇沙洲专管沙务，殊于地方民生有益”。[②] 于是，为解决通崇争沙的纠纷，将苏州海防同知“移设沙洲适中人民辐辏之地，定为海门同知，凡通州及崇明新涨各沙，悉归该同知管理。一切刑名钱谷事件，照依直隶厅之例亦俱归该同知专管”。[③] 海门同知以“通州之安庆、南安十九沙，崇明之半洋、富民十一沙，及续增之天南一沙”[④] 为专管地方，是为海门厅，因其直属于江苏布政使司，故又称海门直隶厅。

① 江苏按察使包括：《奏为崇明县北通州之南涨出沙地民人互争道署未建亟请移驻弹压事》，朱批奏折，乾隆五年四月二十一日，档号：04－01－01－0055－021，中国第一历史档案馆藏。

② 大学士兼吏部事务傅恒：《题为遵旨议准江苏苏州府海防同知裁汰改为海门同知移设沙洲等事》。

③ 大学士兼吏部事务傅恒：《题为遵旨议准江苏苏州府海防同知裁汰改为海门同知移设沙洲等事》。

④ 刘锦藻：《清朝续文献通考》卷312《舆地考八·江苏省》，《十通》第10种，商务印书馆，1936，第10557页。

（五）定海厅

定海厅的治所位于今浙江省舟山市，其辖境的陆域部分由今舟山群岛中的大部分岛屿（不含当时属于崇明县的今嵊泗列岛等）构成（图6）。明清交替之际，舟山更是一度成为反清势力的大本营，常年遭受战乱。

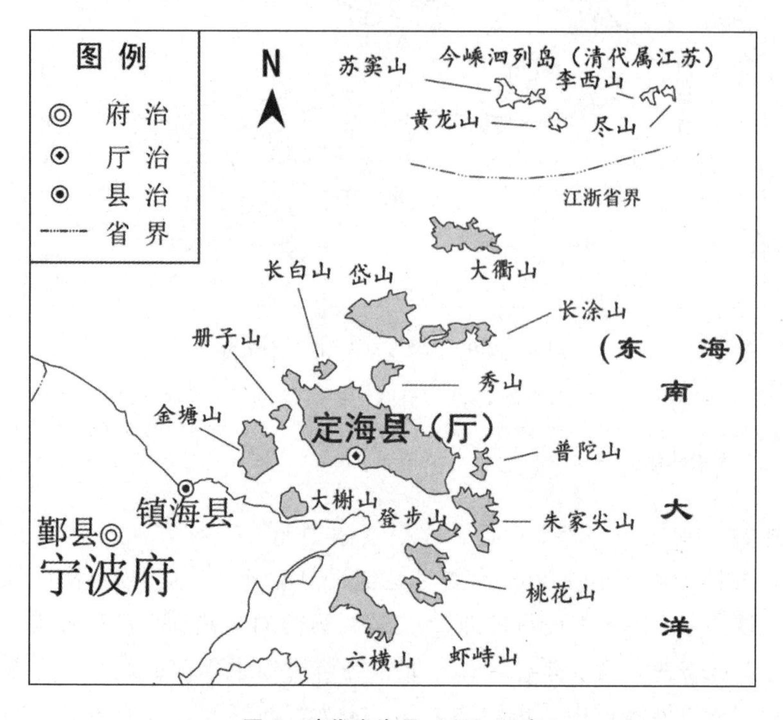

图6　清代定海县（厅）示意

底图来源：中国历史地理信息系统（CHGIS），复旦大学历史地理研究中心，2003年6月。

康熙二十五年（1686），“镇臣黄大来又会督抚题请设立县治，与营员内外抚绥弹压”。[①] 康熙二十六年（1687），奉上谕“山名为舟则动而不静，因易名定海”。[②] 道光二十年（1840）鸦片战争时，英军占领定海县城，定海知县姚怀祥殉国。道光二十一年（1841），英国归还定海之后，在善后定海事宜的过程中，钦差大臣、两江总督裕谦提出定海县知县应升为直隶同

① 缪燧修《定海县志》卷1《沿革》，康熙五十四年刻本，第39页下～第40页上。
② 缪燧修《定海县志》卷1《沿革》，第39页下～第40页上。

知："查定海孤悬海外，总兵之体制既崇，知县之品级似卑，每为弁兵所藐视。应请将定海县知县升为直隶同知，作为海疆提调要缺，隶宁绍台道管辖。其考校士子，审转案件，悉照直隶州之制。"① 是年，设定海直隶同知，其辖境（即原定海县辖境）直属于浙江布政使司，不再归属宁波府，故称定海直隶厅，简称定海厅。

（六）南田厅

南田厅治所在今浙江象山县南田岛，其辖境的陆域部分由南田列岛构成（图7）。南田厅"兀峙外海，贴近三门，与宁海、定海、玉环等厅县相为犄角，诚为东浙屏蔽，南洋要冲。其地近接石浦，遥隶象山，分四乡十都一百八岙，幅员广阔，岛屿分罗"。②

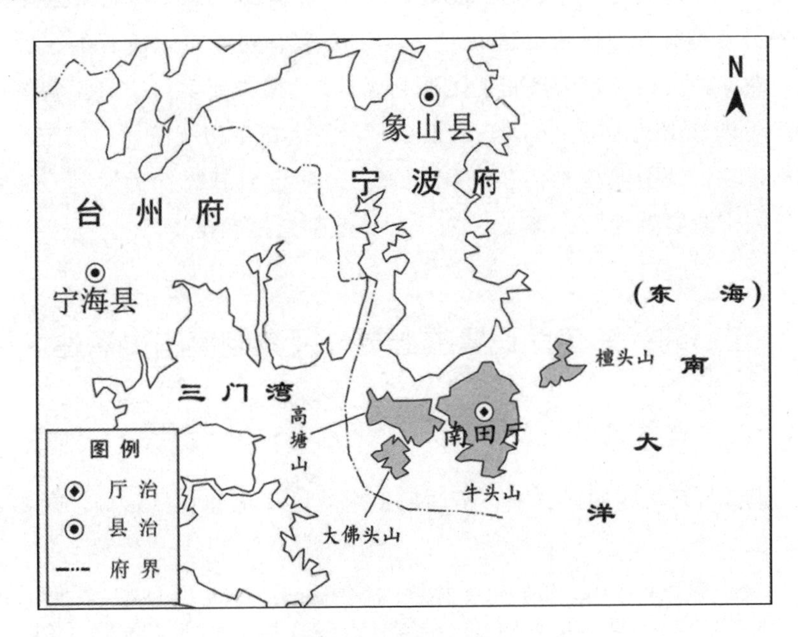

图7 清代南田厅示意

底图来源：中国历史地理信息系统（CHGIS），复旦大学历史地理研究中心，2003年6月。

① 军机大臣穆彰阿：《奏为遵旨会议浙江定海善后章程等事》，录副奏折，道光二十六年六月二十六日，档号：03－2986－041，中国第一历史档案馆藏。

② 《浙江巡抚增韫奏请设南田抚民厅并移驻文武员弁事》，朱批奏折，宣统元年六月初十日，档号：04－01－01－1092－024，中国第一历史档案馆藏。

清初南田与玉环、舟山一样被列入封禁之地，但舟山、玉环展复之后，南田却仍为禁地。乾隆年间，南田解禁问题逐渐被提上议事日程。乾隆十五年（1750），御史欧阳正焕“因奉差至浙，询及地方人稠田少情形，得闻南田填可垦之土甚多，因复细访”，[①] 并奏请开禁南田；但最终因闽浙总督喀尔吉善等人坚持认为南田不可开禁而作罢；此后嘉庆、道光、同治时期均有人提出开禁南田，均未被朝廷采纳。[②] 光绪元年（1875），浙江巡抚杨昌濬上奏，认为开垦南田会使政府增加大量的税收，“此实天地自然之利，弃之可惜”，更为关键的是“现值筹办海防，是处亦称要隘，不先招民耕作以实其地，难保无不逞之徒引外人窥伺之”。[③] 南田终于解禁，随着人口和耕地数量的增加，行政官员缺失的问题也开始显现，“旧设屯务委员一人收租编户，而无管理词讼之责，自非改设专员不足以资抚驭”。[④] 光绪三十二年（1906），署理闽浙总督崇善建议，将与宁波道府同城本无所事的宁波水利通判一缺移驻南田，定为海疆抚民通判要缺，[⑤] 但未能实行。直至宣统元年（1909），浙江巡抚增韫又奏请，“设一厅治，名曰南田抚民厅，以宁波府水利通判移驻，缺分与定海、玉环同一繁要。请定为海疆抚民通判，冲繁要缺，仍归宁波府管辖”。[⑥] 至此，南田厅才获朝廷批准设立。

二　清代海岛厅设置的必要性及其制度的灵活性

（一）海岛厅设置的必要性

在地方行政机构的设置上，清政府追求政区稳定和官员定额，既要兼顾

① 《清高宗实录》卷412，乾隆十七年四月丙午，中华书局，1987，第14册，第395～396页。

② 参见龚缨晏《南田岛的封禁与解禁》，《浙江学刊》2014年第2期，龚缨晏《象山旧方志上的地图研究》，浙江大学出版社，2015；祝太文《清代浙江南田诸岛的封禁与展复》，《公安海警学院学报》2016年第2期。

③ 《浙江巡抚杨昌濬奏为浙省沿海南田岛今昔情形不同请开禁听民耕作事》，录副奏折，光绪元年十月十六日，档号：03－6706－060，中国第一历史档案馆藏。

④ 《署理闽浙总督崇善奏为遵旨查明南田形势拟设专官经理以重海疆事》，录副奏折，光绪三十二年五月二十五日，档号：03－5460－142，中国第一历史档案馆藏。

⑤ 《署理闽浙总督崇善奏为遵旨查明南田形势拟设专官经理以重海疆事》，录副奏折，光绪三十二年五月二十五日，档号：03－5460－142，中国第一历史档案馆藏。

⑥ 《浙江巡抚增韫奏请设南田抚民厅并移驻文武员弁事》，朱批奏折，宣统元年六月初十日，档号：04－01－01－1092－024，中国第一历史档案馆藏。

地方行政的“定额观念”，又要随时新置政区的“刚性需求”，唯一可行的办法就是将既有的佐贰官移驻分防。[①] 海门厅即为此例。通州、崇明争沙之案“既非佐杂微员所能办理，且两邑之官各子其民，每遇纷争之案纠缠难结”。[②] 为解决纠纷，需设置新的政区“专管沙务”，而“若复设县治未免又需建造城池、学宫等项于沙洲之上”，[③] 耗费颇多。而苏州府海防同知原本“驻扎常熟，该县海塘外滩甚宽，虽遇大潮，离塘颇远，是以并无海塘工程，原无需设员经理”，故将其“移设沙洲适中人民辐辏之地，定为海门同知”。[④] 海门厅的设置，既解决了纠纷又不增加员额，不多花费，一举多得。

除了经济成本，行政成本也需考虑。海岛悬居海上，海洋风涛莫测，交通不便。玉环不设县的原因之一便是该岛“孤悬海面，若另作一县，则事权在府，事事必须禀命，文移往来海渡难于刻日”。[⑤] 又如南澳同知，“兼理刑名钱谷……庶免饶、诏二县地方官航海相验，往返提犯拖延”。[⑥] 专设海岛厅管辖海岛，可以避免由大陆沿海州县跨海而治所造成的不便。

海岛控扼海疆，防卫之责尤为重要。“与大陆相比，沿海及岛屿派驻佐理官或是设立独立行政机构一般兼具海上防御功能。”[⑦] 晚清吴曾英在《设险守国论》中论述海岛设治的海防作用：

> 沿海之沙洲岛屿极多，而悬海之府、厅、州、县极少，长此听其荒废，弃而不守，或永为逋逃渊薮，或如澳门、香港被外夷垂涎占据，可虑亦可惜，如就幅员广狭悉设郡邑，大者分治数县，小者合治一县，俾小民开垦升科，立子孙长久之业，苴丝保障亦足兵足食良图也。[⑧]

---

① 参见胡恒《皇权不下县？清代县辖政区与基层社会治理》，北京师范大学出版社，2015，第30页。
② 大学士兼吏部事务傅恒：《题为遵旨议准江苏苏州府海防同知裁汰改为海门同知移设沙洲等事》。
③ 大学士兼吏部事务傅恒：《题为遵旨议准江苏苏州府海防同知裁汰改为海门同知移设沙洲等事》。
④ 大学士兼吏部事务傅恒：《题为遵旨议准江苏苏州府海防同知裁汰改为海门同知移设沙洲等事》。
⑤ 张坦熊纂修《特开玉环志》卷1《司道会议》，第58页。
⑥ 中国第一历史档案馆编《雍正朝内阁六科史书·吏科》第68册，第444页。
⑦ 王潞：《清前期的岛民管理》，杨国桢主编《中国海洋文明专题研究》第10卷，第94页。
⑧ 吴曾英：《设险守国论》，葛士濬辑《皇朝经世文续编》卷72《兵政十一·地利上》，台北，文海出版社1972，第1831～1833页。

施坚雅（G. William Skinner）亦指出，“帝国边境——南部和西南的国境、亚洲内地边境，以及沿海——防卫的主要负担由直隶厅和散厅承担”，[①] 海岛厅正是如此。光绪二十五年（1899），意大利向清政府提出租借三门湾。“三门湾为南田一隅，南田环象山半面，地为南五省枢纽，由此东则浙，南则闽。……欲得南田之全，分象山之半以制五省之命。”[②] 尽管意大利的企图未能得逞，但仍有列强“兵舰商轮时来游弋测量……南田各岛皆以粉圈为标记”，[③] 对此地仍有觊觎。宣统元年（1909），增韫请设南田厅。“武职员弁，拟请以提标左营游击移驻南田适中之樊岙，与抚民厅统辖水陆全境。原驻郡城守备千总二员，移设龙泉、鹤浦两塘，分驻巡防。把总一员，随同游击驻扎樊岙，作为城汛。凡原隶左营驻扎郡城外额各弁，以及水师巡洋战守兵丁，一律随同改驻南田各岙，仍归提标统辖。”[④] 南田厅设置之后，加强了驻防力量，对巩固海防大有裨益。

海岛驻军有利于海防，但海岛之上文武官员的级别若相差悬殊，则于管理多有不便。如澎湖在通判设置之前仅有一巡检微员，“与副将对掌文武之任，司监放粮饷、稽查偷匪，愈觉轻微，均难资弹压办理之益”。[⑤] 李卫在考虑设置玉环同知时称，“其地在台、温两界之间，又须设立营制，知县位卑权轻，与参、游体统不敌，于隔属呼应不灵”。[⑥] 裕谦建议将定海知县升为定海直隶同知，“查定海孤悬海外，总兵之体制既崇，知县之品级似卑，每为弁兵所藐视。应请将定海县知县升为直隶同知，作为海疆提调要缺，隶宁绍台道管辖”。[⑦] 这些均是出于对文武官员匹配的考虑。清代厅的长官同知为正五品，“分掌督粮、捕盗、海防、江防、清军、理事、抚苗、水利诸事”；[⑧] 通判为正六品，“分掌粮运、督捕、水利、理事诸务”，[⑨] 品级、权

① 〔美〕施坚雅：《中华帝国晚期的城市》，叶光庭等译，中华书局，2000，第376页。

② 《工部学习主事陈畲为经理浙江南田安内靖外敬陈管见事呈文》，录副奏折，光绪三十一年十月十七日，档号：03-5460-142，中国第一历史档案馆藏。

③ 《工部学习主事陈畲为经理浙江南田安内靖外敬陈管见事呈文》。

④ 《宣统政纪》卷16，宣统元年六月癸卯条，《清实录》第60册，中华书局，1987，第315页。

⑤ 中国第一历史档案馆编《雍正朝汉文朱批奏折汇编》第8册，雍正四年十一月二十八日，第540~541页。

⑥ 张坦熊纂修《特开玉环志》卷1《题疏》，第10~11页。

⑦ 军机大臣穆彰阿：《奏为遵旨会议浙江定海善后章程等事》，录副奏折，道光二十六年六月二十六日，档号：03-2986-041，中国第一历史档案馆藏。

⑧ 《清朝通典》卷34《职官典十二》，《十通》第3种，商务印书馆，1935，第2210页。

⑨ 《清朝通典》卷34《职官典十二》，《十通》第3种，第2210页。

限均高于知县。通过派驻同知、通判，使文职官员具有足够的海岛事务管理权限。

（二）海岛厅制度的灵活性

清代同知、通判职权授予较为灵活，可因地制宜，便宜行事。玉环山展复后，需要设置行政机构管理，无论由太平、乐清两县分管还是设置新县，都有不便之处。“（玉环）从前分属台州之太平县、温州之乐清县，各辖其半。夫以隔洋之地，而使两县遥制，且有两府分属，殊失其宜。今虽志乘尚存两县都图名色，而迁弃既久，界址亦难划分。”① 最终，设专员，“定为温台玉环同知，凡涉玉环事务，温台属县俱听管理”。②“温台玉环同知”管理温、台两府属县涉及玉环的事务，具有跨府的行政职能，这是一般州县所不具备的。同时，玉环厅虽然在温州府境内，在空间归属上相当于温州府属散厅，但是玉环同知却与温州府知府一样直接对省级的藩、臬二司和介于省府之间道员，具有类似的统县政区的管理权限，故又有“玉环直隶同知”之名。③ 又如南澳厅“同属广东、福建两省共管，层级上是隶属于潮州府和漳州府的散厅”，④ 其管辖权限不仅跨府而且跨省。在粤闽两省对南澳厅的管理权限分配方面，据郝玉麟奏称：“（南澳厅）应受两省各该上司统辖，彼此不得差委……查粤属隆、深二澳，地方较广于闽省云、青二澳，其户口、田园租谷等项，亦多于云、青二澳，似应统归粤省主政，由潮州府申详各该上司考核，递年所需官俸役食银两亦统于粤省支给报销。”⑤ 南澳厅管理权限在粤闽之间的分配，是由各自管辖地方幅员的广狭和事务的繁简来决定的。清代厅的灵活性在海岛厅的设置上得到突出体现。

三 清代海岛厅的地理基础

海岛厅是由多个海岛“聚岛为厅”的，辖境海陆兼备，其设置深受海

① 张坦熊纂修《特开玉环志》卷1《题疏》，第10～11页。

② 《清高宗实录》卷327，乾隆十三年十月辛丑条，《清实录》第13册，中华书局，1986，第404～405页。

③ 朱波：《清代玉环厅隶属关系考辩》，《历史地理》第34辑，第133～140页。

④ 刘灵坪：《清代南澳厅考》，《历史地理》第24辑，上海人民出版社，2010，第204～205页。

⑤ 中国第一历史档案馆编《雍正朝内阁六科史书·吏科》第68册，第445页。

岛自然条件和区位的影响。“以往的历史政治地理研究大多是基于均质化的地面条件而进行的，很少注意到下垫面。”[①] 政区的“下垫面”即其辖境的自然地理条件。海岛政区即辖境，包括陆域和海域；其中陆域部分主要由海岛构成，海岛厅是其类型之一。[②] 海岛政区的类型与其“下垫面”关系密切。

海岛“根据其成因，可分为大陆岛和海洋岛；大陆岛又可分为基岩岛和冲积岛，海洋岛又可分为珊瑚礁岛和火山岛”。[③] 按照面积，海岛还可以分为特大岛（面积大于 2500km^2）、大岛（面积介于 100 km^2 ~ 2500 km^{2}之间）、中岛（面积介于 5 km^2 ~ 99 km^{2}之间）、小岛（面积介于 0.0005km^2 ~ 4.9 km^{2}之间）。[④] 海岛类型在一定程度上决定了其资源禀赋和开发条件，这是海岛政区设置的地理基础。一般来说，海岛越大，可耕地就越多，人口承载力也就越大，其政区层级便越高。

表 1　海岛类型与清代海岛政区类型对照

海岛名称	海岛类型(成因)	海岛类型(面积)	清代海岛政区
台湾岛	基岩岛	特大岛	台湾府/台湾省
海南岛	基岩岛	特大岛	琼州府*
崇明岛	冲积岛	大岛	崇明县
(沿海沙洲)	冲积岛	大岛	海门直隶厅
舟山群岛	基岩岛	大岛	定海县/定海直隶厅
玉环岛	基岩岛	大岛	温台玉环厅
南田岛	基岩岛	中岛	南田厅
澎湖岛	火山岛	大岛	澎湖厅
南澳岛	基岩岛	大岛	南澳厅

* 光绪三十一年（1905）由琼州府分出崖州直隶州。

表 1 中台湾岛和海南岛作为特大型基岩岛，其范围与大陆数个县甚至数个府州相当，幅员辽阔，资源丰富，农业生产条件优越，具有较大的人口承

① 张伟然、李伟：《论中国传统政治地理中的水域》，《历史地理》第 34 辑，第 141 ~ 152 页。

② 以此类推可得出海岛省、海岛府、海岛市、海岛厅、海岛县等相关概念。参见张耀光《关于我国海岛政区的层次结构研究》（《海洋开发与管理》，2000 年第 3 期）、《中国边疆地理（海疆）》（科学出版社，2001）、《中国海岛开发与保护——地理学视角》（海洋出版社，2012）。蒋荣《海岛政区范畴新释及海岛地区行政区划改革探议》，《社会》2003 年第 8 期。

③ 王颖主编《中国海洋地理》，科学出版社，2013，第 13 页。

④ 张耀光：《中国边疆地理（海疆）》，第 40 页。

载力。就人群的定居和开发条件来说，这样的特大岛无异于一片大陆，具备了单独设府甚至设省的地理基础。崇明岛和舟山群岛作为仅次于台湾岛和海南岛的大岛，幅员广阔，人口承载力大，能为国家提供较多的赋税，地方文化也较为发达。崇明在元代始设崇明州，明改为县，清代沿袭。舟山早在唐代便已设县，此后几经废置，清初恢复县治，后改为定海直隶厅。冲积岛地貌几乎为单一的平原，又有不断淤涨的沙田，土地肥沃，易于开垦。海门厅是由海中新涨沙洲（冲积岛）构成的，海门同知设置之时便规定“依直隶厅之例”。[①] 玉环厅因开垦而设，土地广阔，利于农耕，“该厅管理民事一切与直隶州相仿”。[②] 按清制，“凡抚民同知直隶于布政使司者为直隶厅”。[③] 定海、海门、玉环三厅被赋予与府类似的行政层级和管理权限，应同其幅员辽阔、农业生产条件好有关联。相比之下，幅员较小的南澳仅为散厅，澎湖、南田只设通判。可见，海岛幅员的大小是政区设置时考虑的首要条件。屈大均在《广东新语》中提到的“廉之龙门岛，高之硇洲，雷之涠洲、蛇洋洲，皆广百里，开辟之可以为一县”，[④] 这是以岛屿的幅员来评估设县的条件。就海岛厅而言，浙江巡抚明德在设置海门同知的奏折中称，沙洲“开辟甚广，现在将及万顷，已可抵一县之地”[⑤]。这亦是将海岛的大小与内陆一县的辖境做对比，来评估海岛设立行政区的可行性。

除幅员之外，海岛的交通和军事区位也影响了海岛厅的设置。澎湖列岛幅员狭小，“蕞尔丸泥，点点海上，似无疆域之足言矣”，[⑥] 同时作为火山岛，其地貌大多为岩溶台地，无高山大川，不宜耕种，但“舟从内地来者，望澎湖为指南，自台去者寄泊澎湖以候风信”。[⑦] 由于交通和军事上的重要性，澎湖厅即便岛陆狭小，海洋环境复杂却仍有通判的设置。南澳亦是如此，“（南澳）弹丸一岛，远寄于海天浩渺之区，其山川、土田曾不得比郡

① 大学士兼吏部事务傅恒：《题为遵旨议准江苏苏州府海防同知裁汰改为海门同知移设沙洲等事》。

② 《奏请以黄秉哲升署温台玉环厅同知事》，中国第一历史档案馆藏嘉庆朝朝朱批奏折，嘉庆八年二月初四日，档号：04-01-12-0263-076。

③ 光绪《清会典》卷4，《大清五朝会典》本，第16册，第29页。

④ 屈大均：《广东新语》卷2《地语》，中华书局，1997，第29页。

⑤ 大学士兼吏部事务傅恒：《题为遵旨议准江苏苏州府海防同知裁汰改为海门同知移设沙洲等事》。

⑥ 光绪《澎湖厅志》卷1《封域》，《台湾文献史料丛刊》第1辑（15），第49页。

⑦ 陈瑸：《条陈台湾县事宜》，《陈清端公文选》，《台湾文献史料丛刊》第8辑，台北，大通书局，1987，第5页。

县之一都一鄙”，[1] 然而区位重要，为“商舶海贾往来必经，漳泉粮食仰给海运。若南岙（澳）失守，是隔闽粤之肩臂，而塞漳泉之咽喉也”，[2] 故有同知之设置。清代的海岛厅大多依托大岛设置，只有南田厅为中岛，南田厅后改为南田县，后又并入三门县，今属象山县。南田县的最终撤销或与其幅员较小且无特殊区位优势相关。

四 清代海岛厅的历史意义

清代海岛厅的设置是中国海岛政区形成史上的重要事件，奠定了当代中国海岛市县（区）地理格局的基础。海岛政区在清代之前已有出现，[3] 但废置无常，清代海岛政区设置不仅趋于稳定且数量增多，层级和类型也更为丰富。最终形成由海岛府（台湾府、琼州府）、海岛厅（即上述六厅）、海岛县（崇明县、定海县）乃至后来的海岛省（台湾省），共同构成的层级完备的海岛政区体系。民国时，北洋政府颁布《划一现行各县地方行政官厅组织令》，“现设有直辖地方之府及直隶厅……名称均改为县……现设厅州地方，该厅、该州名称，均改为县……各以原管地方为其管辖区域”。[4] 清代的海岛厅被统一改为海岛县。当代中国的海岛市、县（区），大都为清代的海岛厅经由民国的海岛市、县演变而来（如表2）。

表2　清代海岛厅、民国海岛县与当代政区对应关系

清代政区	民国政区	当代政区
澎湖厅	澎湖县	澎湖县
玉环厅	玉环县	玉环市、温州市洞头区
南澳厅	南澳县	南澳县
海门厅	海门县	海门市（非海岛市）
定海厅	定海县	舟山市（定海区、普陀区、岱山县）
南田厅	南田县	（今属象山县）

① 乾隆《南澳志》后序，《中国地方志集成·广东府县志辑》（27），第386页。

② 王在晋：《海防纂要》卷1，《续修四库全书》第739册，上海古籍出版社，1996，第645页。

③ 如刘宋的东海县（侨置青冀二州），唐代的翁山县（宋昌国县、元昌国州），南宋的香山县、翔龙县，元代的崇明州（明清崇明县）等。参见王潞《清前期的岛民管理》，杨国桢主编《中国海洋文明专题研究》第10卷，第13~14页。

④ 中国第二历史档案馆编《中华民国史档案资料汇编（第3辑）·政治》（一），江苏古籍出版社，1991，第120页。

清代海岛由位于大陆的沿海政区兼管到由海岛政区专管，这一过程是以官员的分防为前奏的。清代，除了府的分防形成的厅，还有省的分防形成的道，州县的分防形成的县辖政区。[①] 台湾岛及附属岛屿、厦门岛一度归台厦道管辖，后分为台湾道和厦门道。台湾道管辖台湾岛及附属岛屿，台湾道的辖区即后来的台湾府乃至台湾省；厦门道管辖厦门岛及附属岛屿，民国后在此基础上设立厦门市。海南岛及附属岛屿和雷州半岛时而归雷琼道管辖，时而设琼州道单管海南岛及附属岛屿。琼州道、琼州府（在崖州直隶州设置之前）与今海南省辖境相同。清时，金门岛、海坛岛（平潭）等海岛曾一度设置县丞或同知来管辖，民国后成为海岛县。清代“海岛佐理官的派驻与海岛独立行政机构设置主要集中在东南沿海，这和东南海岛人口急速增多以及海上势力的崛起有关”。[②] 海岛政区的设置是国家行政管理方式适应海岛地区人地关系变化的结果。分防官员的管辖区域，起初只具有行政单元性质，后逐渐转变为兼具有地理单元意义的正式行政区，这是一个由“分官设职”到“体国经野”过程。清代的分防体制是海岛政区生成的重要制度渊源。

在中国当代海岛行政管理方式中，亦可见到与清代分防体制类似的制度理念。例如，浙江省舟山群岛新区、福建省平潭综合改革试验区、广东省阳江市海陵岛经济开发试验区、广东省台山市川岛试验区等。这些海岛管理区由作为省政府或市政府的派出机构“管委会”行使管辖权，其机构编制和职能相对正式行政区较为简略。其“分防区域”便是这些海岛管理区。“政区研究须古今界限打通，进行古代、近代与现代的无缝对接，进行纵贯古今的规律性探索。从古代政区中总结出来的原则，可作今日政区改革之参考；同样，今日政区现状也有助于理解古代一些政区的本义。”[③] 古今海岛管理方式的共同点不仅有助于帮助我们理解清代海岛厅的管理体制问题，也为当前我国继续完善海岛地区行政管理体制提供历史借鉴。

---

① 参见胡恒《皇权不下县？清代县辖政区与基层社会治理》，第 28 ~29 页。

② 王潞：《清前期的岛民管理》，杨国桢主编《中国海洋文明专题研究》第 10 卷，第 97 页。

③ 华林甫：《政区研究应该打破古今界限》，《江汉论坛》2005 年第 1 期。

Constituting Islands into Subprefecture（厅）: The Establishment of the Island Subprefectures（厅） of Qing Dynasty and Its Significance

Zhu bo

Abstract: The object of this paper is the island subprefectures（厅） of Qing Dynasty. Island subprefecture（厅） are subprefectures（厅） whose jurisdiction is mainly composed of islands. On the basis of introducing the reasons and process of the establishment of the island subprefectures（厅）, this article then discusses the necessity and flexibility of the island governed by Tong zhi（同知） or Tong pan（通判）. As a subprefecture（厅） composed of islands, its underlying surface is both land and sea, which is also the problem to be studied in this paper. Finally, this paper discusses the historical status of islands subprefecture（厅） in Qing Dynasty and the practical significance of its system.

Keywords: Qing Dynasty; Subprefecture（厅）; Sea Islands; Island Subprefecture（海岛厅）; Island Administrative Region

（执行编辑：江伟涛）

海洋史研究（第十四辑）
2020年1月　第199~215页

17世纪及其前后雷州半岛与域外海路交往史料探析
——从一幅荷兰古海图说起

陈国威*

雷州半岛是我国大陆南端最大的一个半岛，东濒南海，南隔琼州海峡与海南省相望，西临北部湾。历史上雷州半岛既介入素有“小地中海”之称的北部湾经济圈，亦参与南海海上交往圈。据《汉书》记载，雷州半岛的徐闻港为汉代海上丝绸之路始发港之一，但雷州半岛对外交往的文献缺失颇多，现笔者以17世纪一幅荷兰古海图为主，并结合其他几幅国内外古海图及相关文献资料等，探析17世纪及其前后雷州半岛与域外交往的历史。

一　从一幅荷兰古海图说起

经友人提供信息，笔者搜寻到2003年入选联合国教科文组织（UNESCO）的“世界记忆”名录之《布劳范德姆地图集》（*Blaeu-Van der Hem Atlas*）（见Atlas of Mutual Heritage网站）。[①] 该地图集最初出版于1665~1668年，共计逾50卷，包含2400多张全球海陆地图、印刷品和手稿等。其中有一幅《东京湾和华南地区海岸图》（见图1），这幅航海图亦见于蔡鸿生、包乐史等学者合著的《航向珠江——荷兰人在华南（1600~2000

* 陈国威，岭南师范学院岭南文化研究院、粤西濒危文化研究协同创新中心副教授。
① 感谢荷兰莱顿大学徐冠勉先生及香港中文大学吴子祺先生为本文写作提供信息。

年)》一书中。[①] 在这幅海图上有一些关于雷州半岛的内容，也许出自当时域外人对雷州半岛的信息记录，或可视为雷州半岛与域外交往历史之史料。

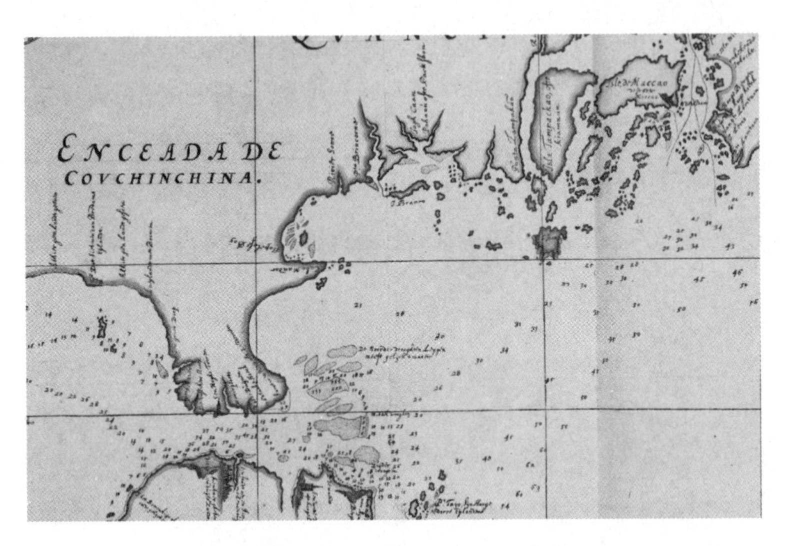

图1　《布劳范德姆地图集》之《东京湾和华南地区海岸图》局部

资料来源：http：//www. atlasofmutualheritage. nl/en/Map-coasts-Tonkin-South-China. 7486。

在这幅古海图上，雷州半岛区域中，右上角呈现为沙洲和海岛，标注荷兰文 Hopelose Baij，是“无望之湾”之意；[②] 在沙洲和海岛的下方，一块凸出的陆地被标注为葡萄牙文 Cabo Mandar，意为“官角”。在雷州半岛临南海的海域陆地，即现在吴川地区，也是此标示。在“官角”下方一大片沙洲的海域旁标注 De noorder droogten leggen meest gelijk't water，意为“北浅滩”；旁边还有 middel drooghten，意为“南浅滩”。相对而言，在现在徐闻县南部地区的地名标注则相对比较密集，也许是域外人士比较熟悉的地方。海图上注有 water plaets，是荷兰语“有水之地”的意思，这个位置不知是海安港附近，还是二桥村附近（即现粤海铁路北港码头）？因为这两处都有淡水河注入大海：海安港是大水桥溪，二桥村是白水河；二桥村传说是汉时徐闻港。“有水之地”的西面有 een HogheTooren，意思是“一个高耸的塔”，

① 蔡鸿生、包乐史：《航向珠江——荷兰人在华南（1600～2000年）》，广州出版社，2004，第8～9页；标示为“图4：华南地图”。

② 地图上外文由荷兰莱顿大学徐冠勉先生帮忙译出，特此致谢！

海图上地名旁还有一个中国塔式建筑的图像，很可能就是徐闻县城里始建于明代的登云塔。登云塔于明万历四十三年（1615）动工，天启三年（1623）完工。[①] 现存有明代两通碑刻，为《建登云塔记》与邑人感念建塔知县应世虞伟绩的《应侯德政碑记》。[②] 在 een Hoghe Tooren 的西边有荷兰语 De Visschers Hoeck，为"渔民角"。"渔民角"西边的地名难以辨认，应该是 P. ta Ken Weer，可能是指今灯塔角（角尾乡）——中国大陆最南端所在地。角尾乡的灯塔角亦叫灯楼角，是1950年海南岛战役起渡处，此处亦是北部湾与南海海域交界处。灯塔角的北边写有 een groote dorp，意为"一个大村子"，再往北是 laeglandt met boomen，即"树林覆盖的低地"；最北边的地名是 alhiergeenlandtgesien，意思是"此处并未看到陆地"。而在"有水之地"的东面标注了 roode Duijnen（红色沙丘），再往东是 de Vlacke Hoeck（平坦的角），更东的是 komtnietnaderals 8 vademen，意思是"不能进一步靠近，因为（只有）8英寻"。图中琼州海峡则标示有几条测量过的水深航线、暗礁和沙洲。根据葡萄牙人等记录，在远征东方时，他们往往要测量航道，获得数据。[③] 只是不知此图上航道水深记录，是荷兰人测量的，还是其他人测量的？航海图上部的广州周边区域的标注，多采用葡萄牙语，推测绘图者是在葡萄牙人所绘的华南海图基础上叠加上去的。相对而言，雷州半岛的中心地带——雷州府城及其周边地区完全在海图上缺失。这与另一幅荷兰人林斯豪顿（Jan Huijgen van Linschoten）1595年绘描的地图有所区别。《林斯豪顿地图》中标注的是雷州（Liucheu）及其周围的地方（见图2）。周运中认为，《林斯豪顿地图》上雷州之东的 Tachen，应是电城，即电白县城。其中间的"Pulotio 岛"是今湛江市的东海岛；雷州半岛西部的"Terra Alta"是钦州湾。[④]

这两幅古海图——《东京湾和华南地区海岸图》与《林斯豪顿地图》，能否说明荷兰人或者葡萄牙人到过雷州半岛？1583～1587年，林斯豪顿跟随葡萄牙大主教到过东方，回国后他才出版地图。但相对另两幅国人所绘的

① 徐闻县志编纂委员会编《徐闻县志》，广东人民出版社，2000，第686页。

② 徐闻县文化广电新闻出版局编《徐闻县文物志》，中国文史出版社，2006，第105～107页。

③ "难除难走的浅滩太多，意味着他们只能在白天航行，手里拿着铅垂线随时准备测深，夜间落锚停船。"见〔英〕罗杰·克劳利：《征服者：葡萄牙帝国的崛起》，陆大鹏译，社会科学文献出版社，2016，第368页。

④ 周运中：《16世纪西方地图的中国沿海地名考》，《历史地理》2013年第2期。

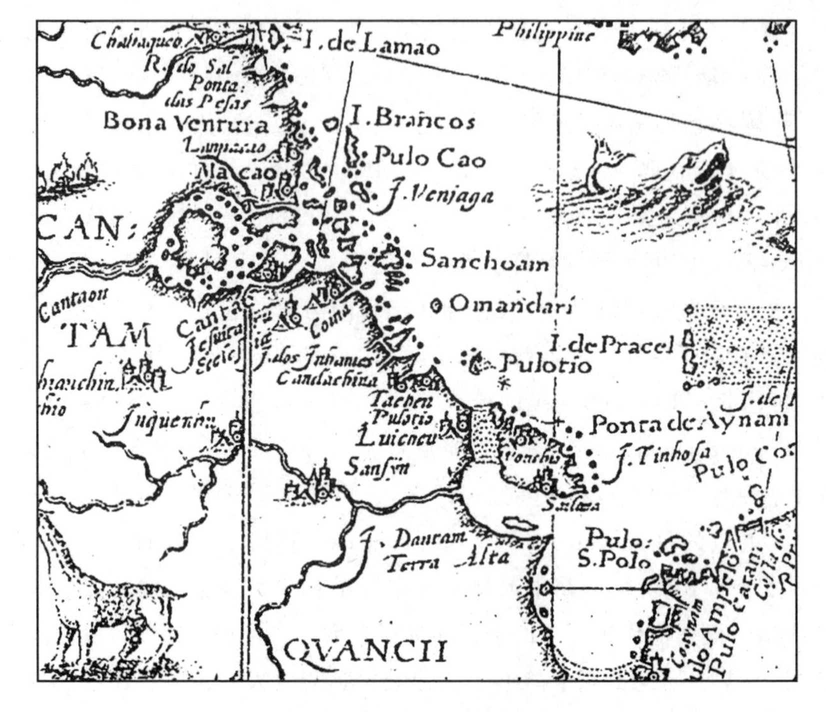

图 2　《林斯豪顿地图》局部

资料来源：周运中《16 世纪西方地图的中国沿海地名考》，《历史地理》2013 年第 2 期。

古海图而言，精确度却是更高一些。2008 年，牛津大学鲍德林图书馆（Bodleian Library）发现了一幅明代绘制的中国航海图（“The Selden Map of China”），学术界一般称之为《雪（塞）尔登中国地图》。[①] 这幅海图尺寸很大，长达 160 厘米，宽约 96.5 厘米，属于壁挂式地图。后期甚至有学者认为，在整个 17 世纪上半叶，该地图是“当时最精确的南海航海图。无论是过去，还是接下来的 400 年中，都没有另一幅地图能够望其项背”。[②] 但

① 龚缨晏：《国外新近发现的一幅明代航海图》，《历史研究》2012 年第 3 期；龚缨晏、许俊琳：《〈雪尔登中国地图〉的发现与研究》，《史学理论研究》2015 年第 3 期；林梅村：《〈郑芝龙航海图〉考——牛津大学博德利图书馆藏〈雪尔登中国地图〉名实辩》，《文物》2013 年第 9 期。林梅村认为，此图当绘于 1617 ~ 1644 年，见氏著《〈郑芝龙航海图〉考——牛津大学博德利图书馆藏〈雪尔登中国地图〉名实辩》（《文物》2013 年第 9 期，第 71 页）等。鲍德林图书馆有一个关于该地图的网页 http：//seldenmap. bodleian. ox. ac. uk/。

② 〔加〕卜正民：《塞尔登的中国地图：重返东方大航海时代》，刘丽洁译，中信出版社，2015，第 5 页。

在这幅巨大海图上却发现，雷州与琼州连在一起，琼州海峡已不存在，中国与外界交往的航线是直接从泉州出发，绕过海南岛的航线了（见图 3）。

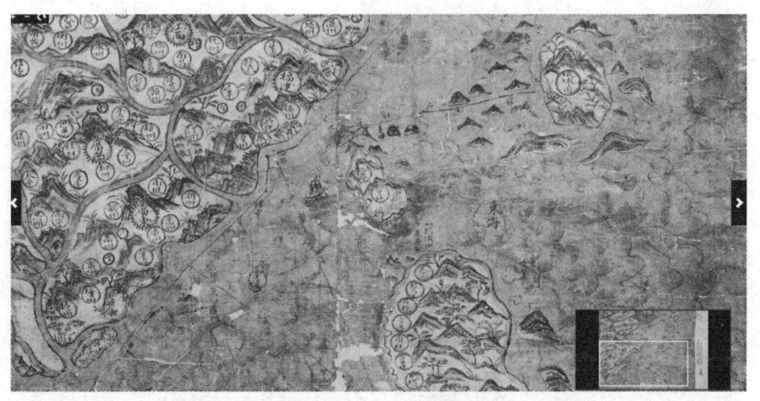

图 3　《雪（塞）尔登中国地图》局部

资料来源：http：//iiif. bodleian. ox. ac. uk/iiif/viewer/58b9518f-d5ea-4cb3-aa15-f42640c50ef3#? c = 0&m = 0&s = 0&cv = 4&r = 0&xywh = -1985% 2C1297% 2C8965% 2C4031。

而稍后绘于 18 世纪初期的施世骠的《东洋南洋海道图》，标注则相当精确（见图 4）。施世骠是清代名将施琅之子，对当时南海概况比较了解，再加上其好问博学，搜集大量翔实的海上资料，故其所绘海图可信度较高。施氏甚至在海图上加具体标识，如水体加绘水文波；沙滩以点表示，着黄色，颇为形象。可惜的是，对雷州半岛周围海洋实况，除了如《布劳范德姆地图集》之《东京湾和华南地区海岸图》一样，于琼州海峡东面标示多个沙洲、西面标示三个沙洲外，没有其他更详细的标示。

比对国内外的这几幅古代（约在 17 世纪、18 世纪初期）海图，不难发现，荷兰人的两幅古海图对雷州半岛绘制得更精确、更具体。尤其是《布劳范德姆地图集》之《东京湾和华南地区海岸图》，不仅相关区域的密集处和空白处都很清楚，而且航道的水深亦加以标注，这似乎让人觉得荷兰人——西方早期东西航线的开拓者，亲自来过这片海域和地区，并留下 17 世纪雷州半岛与域外交往的历史痕迹。

二　相关记载及实物

雷州半岛地处中国大陆南端，在古代很长时间中被中央王朝视为蛮荒、

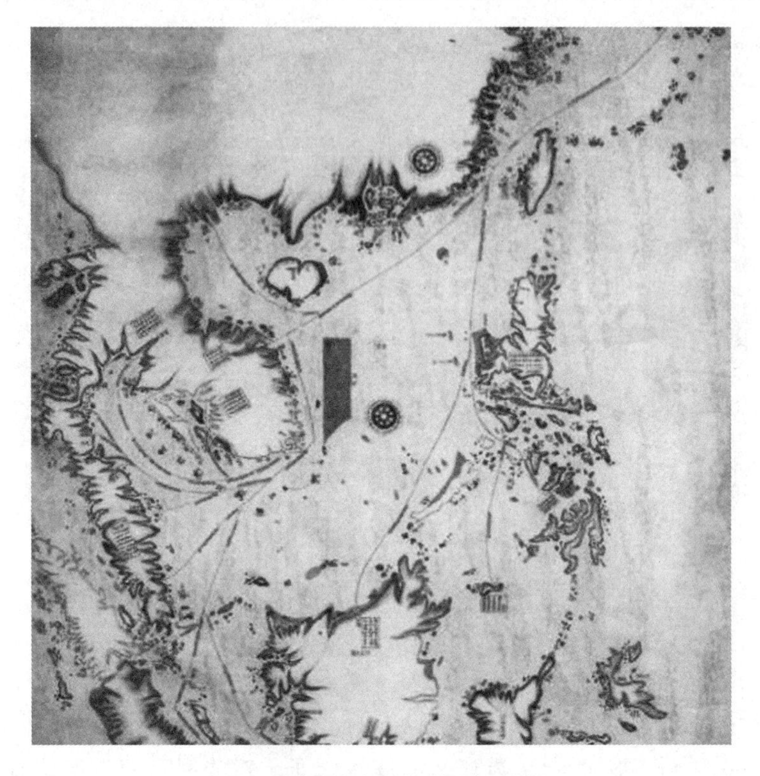

图 4　《东洋南洋海道图》局部

资料来源：邹爱莲、霍启昌《澳门历史地图精选》，图版 15，华文出版社，2000。

烟瘴之地，但由于其特殊地理位置，因此亦留下一些与外界交往的文献史料。

古代中国往往以一些特别的字眼来称呼边远、域外人群，“蛮”“狄”“戎”“夷”等即是。“番”亦是其中之一。《说文解字》卷二载：“‘番’，兽足谓之番。从采；田，象其掌。”① 明清以来，随着西方人的到来，“番”“番鬼”成为国人称呼域外人士的代称，尤其是对西洋人。如明武宗下诏：“禁约番船，非贡期而至者即阻回，不得抽分，以启事端。”② 明政府于嘉靖八年（1529）“令广东察番舶例许通市者，毋得禁绝；漳州则驱之，毋得停舶”。③ 张燮的《东西洋考》亦载：“红毛番，自称荷兰国，与佛郎机邻壤，

① 许慎：《说文解字新订》，臧克平、王平校订，中华书局，2002，第 66 页。

② 《明武宗实录》卷 113，台北，中研院历史语言研究所据红格钞本影印本，1962。

③ 《明世宗实录》卷 106，台北，中研院历史语言研究所据红格钞本影印本，1962。

自古不通中华。其人深目长鼻，毛发皆赤，故呼红毛番云。”[①] 另一明代海防文献亦载：“硇洲岛，在高州、雷州两府的交界处，控御诸番进入两府之南洋面的海道。”[②]《利玛窦中国札记》亦载：“为表示他们对欧洲人的蔑视，当葡萄牙人初到来时，就被叫做番鬼。”[③]

后期外国人对被称为番鬼记忆尤深：

> 我看见她做了一个愤怒的动作，诅咒那些奸诈的外国人。“番鬼”，这个词出现在所有的咒骂中，在我耳边响起无数次。就在这时，我恍然明白了它的含义。“番鬼”——字面意思“外国的魔鬼”。当番鬼的船驶过中国人通常没有设防的边界时，好奇的而且往往抱有敌意的人群立即跑向岸边，跑上甲板；母亲们指给孩子们看，告诫他们要蔑视、仇恨这些蛮人。我保证，孩子们不会忘记这些过早就开始的教育。[④]

甚至西方人也自称为“番”“番鬼”，如美国商人亨特。[⑤] 故有学者认为，明正德至万历年间，由于最早与西人接触的是广东沿海一带居民，故“鬼子”一词所具有的“洋”的指向，大多以广东方言“番”字的形态进入能指。明万历年后至 1840 年，在集体无意识的作用下，中国人沿袭明代的称谓，仍用“鬼”“番鬼”指称来华的西方人（主要仍是商人与传教士）。据称，对葡萄牙人初登澳门的地方，即被人称为“番鬼塘”，为一村子之名，现该村仍沿用此名。[⑥] 也就是说，在西人抵华最先到达的广东沿海一带，存在着称西人为“番鬼”“番鬼佬”习俗。

那雷州半岛是否亦有相关的记载、传说呢？在明代仅存的一部雷州半岛地方志——万历《雷州府志》（明代欧阳保纂，万历四十二年刻本）卷三《地理志一》中有记：

---

① 张燮：《东西洋考》卷 6《外纪考》，谢方点校，中华书局，2000。

② 郑若曾《海防一览》第二幅《正南向图记》，见郑若曾《郑开阳杂著》卷 8，《钦定四库全书》本。

③ 〔意〕利玛窦、〔比〕金尼阁：《利玛窦中国札记》，何高济等译，中华书局，1983，第 175 页。

④ 〔法〕老尼克：《开放的中华：一个番鬼在大清国》，钱林森、蔡宏宁译，山东画报出版社，2004，第 6 页。

⑤ 〔美〕威廉·C. 亨特：《广州“番鬼”录》，冯树铁译，广东人民出版社，1993。

⑥ 孟华：《中国文学中一个套话化了的西方人形象——“洋鬼子”浅析》，《中国文学中的西方人形象》，安徽教育出版社，2006，第 29 页、第 12 页注 1。

（雷郡）八十里曰愽袍山（高十五丈，盘围八里；故老传云昔番船夜泊见山石岩中有神光射天，乃舣舟寻访，闻有人声就而不见。番商告乡人立祠祀之，名射光岩，方广四丈许，因在愽袍村，故名）。[1]

愽（即博）袍村现隶属雷州市企水镇管辖，其北侧面是企水港，南侧面是海康港，与两港相连的都是北部湾。而距博袍村不远处有一地名曰“红毛番岭”——博袍村在英楼港的北面，红毛番岭在该港的南面，两地隔港相望，当地传说：“有一位红毛番公，满头红发。他不是当地人，是某村的，但绝不是外国人。红毛番公很有钱。也是因为他有钱，所以人们将这村名叫为红毛番村。这位红毛番公有钱达到什么程度呢？传说，他嫁女时，天下了八天雨，路上极不好走。于是他将人担来稻谷铺在路上，让婚礼进行顺利。至于这位红毛番公哪来这么多钱，听说他是在开荒时，挖到金蟹的。”[2] 从地图上不难看出，红毛番岭有一水道，可直达乌石港，[3] 水道距离大约为6公里。企水港、海康港、乌石港都处在雷州半岛的西边，与之相连的都是北部湾。

在地名上留有交往信息的还有雷州半岛东海岸的吴川地区。清光绪《吴川县志》卷二“井泉”条记载：“番鬼井，在芷寮斗门村后。昔有番鬼泊船于此，浚而汲泉，其井虽浅，泉出不竭，味甚清。”[4] 卷十“杂录”条明确说明芷寮港兴盛于明代万历年间，“芷寮，初属荒郊，居民盖草寮。造纸于岭头，人目之曰纸寮。万历年间，闽广商船大集，刱（创）铺户百千间，舟岁至数百艘，贩谷米，通洋货。吴川小邑耳，年收税饷万千计，遂为六邑之最……”明末清初吴川人陈舜系也记载：“闻芷寮初属荒郊。万历年间，闽、广商船大集，刱（创）铺户百千间，舟岁至数百艘，贩谷米，通

① 欧阳保等：《雷州府志》卷3《地理志》，日本藏《中国罕见地方志丛刊》，书目文献出版社影印本，1990。

② 陈国威：《广东雷州“红毛番岭”地名考》，《广东技术师范学院学报》（社会科学版）2014年第2期。

③ 《筹海图编》卷3“西路”条有载：“海安、海康、黑石、清道，并徐闻、锦囊诸隘，所以合防海澳操纵反测者也。”其中“黑石”隘口，李新贵博士注曰：“黑石巡检司，在广东雷州半岛上，今地待考。”李新贵译注《筹海图编》，中华书局，2017，第175～176页。“黑石”应是“乌石”，黑石巡检司应在乌石港内。

④ 毛昌善修、陈兰彬纂《吴川县志》卷2，清光绪十四年刊刻本影印，台北，成文出版社，1967。

洋货。吴川小邑耳，年收税饷万千计，遂为六邑最。"① 故在吴川地区有"金芷寮，银赤坎"民谚之流传。② 这也给卷二中"昔有番鬼泊船于此，浚而汲泉"留下很大的想象空间。

除了上述"番鬼井"记载外，还有"两家滩"的记载，明代郑若曾在《万里海防图》"两家滩"地名旁注有"番舶多在两家滩，乃遂、石二县要害，宜严防"。在第二幅《正南向图记》上也说："硇洲岛，在高州、雷州两府的交界处，控御诸番进入两府之南洋面的海道。"③ 一般认为徐必达等人编纂的《乾坤一统海防全图》是在嘉靖年间郑若曾绘制的《万里海防图》基础上所绘而成的，《乾坤一统海防全图》上的"两家滩"旁也注有："两家滩海澳为石城、遂溪二县要害，番舶多泊于此，遇警轮注防守"等字句。④ 清代汇编的海防文献《广东海防汇览》里亦载："高、廉、雷亦逼近安南、占城、暹逻、满剌诸番，岛屿森列，曰莲头港、曰汾洲山、曰两家滩……皆四郡卫险，而白鸽、神电诸隘为要。此防海之西路也。""两家滩营，在县东南五十里，海澳通大海，为石城、遂溪两县紧要。"⑤ 两家滩在今廉江市新华墟，即今湛江港湾底部。郑若曾是明嘉靖时期的人，其《万里海防图》缮绘的时间在嘉靖四十年至四十一年（1561～1562）；而唐顺之、郑若曾缮造的 12 幅沿海图完成时间"在嘉靖三十九年四月至四十年九月间"，⑥郑若曾于此基础上完成《海防一览》。

16～17 世纪，有关雷州半岛域外信息还有一些零星的文献记载，如《明熹宗实录》记载天启元年（1621）十一月丙寅，协理戎政李宗延言，"雷州府海康县有红毛番大炮二十余位，肇庆府阳江县有东南夷大炮二十余位，俱堪取用……下兵部"⑦。还有明代黄佐《广东通志》记载正德十四年

① 陈舜系：《乱离见闻录》卷上，中国社会科学院历史研究所明史研究室编《明史资料丛刊》第三辑，江苏人民出版社，1983，第 234 页。

② 相关研究可参考拙文《广东吴川吴阳古沉船为明代古船文献考析》，《广东海洋大学学报》2012 年第 2 期；陈国威、何杰《海洋文化视阈下雷州半岛与域外社会交往》，《浙江海洋学院学报》（人文科学版）2015 年第 6 期。

③ 郑若曾：《郑开阳杂著》卷 8《海防一览》。

④ 曹婉如等编《中国古代地图集·明代》，文物出版社，1995，第 39 页。

⑤ 卢坤、邓廷桢主编《广东海防汇览》卷 4《舆地三》，"险要三"条，王宏斌等校点，河北人民出版社，2009。

⑥ 李新贵：《明万里海防图初刻系研究》，《社会科学战线》2017 年第 1 期。

⑦《明熹宗实录》卷 16，台北，中研院历史语言研究所据红格钞本影印本，1962。

(1519)，“逐来雷州的佛郎机夷人出境”[①]。而在荷兰的相关文献中亦有雷州半岛的信息记载。1632 年，时任巴达维亚总督的布劳沃尔（Hendrick Brouwer）面对在中国迟迟找不到驻足点以及与葡萄牙人对立的局面，认为可以采用武力迫使明朝就范，促使明政府开放沿海贸易，并封锁澳门，以达到孤立乃至驱逐葡萄牙人和西班牙人的目的。他认为这场对中国人的“严酷的战争”是可以进行的。大致策略如下：第一，先派快船和帆船占领从南澳到安海的整个中国沿海，对从暹罗、柬埔寨、北大年和交趾（Cochin-China）及其他地方的来船“不加区别一概拦截”，对粤闽两地进行封锁。第二，派遣“整个基督徒和中国人的力量前往广州湾，这样从南到北，烧杀掳掠，直到广东的地方官员郑重地准许我们的自由无障碍的贸易”。第三，如果在广州、澳门的行动不顺利，荷兰人将分兵三路，“攻打占城……攻占台湾北部西班牙人的基地鸡笼（Kelang）和淡水（Tamsuy）”及其他地方，并拦截海面船只。[②] 据相关历史文献记载，明朝时，“广州湾”所指的大致就是现在吴川一带的海域。嘉靖、万历间修《苍梧总督军门志》卷五“舆图三”中《全广海图》第三幅图上的雷州沙头洋外有“东海场，属雷州府”字样；在第四幅图上的吴川县南仙门港外标注为“广州湾”。[③] 从这份策略书中也许可以推断荷兰人对雷州半岛东海岸是有所了解的。

三　相关考析

根据前文记载，可判断在 16 ~ 17 世纪，雷州半岛存在与域外的交往。接下来笔者将对上述文献资料略作辨析。

先看看“两家滩”，《乾坤一统海防全图》与郑若曾的《万里海防图》都言及“番舶”。但荷兰《林斯豪顿地图》与《东京湾和华南地区海岸图》都没有相关信息，似乎荷兰人对此没有了解。事实上，1632 年、1633 年布劳沃尔“严酷的战争”策略中提及的广州湾即距此不远。《筹海图编》卷三载：

---

① 黄佐：《广东通志》卷 62，《钦定四库全书》本。

② 程绍纲译注《荷兰人在福尔摩莎（1624—1662）》“布劳沃尔（Hendrick Brouwer），巴达维亚，1633 年 8 月 15 日”，台北，联经出版事业公司，2000，第 126 ~ 128 页。

③ 应槚辑，凌云翼等修《苍梧总督军门志》卷 5，赵克生等标点，岳麓书社，2015。

（西路）议者曰，广东三路虽并称险阨，今日倭奴冲突莫甚于东路，亦莫便于东路，而中路次之，西路高、雷、廉又次之，西路防守之责可缓也，是对日本倭岛则然耳。三郡逼近占城、暹逻、满剌诸番，岛屿森列，防心注盻……若连头港、汾州山、两家滩、广州湾为本府之南翰，兵符重寄，不当托之匪人，以贻保障之羞也。[①]

由于荷兰人首航中国的时间约在 1600 年，[②] 航海先锋葡萄牙人则在 1514 年（明正德九年）就抵中国海岸贸易，[③] 因而郑若曾两海图中所言的"番舶"之"番"指的到底是葡萄牙人，还是其他域外人士？李新贵认为郑若曾《海防一览》（见图 5）提及的"更番防御""控御诸番"中的"番"据图可知为"赤土诸番"（赤土，今柬埔寨），[④] 但在郭棐《粤大记》之《广东沿海图》中，可以发现在电白莲头山旁标有"番船澳"一名，旁边注有"泊南风船三十只"。[⑤] 上述《筹海图编》亦言明"莲头"与"两家滩"是并称的，结合明正德十五年（1520）年间明政府将对外贸易地点从广州移到高州电白的概况，也许粤西海域上的"番""番舶"是包含有葡萄牙人等西方人含义的。总之，两家滩的"番舶"之"番"指称域外人士应该是没错的。明代，雷州半岛在海路上与域外交往的历史应是存在的。

对于两家滩的地理位置，民国《石城县志》卷二《舆地志下》记："两家滩在城南五十里，源出铜罗（锣）埇，经青阴桥过遂溪桃枝江，东流至鸡笼山，会东桥南桥二水，由石门入海；潮汐往来商船所泊。"[⑥] 石门临海，其目前所在地拥有一个很有意思的地名——官渡，昔时应有大港口存在。据

① 《中国兵书集成》编委会编《中国兵书集成·筹海图编》，解放军出版社、辽沈书社联合出版，1990。

② 〔荷〕包乐史：《中荷交往史 1601—1989》，庄国土、程绍刚译，台北，路口店出版社，1999，第 34 页。

③ 张星烺编注《中西交通史料汇编》第一册，中华书局，2003，第 458 页。亦有文献说，在明正德八年（1513）葡萄牙船只已抵达广东近旁的东涌进行贸易。见吴志良、汤开建、金国平主编《澳门编年史（第一卷）·明中后期（1494—1644）》，广东人民出版社，2009，第 18 ~ 19 页。

④ 见郑若曾《海防一览》第一幅《正南向图记》及第二幅《正南向图记》："硇洲岛，在高州、雷州两府的交界处，控御诸番进入两府之南洋面的海道。"（《郑开阳杂著》）。

⑤ 郭棐：（万历）《粤大记》，日本藏《中国罕见地方志丛刊》，书目文献出版社，1990。

⑥ 钟喜焯修，江珣纂《石城县志》卷二《舆地志下》（据民国二十年铅印本影印），台北，成文出版社，1974。

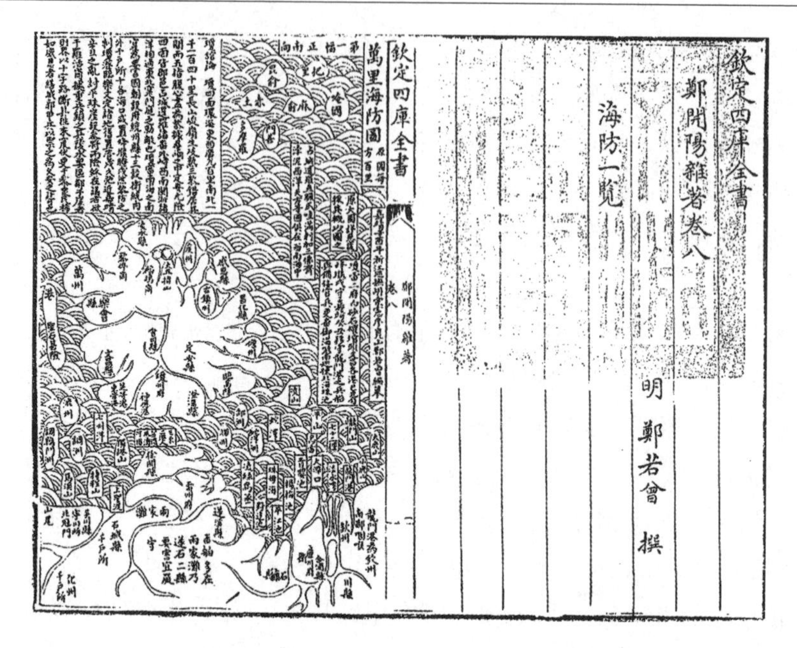

图 5　《海防一览》局部

资料来源：《郑开阳杂著》卷 8《海防一览》，《四库全书》本。

清光绪《吴川县志》卷一“地舆”条载：“石门港在县西南八十里，自石城县流入，又东南入海，阔二十余里，为海滨大港。”[①] 同卷还载：“石门，城西七十里，石城、遂溪分界，俗名门头。”而民国《遂溪县采访员一、二次报告》也说：“门头埠……商店约有六七十间。港颇深，出口货油、糖、生猪为盛，入口货咸鱼为盛。帆船辐辏，常有数十艘不绝。”[②] 对两家滩的情况，民国《石城县志》卷一还载：“在东桥河之西者曰两家滩河，由南墟南下至榄东后复折而东汇东桥、南桥两河于鸡笼山，过石门而注海。”由于是贸易商船停泊之地，清代自粤海关成立之后，两家滩一直是粤西区域主要关卡所在地（见图 6）。“设在广东西部的有梅菉（高州）和海安（徐闻）两个正税总口（下称“总口”），下设正税口、稽查口和挂号口有 18 个。至清道光十八年（1838），梅菉总口下辖的正税口有：两家滩、阳江；挂号口有芷寮、暗铺；稽查口有水东、硇洲。”在海关系统里，不同关口的功能是不

① 毛昌善修、陈兰彬纂《吴川县志》卷一，清光绪十四年刊刻本影印，台北，成文出版社，1967。

② 转见刘佐泉、岑元冯《寻古韵之集渡口驿站商埠于一身的石门渡》，《湛江晚报》2010 年 5 月 24 日，第 19 版。

图6　《粤海关志》中“两家滩关口”位置图

资料来源：梁廷枬《粤海关志》卷6《口岸二》，广东人民出版社，2002，第96页。

同的。“正税口负责检验进出口货物及征收关税；挂号口负责检查进出关境手续及收纳挂号费、销号费等；稽查口负责缉查走私。”两家滩是正税口，关口人数也略多些：“口书，廉州口、水东口、阳江口、两家滩口各1名，雷州口2名；巡役，海安总口、两家滩口、雷州口、钦州口、芷寮口各1名，梅菉总口2名；水手，钦州口2名，阳江口、雷州口、廉州口各4名，海安总口 5 名，芷寮口、两家滩口各 6 名，梅菉总口 7 名；……火夫，两家滩口、水东口、阳江口、芷寮口各 1 名。”[①] 周运中在《明代高雷商路与湛江港白鸽门水寨的设置》一文中，考证了嘉靖四十五年（1566）两广总督吴桂芳设立的白鸽门水寨的具体位置，认为：“明代湛江港附近的高州、雷州二府经济发展迅速，促使介于高州、雷州之间的白鸽门成为商路要冲。白鸽门水寨扼守湛江港中部海域，正是近代湛江港兴起的先声。”[②] 其实白鸽门寨是一个兵寨，两家滩才是一个关卡。高雷两地在明代时经济发展，促使政府在此设立重要关卡。另外，周运中认为，白鸽门水寨大概位置应在高州雷州交界处，而不是雷州遂溪交界处。笔者赞同其观点，但具体位置，他似乎把握不定，认为“因为白鸽门就在现在的湛江港，所以才能停泊数千只船”，“原来的白鸽门水寨很可能在湖村”。[③] 在这里笔者提供另外一条田野调研的线索，就是在现在两家滩附近，有一地名曰“白鸽港”，至于与历史上白鸽门有什么关系，就有待考证。但在 1910 年之后，两家滩在粤西关口系列中消失，粤海关及后来的总口皆不在两家滩设立关口，两家滩渐渐淡出人们的视野，但出现赤坎、大埠等距离湛江港更近的关卡。

不可否认，明代对荷兰人进行描述时，往往采用“红毛番”“红毛夷”等称呼。除了上述提及的文献外，还有《明史》载：“和兰，又名红毛番，地近佛郎机。”[④] 万历《广东通志》记：“红毛鬼，不知何国。万历二十九年，二、三大舶顿至豪镜之口。其人衣红，眉发连须皆赤，足踵及趾，长尺二寸，形壮大倍常，似悍澳夷。”[⑤] 明人王临亨在《粤剑编》中亦记：“辛丑九月间，有二夷舟至香山澳，通事者亦不知何国人，人呼之为红毛鬼。其人须发皆赤，目睛圆，长丈许。”[⑥] 地方志也载：“（熹宗天启）三年，红毛夷阑入新安，由佛堂门入，泊庵下。”[⑦]

---

① 湛江海关编《湛江海关志》，2011，第 84、81、85 页。

② 周运中：《明代商雷商路与湛江白鸽门水寨的设置》，李庆新、胡波主编《东亚海域交流与南中国海洋开发》（下），科学出版社，2017，第 615 ~ 616 页。

③ 周运中：《明代高雷商路与湛江白鸽门水寨的设置》，李庆新、胡波主编《东亚海域交流与南中国海洋开发》（下），第 608、611 页。

④ 张廷玉等撰《明史》卷 325《外国六·和兰》，中华书局，1974，第 8434 页。

⑤ 郭棐纂修《广东通志》卷 69《外志·番夷》，万历三十年刊本，日本早稻田大学数字图书馆藏。

⑥ 王临亨：《粤剑编》卷 3《志外夷》，凌毅点校，中华书局，1997。

⑦ 《广州府志·前事略》卷 79，张海鹏主编《中葡关系史资料集》上卷，四川人民出版社，1999，第 62 页。

若结合当地“红毛番岭”的传说（虽然当地人一直否认有外国人来过的历史），他们描述的这位“红毛番公”头发是红色的，这也是当地以“红毛番”称之的原因之一；很有钱，来自外地等，这给我们很大的想象空间。所谓“地名作为一种社会现象，每个地名都有它形成的年代、历史环境和历史的演变因素，并具有连续性的特征”，“地名能提供重要的证据，来补充并证实历史学家和考古学家的论点”。[①]

芷寮港“番鬼井”虽载在光绪县志上，但方志上采用一个“昔”字，也就是“番鬼井”的出现是在光绪年之前。《林斯豪顿地图》与《东京湾和华南地区海岸图》对此的记载虽然亦是空白，但据光绪《吴川县志》与邑人陈舜系《乱离见闻录》之记载可知，万历年间，芷寮港是一个贸易繁荣的港口，且这个港口与福建漳泉人有着密切的关系。而距离芷寮港不远处开埠于隆庆、万历年间的梅菉亦有漳州街的存在。[②] 历史上，漳泉地区与荷兰人的互相往来、关系密切已是共识。

有关广州湾方面的情况，据唐有伯考析，“清末之前的‘广州湾’一名……其最初所指当为吴川南三都田头岛、北颜岛南端与地聚岛所形成的一个海澳、海湾，其地势险要，极易成为海盗洋匪盘踞的基地，是高州府南部海防要地。因广州湾及其所属海域重要的海防地位，如今湛江港（湾）之原来吴川县所属的海域部分，又被笼统称为广州湾或广州湾洋面”。[③] 而在离这片海域不远处的台山海域，也有域外人士来粤西活动的遗迹。1990 年 4 月 11 日，湛江市硇洲岛渔民周妃山等 14 人分乘两船出海，到台山县下川岛西侧海域摸龙虾，在 20 多米水深处发现并打捞出水明代大铜炮，上有荷兰东印度公司徽章，并铸有“1642”字样（见图 7）。李庆新在《17 世纪广东与荷兰关系述论》中写道：“上世纪 80 年代粤西渔民在广东台山海域打捞到多门荷兰东印度公司铸有‘VOC’‘1642’年份字样的大炮，其中 1 门收藏于湛江市博物馆，当为明末在粤西海域活动的荷兰沉船遗物。”[④]荷兰东印

---

① 马永立：《地名文化》，南京大学教材，1998，第 8、74 页。

② 梅菉镇的历史从光绪朝前推三百年的主要证据，来自万历间薛藩所撰《重建北方真武玄天上帝庙记》和陈堂所撰《创建永寿庵记》。这两篇碑记在《梅菉志》卷 4《金石》中均有收录。见梁兆罂编纂《梅菉志》，吴川市地方志办公室整理出版，2009。

③ 唐有伯：《广州湾地名考辨——明清方志舆图中的广州湾》，《岭南师范学院学报》（哲学社会科学版）2015 年第 4 期。

④ 李庆新：《17 世纪广东与荷兰关系述论》，《濒海之地：南海贸易与中外关系史研究》，中华书局，2010，第 240 页图片注释。

度公司的标志是以 V 串联 O 和 C，旁边的字母表示某地派出的意思。如 A 表示是阿姆斯特丹（Amsterdam），R 是鹿特丹（Rotterdam），代尔夫特（Delft）是 D，米德堡（Middelburg）是 M，荷恩市（Hoom）为 H。打捞上来的铜炮标注是 H，应该是荷恩市派出的。

图 7　现藏于湛江市博物馆的荷兰铜炮（作者拍摄）

余　论

雷州半岛位于祖国南端，历史悠久，文化璀璨。但由于地处边陲，其历史文化材料的收集，仍有待加强。本文希望对雷州半岛海洋文化有进一步的阐释。此外，从两幅比较精确的古海图——《布劳范德姆地图集》之《东京湾和华南地区海岸图》与施世骠《东洋南洋海道图》，看出雷州半岛虽然早期有作为海上丝绸之路始发港的徐闻，但后期走向衰落——琼州海峡北面存在着一系列的沙滩，对从北部湾过来的船只航行造成一定影响。

Study on Historical Data of Sea Route Communication between the Leizhou Peninsula and Overseas Society in the 17th Century and Around

—Starting from an Age-old Nautical Chart of Holland

Chen Guowei

Abstract: Leizhou peninsula is located in the south of China and close to the Beibu Gulf and the South China Sea. It has always been an ocean channel for China to interact with the outside world since ancient times. Xuwen is an evidence as one of the starting ports of Maritime Silk Road. Based on historical materials and fieldwork data, the article analyzes historical materials related to sea route communication between Leizhou Peninsula and overseas society and explored the possibility of contact between the east and west coasts of Leizhou Peninsula and overseas society in the 17th century and around. These old-age nautical chart and historical documents not only enrich the history of Leizhou peninsula overseas contacts, but also lay the literature foundation for the further study on Leizhou Peninsula's navigational history.

Keywords: Leizhou Peninsula; Sea Route Communication; the 17th Century; Extual Research

（执行编辑：杨芹）

海洋史研究（第十四辑）
2020年1月 第216～225页

走进排港：海南岛古渔村的初步考察

冯建章 徐启春*

海南岛自然海岸线1226.5公里，人工海岸线596.3公里，总长1822.8公里。在将近2000公里的海岸线上分布着大大小小68个海湾。在这些星罗棋布的湾区中，海岛的先祖们根据“天时”“地利”“人和”法则，开辟出了数十处港口，又以海湾与港口为凭依，建构了众多渔村，如临高新盈、儋州白马井、澄迈东水港、东方港门村、三亚西岛、文昌宝玉村等。随着19世纪中期中国开启至今的现代化发展，这些古渔村在自然与社会潮流的侵蚀和冲击之下，日渐衰落。如今海南岛虽号称中国“后花园”，却已经找不到一个保存完好的古渔村，几乎每个古渔村都受到历史大潮的反复冲刷，大多陈旧不堪，其中所蕴含的文化精神也日渐消失。

“南海第一镇”的琼海潭门镇所辖的排港村，因早年交通较为闭塞，渔民们在20世纪末21世纪初，不断地迁往潭门旧县村委会一带，老宅子多被“遗弃”，一定程度上“幸运”地“残存”下来。但排港村老宅子如果再不引起重视，加以保护，随着潭门大桥的通车以及海南岛建设加快，这些老宅

* 冯建章，海南三亚学院副教授。徐启春，三亚学院教授。
本文为国家社会科学基金项目西部课题“海南非遗保护与南海主权研究”（课题号：17XSH004）阶段性调研成果。在调研过程中，采访了林兴文老船长、村委会莫太莯主任等排港村村民，特此致谢。

子将会受到冲击，归于消亡。

值得庆幸的是，对该村老宅子的保护已经引起政府的关注。2017 年琼海市提出了建设“美丽渔村”的概念，将该村纳入保护性利用范围，排港村的文化解读也提上了日程。在此，我们从建筑文化、宗族文化与海洋文化三方面对这一古渔村的文化遗产进行考察，试图阐析其文化内涵，希望有助于在保护性利用古渔村的进程中传承、延续该渔村优秀的传统文化。

一 排港村的建筑文化：村落与房屋

古代潭门港为一湾浅浅的水道，叫“合水溪”。清道光年间，渐成集市。初称九吉市，后称潭门市。民国初年有铺户 10 余家，供应乡民柴米油盐。民国二十八年（1939）因战乱店铺被毁。抗战期间，日军强逼民夫拆毁庙祠，建铺户 21 家，主要经营布匹、杂货和餐饮。抗战胜利后，潭门店铺增加到 50 余家，办起了造船业和烧窑业。新中国成立后，潭门新建店铺不多，但于 1973 年毁于台风，后迁至县城东 18 公里处的旧县坡。旧县坡为嘉潭、长潭公路终点站，西通嘉积，北抵长坡接灵文嘉线通文昌；水路通航岛内各港口和湛江、广州、港澳及东南亚各地。20 世纪 70 年代以后，潭门开始修建沿岸的堤坝，种植防护林，先后投资共达 3 亿多元，琼海人已将潭门建设成一个著名渔港。①

潭门号称“千年渔港”，排港村号称“500 年古渔村”。但“潭门”这一名字的使用不过一百多年的历史。古代“潭门”是一个地方的统称，后来为便于管理，政府逐步登记了各个自然村名。排港村原名“招舞村”，后改成“排港村”。据说这一名字跟墨香村一名渔霸向港里的渔民收税有关。旧时渔霸征收的赋税十分沉重，激发了渔民的反抗。当地政府官员为息事宁人，不得不出面干预。他们把港里的渔船分成了两排：一排收税，一排不收税。靠近不收税的那一排渔船船主所在的村子即“招舞村”，后改成了“排港村”，原来的村名“招舞村”慢慢就不再使用了。

傍水而居，是人类生存的规律。没有自来水之前，河流与水井对人类非常重要。排港村有一眼可养育几百人的水井。从最靠近水井居住的林姓人家

① 参见琼海市地方志编纂委员会编著《琼海县志》，广东科技出版社，1995，第 30 页。

家谱来看，他们迁来的历史有300年左右（1705年）[1]，宋元时期此地可能已经有民众居住。因为排港村地理位置非常优越，曾与元代的两大县衙门——会同县与乐会县——相距都不超过两公里。排港村离老渡口30米左右处，有一口古井。几百年来，这口古井不但解决了全村几百人的饮用水问题，而且为日新、旧县、墨香甚至草塘的渔船，提供远航西、南沙群岛的饮水。20世纪80年代，"排港女人"用五分钱一担水的价钱把古井的水挑卖到停泊在港湾里的船上，为潭门渔民远航西沙、南沙和南洋做出了不可磨灭的贡献。排港人像其他渔村的渔民一样，有"吃水不忘挖井人"的传统文化心理，现在水井周边装修得非常华丽。但见过风浪的排港人并没有认为水井有"井神"，所以对水井没有举行祭祀活动。

1973年9月，一场强台风给琼海带来最严重的水灾，有709人丧生，而海南全岛罹难人数多达926人。[2] 这次台风对排港村房屋损坏不大，没有死一个人，这一方面与该村房屋建造有关，另一方面与排港村东边沿海岸有长两公里多、宽达数百米的防护林不无关系。防护林一般由椰子树、蒲桃树、槟榔树等树木构成，茂盛的树蓬与根须可减弱风力、储蓄雨水，其果实还可以食用，体现了排港先祖的智慧。

在2013年潭门大桥通车之前，排港村与对岸潭门村的交通靠每天不断往返的轮渡。老渡口曾是排港人走出排港，与外界沟通的主要通道。潭门大桥开通后，渡轮停运。排港老渡口有座高三层的"望海楼"。船舵、马提灯，强化了"望海楼"的海洋味道。民国年间流传的一个凄美的爱情故事，与"望海楼"有关。据说，排港村一女子嫁到博鳌，婚后不久生下一子。后丈夫从排港村老渡口出海，下南洋做生意。妻子回博鳌家取一个新婚时用的枕头，回到老渡口时，丈夫则等不及与之告别，已经出海了。此后音信全无，妻子一等就是几十年。妻子经常远眺大海，在渡口建了一座楼，即"望海楼"。妻子临终时吩咐儿子把枕头放进自己的棺材里。"望海楼"成为排港海洋文化的一种标识，成为排港渔家女对男人"盼归"的心情与祈福出海人平安的标识。

会同县县衙曾经一度设在现在的潭门广场附近，与排港村隔河（合水溪）相望，后来迁至现在的塔洋镇，原来县衙所在地就成了"旧县"址。

---

① 排港林姓人家家谱记载，第一世祖林有花于1705年迁入该村。

② 陈韩松主编，赵正伦审订《海南省千年自然灾害史料集》，海南出版社，1994，第192页。

排港村是一个自然村，属于日新村委会管辖。北边是潭门外港，与潭门村、旧县村相望；西边是潭门内港，与“中国（海南）南海博物馆”相望；东边是浩瀚的南海；西南是金湾村，南面不远是排湾村。

排港村的老宅子分东西两部分，东部老宅子破坏比西部的严重，许多老宅子已经被翻新，或正在翻新。西部古井周边老宅子比较集中，保存也比较完整，离古井较远的许多老宅子也已经被翻新。据说，排港村原有老宅子50多座，现在只剩下30多座，且很多已经呈断壁残垣状。

这些老宅子的建筑材料，主要有珊瑚石（从大潭捞回来的）、珊瑚石灰、石头、沙（土沙或河沙，海沙不能用来筑墙）、椰子树干（椰子树干做成的梁可用50～60年）、椰子树枝、竹钉和杂树枝等。就使用的材料而言，体现了“就地取材”的建筑原则。

排港村宅子紧紧围绕古井分布，街区狭窄，宽0.5米左右。所有的院落均为一层，族姓集居与混居同时存在，村子边缘为农田，近处种菜，远处种红薯等；村里空地处种植各种果树。

村里院落，一般建筑面积为40～60平米，有一正室和一侧室，正室用于住人，侧室放置杂物，也用于住人。正室一般有20平米左右，有正门，两个隔断把屋子分成三间。中间是厅，正面设置供奉祖先的神龛，安放祖先牌位和香炉；左次间一般住父母，长子结婚后，住长子；右次间住老三、老四，老二一般要搬去其他地方住。除长子外，其他儿子结婚后都要自盖房子，搬出去住。正室一般有后门：一是便于与邻人或兄弟家互通；二是防盗匪；三是媳妇早起倒宿尿时不能走前门，而要走后门。每一次间里面有隔断，男人占三分之一，女人占三分之二，隔断中间有很窄的缝隙，便于男人与女人来往，平时挂帘子。男人的空间里仅有一张供睡觉的小床[①]；女人的空间放置摇篮、桌椅，便于育儿和做女红等。厨房多在院子里，露天做饭。

村里院落地基为珊瑚石与珊瑚石灰，老宅子的地基一般有几百年的历史。墙壁多用珊瑚石和沙土砌成，高度一般不超过1.6米，不具有防盗功能，主要是用来防止外面的猪、狗、鸡、鸭等进入，自家家禽家畜一般散养在院子里。院落正门很简单，仅用藤类编织物或为木门遮挡，主要作用是告诉外人，主人在不在家。院内不设厕所，除跟空间狭小有关外，还与本地气

① 这种房屋的布局跟排港人在西沙、南沙海上作业、生活起居有关，空间虽小，但相对于出海帆船上的休息空间，则要大得多。

候有关。海边多雨，如果家有厕所，浸水的后果不堪设想，家人小便一般使用马桶，早晨起来倒掉，大便则到村外。

二　排港村的宗法文化：人口、宗族与婚丧习俗

排港村现有户籍人口1000多人，集中在六大姓氏，即莫、林、符、吴、陈、柯。他们之间有婚配，也与潭门镇其他自然村互相通婚。有人说琼海的户籍人口没有琼海籍的华侨多，这一观点未必准确，但华侨众多确是事实。《琼海县志》记载，1990年总人口42万人，有汉、苗、壮、黎、瑶、回等21个民族。旅居港澳以及海外的琼海人则达40万，为海南省著名的侨乡之一。[①] 排港村几大姓氏中，每一姓氏都有下南洋的华侨。抗日战争时期，日军占领海南岛，村民为了躲避战乱，下南洋的人最多。在排港村老宅子的围墙或房屋的装饰上，经常可看到“女儿墙”及其上的“瓶子”[②]，这是东南亚建筑文化对排港村老宅子风格的影响证明。

排港村是潭门地区基督教传入最早的地方，主要是吴姓族人入教。吴姓曾有一个年轻人因生活困顿，到新加坡谋生，后来皈依了基督教。回排港后，多以家庭聚会的形式传教。但在潭门镇，基督教的传播受到了传统宗族文化的强烈抵制，比如，基督徒不能当船主，不能参与本地神灵兄弟公的祭祀活动。

排港村宗族文化主要表现在以下几个方面。一是在主屋厅堂正中间供奉祖先神龛、牌位和香炉。二是世代都是长门长子住祖宅，所谓“长子不离祖宅”；除长子外，其他儿子家不设祖宗牌位。三是主屋有后门，如果家人无后，认为不吉利，后门就不再开。四是出海有生命之虞，排港村有很多寡妇。

排港村的婚姻文化中，定亲一般送槟榔，这一风俗应该是受当地黎族风俗的影响。订娃娃亲后，如果男性恰好或超过六岁去世，就得过继儿子，享受香火祭祀；不超过六岁属于早夭；女性恰好或超过六岁过世，后人都要供奉、祭祀。定亲时要交换生辰八字，同姓合命。这里流传一个故事，说排港

---

① 见《琼海县志》，1995，第1页。

② 在东南亚侨居地，有很多用旋车加工而成的木、石等材质的建筑部件，其造型多取传统模式及其寓意。这里寓意“平安有象”。这些有寓意的造型部件又通过华侨传回了侨乡。海南工匠叫这种“瓶子”为“兰花花瓶”，也叫“欧美兰花花瓶”。

村一男子，长得很帅气，村里每次“做福”演出，他都是“主角儿”，受很多女子爱慕。但他自小与一富家女子定亲。结果在进入洞房揭开新娘红盖头的一刹那，他对婚姻彻底绝望，因为新娘子一只眼好，一只眼坏。第二天一大早他就驾船出海，飘落到了南洋，从此再也没有回来。新娘子为此终身没有再嫁，一直住在老宅子里等丈夫归来，80 多岁时才去逝。

排港村六大姓氏，一般都有家谱，记录了包括过继制在内的宗法制度。排港村的过继制相对宽松。如果弟兄几个中，老大没有儿子，其他弟弟只要有儿子，就要把长子过继给老大；如果几个兄弟都没有儿子，堂弟家的儿子也可以过继，关键看族长的决定。老大如果没有婚姻经历，则不过继儿子。如果一个家庭没有男性子嗣，女儿一般不招赘，也没人愿意入赘。如果入赘，子嗣也姓男人家的姓氏。女方父母去世后，男人和老婆可以走也可以不走。如果走，遗产会充为家族的族产。排港村几乎没有入赘的现象，一般父母死后，女儿会负责送葬和祭祀，延续香火；如果女儿死后，本家的族兄弟就逢年过节时代为祭祀。

排港的六大族姓都没有祠堂，唯莫氏有祖墓。每年农历四月初八，莫氏族人祭祀祖先。每年这一天，全村莫姓男子都回到村子祭祖，祖墓具有莫氏祠堂的部分功能。

排港村的葬俗为，如果家里人在外离世，就要迁回到祖屋，然后下葬。下葬时要走“红白路”。所谓“红白路”，就是结婚、送葬要走的路。这条路一般是直通墓地，但不能就近绕到祖宅的背后。

在排港村，老人去世一般在祖宅停一个晚上就要下葬，估计跟天气炎热有关。一般下午下葬。现在也有在祖宅停留两三天的。老人死后，男做三七，女做五七。男女“做七”后，如果马上请道公“做佛事”，花费较多；如果三年后“做佛事”花费较少。道公主要来自福田或嘉积。

排港村墓地，一般一人一坟头。坟墓朝向根据墓地的地形来决定。较早时期坟墓没有墓碑，只插上一块木牌，木牌上书写坟墓主人姓名；后来才有花岗岩墓碑，上面刻主人姓名与生平以及子嗣姓名。刻子嗣姓名时，如果孙子辈还没出生，也会先取个名字刻上去，当然孩子出生后也未必会使用这个名字。

墓主性别可以从坟墓造型上看出来。男性是个坟头，以前坟后面还会有个小土包，后来没有了；女性坟墓前有两个小土堆。坟墓一般用草坯固定，以防大水冲没。

排港村濒临海洋，常受台风海潮侵袭，生命安全常受威胁；出海渔猎，风险更大。1933 年的一场强台风，排港村十几条船还没来得及进港避风，就被大海吞没，船上 20 多条生命瞬息消失。这些生命的躯体再也找不到，最后村民为之建造了“衣冠冢”。

在潭门沿海，有一千多座“衣冠冢”，每一座“衣冠冢”的背后都有一个让人撕心裂肺的故事。所谓“衣冠冢”，就是为那些见不到尸体或者不知道生死的人建造的坟墓，里面埋的是“死者”的衣物。排港村有一个“一门八衣冠冢”的故事。抗战时期，排港村有一户人家有四个儿子。老大已婚，养育一女；老二也成家，但无子女；老三、老四已定亲。日本兵封锁海上，警告渔民如私自出海，抓住要活埋。四兄弟为了生存，私自出海，被日本人抓住，准备与其他“犯禁”的人一并处死。其父找到了日本人，说为了“留后”，自己愿意替换一个儿子去死。日本人答应了。父亲在家喝酒吃肉，准备“赴死”。海南习俗有“公婆爱长孙，父母爱幼崽”的说法，父亲选择了替换小儿子老四。父亲与三个儿子被日本兵残酷地扔进“万人坑”，三个儿媳妇改嫁。20 世纪 60 年代，老四带着媳妇下南洋，到新加坡谋生，生下四个儿子。有一天老四对媳妇说“日本人杀了我一家四口，我又为家族生了四个儿子，我的使命完成了”，随后驾一小舟出海，再也没回来。

排港人每逢节日或大事如婚娶、生子，建房打地基、上梁，考上大学等，都要用酒肉先祭祀村公，再祭祀祖先。在老宅子里，初一、十五要给祖先上三支香，男女均可，但女性如果有例假，则不允许。女性如果怀孕也禁止上香祭祀。

三　排港村的海洋文化：航海、信仰与禁忌

从文昌清澜港一直到潭门红岩湾，有从陆地向大海延伸几公里长的礁石滩，这些礁石滩都是珊瑚石，是海洋生物的栖息地。这片浅海也是海边孩子们的乐园，退潮时海水淹不过膝盖。渔民们一年四季忙活，顾不上照料子女，孩子们成群结队在海里自由嬉戏，自小熟悉水性。与潭门渔民一样，排港渔民对小孩有“教晕”习惯，就是带小孩出海，让小孩在船上“发晕”，反复多次，一直到不晕船为止，长大后就够资格当渔

民了。这是当地渔村培养渔民的基本方法之一。孩子们长到十五六岁时，对大海充满了向往，且经受出海经历的磨炼，再加上受父辈出海致富传统经验的熏陶，一个个水手就生成了，其中素质、胆识优异者，就成长为勇于战风斗浪的船长。

排港人多在近海捕捞，使用的渔船不大；有些村民给对岸的草塘等村渔民打工，他们的船只较大，能出航远海。排港人练就捕捉飞鱼的技术，在潭门一带独树一帜。卖飞鱼的时候，不论斤，也不论担，而是论条。他们直接用多少筐来计算多少条，用多少条来计算多少钱。潭门人用“更”计算距离，一更大约为 40 里[①]；用“担”计算重量，一担大约为 100 斤。排港人使用一种筐子装鱼，筐子盛满后约为 100 条。

帆船时代，渔民航海靠罗盘、更路簿、线香来引路算时，在三者皆无情况下，就得依靠飞鸟、太阳、星星、月亮、风向、水流、水色、云彩、鱼群、潮汐以及测水深、辨沙质等来找位置、定航向。看飞鸟是一大传统经验。西沙东岛栖息着数万只红脚鲣鸟，潭门人称之为“鸟白”[②]。它们早出晚归，海里捕鱼，饲养幼鸟，成为排港渔民辨识方向的航标。渔民依赖红脚鲣鸟确定航海方向，为保护这种有益的“鸟白”，渔民的先祖们告诉后代，鸟肉可以吃，鸟的蛋也可吃，但鸟白的蛋不能吃，“吃了（西沙东岛）鸟白的蛋会得麻风病”。其实这是人们刻意制造的“美丽的谎言”，祖先怕后人把鸟白蛋吃了，就没有鸟白为他们引导航向了。这一传习体现了排港人热爱大海、爱护自然的情怀及其人海相依的关系。

潭门镇的自然村，一般都有村公庙，沿海的几个村子，既有村公庙又有兄弟公庙。有的村子为祭祀的方便，建有两座村公庙。有的村公庙祭祀本族始祖，但这样的村公庙不多。村公庙的修建和祭祀活动，依靠村民募捐。排港村的公庙在村子的西北角处，建于清代，全村六大姓氏共同祭拜。

排港人与潭门人一样，信仰兄弟公，而不是妈祖：一是因为潭门人忌讳女人出海，妈祖作为女性，也不能出海；二是因为他们认为，“远海作业与近海作业不一样，每次出海人数特别多，路程遥远，像妈祖这样一个女神很

① “清代帆船的速度如何，亦即一更行船多少里？古人有 42 里、50 里、60 里、70 里、100 里 5 种说法。根据今人的研究，一更为 40 里”。见陈希育《中国帆船与海外贸易》，厦门大学出版社，1994，第 166 页。

② 郑庆杨：《蓝色的诱惑》，中国文联出版社，2005，第 68 页。

难保佑我们的安全，但是兄弟公不一样，兄弟公有 108 个人，他们人数多，每次都能及时显灵，对我们来讲，兄弟公比妈祖更加管用”。排港村原有一座规模不大的兄弟公庙，因村里船主不多，香火不旺，后来被拆掉了。村民一般会参与兄弟公庙的认捐与筹建活动，但他们出海多不举行祭祀仪式，到了西沙群岛的北礁后，才上岛祭祀。

排港村兄弟公祭祀由长子主持。排港村的渔船具有很强的家族性，一户人家的渔船，不管哪个儿子是船长，长子都是船主，要主持祭祀兄弟公的仪式。出海在外，船上的祭祀都是长子的事。长子如果不是船长，就相当于其他地方船上的“香公”。如果是异姓合股船，一般谁的股份多，谁是船长，谁就负责兄弟公祭祀。

出于对海洋的敬畏、神灵的敬仰，祈求神灵的宽宥和保佑，排港村流传诸多海洋“禁忌”，例如：出海捕鱼、捉龟，第一个上岛的人要到兄弟公庙上香并“登记”，然后选择鱼龟最多的地方作业；后到的其他船只，看到“登记”标识后，就得到其他地方去作业。“做福”时要把祭祀用的猪头骨留下来，出海时放在船上；在有龙卷风时上香，并把猪头骨朝向龙卷风的方向烧掉，据说龙卷风会因此改变方向。杀海龟、杀猪时，要把一旗杆高高地竖起来，让在其他渔船上作业的船员过来一起吃，以增强团结之心。下水作业，一般都光着身子，上船后才能穿衣服；为了驱赶鲨鱼，潜水时穿红色的衣服；他们曾经穿用麻袋改装的上衣，不沾水。出海不能吹口哨，据说吹口哨会引来大风。吃饭时不能把鱼翻转过来，否则会引起翻船事故。不能把筷子放在盘子边缘，否则会引发船只搁浅。在船上走，脚步要轻，不能咚咚地响。杀鱼时刀应朝某个方向，不能乱用。另外，还不能说“死”“去”等不吉利的字词；“水”不说“水”，要说“茶”；“盐”不称为“盐”，要称为“粉”；“刀”不称为“刀”，要称为“利”。

结　语

为表述方便，我们把排港村文化分为三部分来论述，实际上建筑文化、宗族文化与海洋文化是一种“三合一”的文化，是“你中有我，我中有你”的文化存在。建筑是其他文化的载体，如果建筑没有了，其他文化就会失去凭依。排港古渔村是潭门渔村的代表，而且是海南渔村的代表，在中国沿海古渔村中也有一定代表性。排港村文化是海南岛渔业文化的活化石，也是南海海洋文化的典型代表。排港村未来要建设“美丽新渔村”，应该提前把老宅子申报为文化遗产，善待利用好古渔村的民俗文化。

Entering Paigang: A Preliminary Investigation of Ancient Fishing Village on Hainan Island

Feng Jianzhang, Xu Qichun

Abstract: In the context of vigorously promoting the construction of marine culture, the "non-legacy" and material cultural protection related to the sea should be taken seriously. It is impossible to study the culture of the South China Sea without paying attention to Tanmen, and it is impossible to study the culture of Tanmen without paying attention to the ancient fishing villages of Paigang. The ancient fishing village of Paigang is an ancient fishing village with relatively complete cultural relics in Hainan and even Southeast China. It can be investigated from three aspects: architectural culture, clan culture and marine culture. Among them, "old house" architectural culture is the carrier and needs to be protected.

Keywords: Tanmen; Paigang; Ancient fishing village; Marine culture

（执行编辑：王潞）

海洋史研究（第十四辑）
2020年1月　第226～253页

汪日昂《大清一统天下全图》与17～18世纪中国南海知识的生成传递

周　鑫*

在17～19世纪即清代康熙朝至光绪朝的士大夫之间，刊绘和观览《大清万年一统天下全图》系列舆图颇为盛行，许多版本都遗存至今。收藏机构和学人们大都已据各版的名称与识文、清朝内陆与边疆政区的变动判断其年代，梳理其系统，并以之阐明清代疆域图的绘制及其知识。但大多没有仔细分析其中南海（包括南海诸国、南海诸岛、南海航路）的知识来源。[①] 研

---

* 周鑫，广东省社会科学院历史与孙中山研究所（海洋史研究中心）副研究员。
本文在资料收集过程中，得到中山大学滨下武志教授、中国第一历史档案馆陈小东研究馆员的帮助；原稿曾有一部分在2018年、2019年海洋史研究青年学者论坛上宣读，得到李庆新研究员、刘迎胜教授、陈尚胜教授、韩昭庆教授、丁雁南副研究员、孙靖国副研究员、夏帆博士及苏尔梦（Salmon Claudine）教授、罗燚英副研究员、林珂（Elke Papelitzky）博士的指正，在此深表谢意。2019年海洋史研究青年学者论坛上，韩教授告知，其学生石冰洁2017年硕士学位论文《清代私绘“大清一统”系全图研究》对汪图已有系统研究。经韩教授居中联系，石冰洁老师惠赐大作。捧读后，深感石老师用功之勤、创见之富，故本文尽力征引其观点，与之对话。拙文亦得到石老师的教正，特致谢忱。

① 各收藏机构对《大清万年一统天下全图》年代和系统的判断，可参国立北平故宫博物院文献馆编《清内务府造办处舆图房图目初编》，国立北平故宫博物院文献馆编，1936，第2页；北京图书馆善本特藏部舆图组编《舆图要录：北京图书馆藏6827种中外文古旧地图目录》，北京图书馆出版社，1997，第40～41页；李孝聪《欧洲收藏部分中文古地图》，国际文化出版公司，1996，第16～17、173～175页；周敏民编《地图中国：图书馆特藏》，香港科技大学图书馆，2003，Plate 48；李孝聪《美国国会图书馆藏中文古 （转下页注）

究南海诸岛历史的学者尽管已经引用《大清万年一统天下全图》的诸多版本彰显当时中国知识阶层的南海诸岛知识及清朝对南海的管辖主权，但基本只是简单枚举，并未深入观察其知识流变。① 在《大清万年一统天下全图》系列舆图中，南海诸国与南海诸岛的绘制以雍正三年（1725）汪日昂重订的《大清一统天下全图》为分界点，呈现前后截然不同的情势。故本文不

（接上页注①）地图叙录》，文物出版社，2004，第12、15~20页；台湾博物馆主编《地图台湾：四百年来相关台湾地图》，“图录”，台北，南天书局，2007，第138页；林天人主编《河岳海疆：院藏古舆图特展》，台北故宫博物院，2012，第149、161页；孙靖国《舆图指要：中国科学院图书馆藏中国古地图叙录》，中国地图出版社，2012，第22~25页；林天人编撰《皇舆搜览：美国国会图书馆所藏明清舆图》，台北，中研院数位文化中心，2013，第84~89页、402~405页；朱鉴秋等编著《中外交通古地图集》，中西书局，2017，第262~263、279~280页。此外还有数份由拍卖公司拍出，参见孙果清《海外对中国古地图的搜集与收藏》，《地图》2005年第3期；中国嘉德国际拍卖有限公司编《中国嘉德2011春季拍卖会古籍善本图录》，2011年5月；北京泰和嘉成拍卖有限公司编《2011春季艺术品拍卖会古籍文献图录》，2011年5月；香港普艺拍卖有限公司编《S402中国书画及艺术品·玉器专场》，2014年5月。相关研究，见 Walter Fuchs，“Materialien zur Kartographie der Mandju-Zeit Ⅰ,” *Monumenta Serica*, Vol. 1, No. 2, 1935, pp. 394 - 395; Walter Fuchs, “Materialien zur Kartographie der Mandju-Zeit Ⅱ,” *Monumenta Serica*, Vol. 3, 1938, pp. 208 - 217；鲍国强《清乾隆〈大清万年一统天下全图〉辨析》（《文津学志》第2辑，北京图书馆出版社，2008），收入陈红彦主编《古旧舆图善本掌故》，上海远东出版社，2017，第33~43页；鲍国强《大清万年一统地理全图》，国家图书馆、国家古籍保护中心编《西域遗珍：新疆历史文献暨古籍保护成果展图录》（国家图书馆出版社，2011，第238~241页），收入陈红彦主编《古旧舆图善本掌故》，第45~49页；〔日〕海野一隆《黄宗羲の作品とその流布》，载氏著、要木佳美编《地図文化史上の広輿図》第四章第三节，东洋文库，2010，第238~259页；鲍国强《清嘉庆拓本〈大清万年一统地理全图〉版本考述》，《文津学志》第8辑，北京图书馆出版社，2015；席会东《清嘉庆〈大清万年一统地理全图〉与清代民绘本疆域图的演变》，《中国古代地图文化史》，中国地图出版社，2013，第113~117页；石冰洁《从现存宋至清“总图”图名看古人“由虚到实”的疆域地理认知》，《历史地理》第33辑，2016；石冰洁《清代私绘“大清一统”系全图研究》，硕士研究生论文，复旦大学历史地理研究中心，2017。石文提及李明喜2011年北京大学博士论文《清代全国总图研究》对《大清万年一统天下全图》亦有深入研究，惜未得见。

① 林金枝：《东沙群岛主权属中国的历史根据》，《南洋问题》1979第6期；吴凤斌：《南沙群岛历来就是我国领土》，《南洋问题》1979年第6期；林金枝：《东沙群岛历史考略》，《厦门大学学报》（哲学社会科学版）1981年第2期；吴凤斌：《明清地图记载中南海诸岛主权问题的研究》，《南洋问题》1984年第4期；韩振华：《我国历史上的南海海域及其界限（续完）》，《南洋问题》1984年第4期；韩振华主编《我国南海诸岛史料汇编》，东方出版社，1988，第88~89页；林荣贵：《历代中国政府对南沙群岛的管辖》，《中国边疆史地导报》1990年第2期；林荣贵、李国强：《南沙群岛史地问题的综合研究》，《中国边疆史地研究》1991年第1期；吴凤斌：《我国拥有南沙群岛主权的历史证据》，《南洋问题研究》1992年第1期；李国强：《南中国海研究：历史与现状》，黑龙江教育出版社，2002，第159页；李国强：《南海记忆》，《光明日报》2016年7月10日。

揣浅陋，尝试通过讨论汪日昂《大清一统天下全图》的刊绘脉络与知识源流，勾画17～18世纪中国南海知识生成、传递的多元面相。

一 汪日昂《大清一统天下全图》刊绘脉络

> 一统舆图，余所见者有五本：一为阎中书咏所刊，一为黄梨洲先生所定、其孙证孙刊之于泰安；一为新安汪户部日昂本，一为山阳阮太史学濬重订阎中书本，又有湖南藩库所藏本，不知何人所刊。凡此五本虽有小异，然大约梨洲本，其权舆也。其误处不少，惜未有能取武英殿开方铜板图一订正之。[①]

这段话出自盛百二（字秦川，浙江秀水人）乾隆三十四年（1769）刊刻的《柚堂笔谈》。盛百二是乾隆二十一年（1756）举人，官至淄川县知县，著有《尚书释天》六卷。[②] 他见到的五种“一统舆图”除不知何人所刊的湖南布政使司藩库藏本外，其余四种分别是康熙五十三年（1714）阎咏（字复申，山西太原人）所刊《大清一统天下全图》，乾隆三十二年（1767）黄千人（字证孙，浙江余姚人，1694～1771）所绘《大清万年一统天下全图》，雍正三年（1725）汪日昂（字希赵，江南休宁人）所刻《大清一统天下全图》及雍正年间阮学濬（字澂园，江南山阳人）重订阎咏《大清一统天下全图》。

阎咏所刊《大清一统天下全图》据1936年出版的《清内务府造办处舆图房图目初编》载：

> 大清一统天下全图 景印纸本，纵1.1公尺，横同。图之右下角注：“康熙五十三年甲午四月既望太原阎咏复申图并识”。[③]

---

① 盛百二：《柚堂笔谈》卷四，清乾隆三十四年潘莲庚刻本，第6页a－b。

② 阮元等撰、冯立俊等校注《畴人传合编校注》之《畴人传正续编》卷四十二，“盛百二”条，中州古籍出版社，2012，第377页。周中孚在著名的《郑堂读书记》中评骘道：“其随意涉猎经史，辄有妙悟，不与世人同。因成是编（即《柚堂笔谈》），凡一百七十。则议论纯正，颇有裨于风教。其所考证，亦皆精切不移，虽大鼎之一脔，然已足餍饫后生矣。”

③ 国立北平故宫博物院文献馆编《清内务府造办处舆图房图目初编》，第2页。

《清内务府造办处舆图房图目初编》是1936年北平故宫博物院文献馆整理原存造办处舆图房的舆图，参照乾隆二十五、二十六年造办处受命清理舆图房所得的《萝图荟萃》旧目，“先将留平部分编目”而成。[①] 但将《萝图荟萃》与之比对，发现《萝图荟萃》中并无《大清一统天下全图》，亦不见此图录于乾隆六十年（1795）整理舆图房新收舆图的《造办处舆图房图目续》，可见《大清一统天下全图》当是乾隆朝以后所收。[②] 1960年代，中国第一历史档案馆归并整理原舆图房舆图及当时收集到的清宫其他各类舆图，编制《内务府舆图目录》二册。秦国经先生等将该目录同《萝图荟萃》及历朝舆图房清档目录逐条核对，发现舆图房所藏的2548件珍贵舆图大多被保存下来，其中就有《大清一统天下全图》。[③]

早在1930年代，福克斯（Walter Fuchs）就曾观览、研究过当时北平故宫博物院文献馆收藏的阎咏《大清一统天下全图》，并将其制成论文插图。该图右下角题识末尾写道：“康熙五十三年甲午四月既望太原阎咏复申图并识。男学机心织校字。”它显系原清宫所藏、今存中国第一历史档案馆的《大清一统天下全图》无疑。阎咏在题识中对其所据底本和绘图过程有所说明：

> 余姚黄黎洲先生旧有舆图，较他本为善。而蒙古四十九旗屏藩口外与目前府、州、县、卫、所改置分并之处，及红苗、八排、打箭炉之开辟，并哈密、喀尔喀、西套、西海厄鲁特、俄罗斯、达赖喇嘛、西洋荷兰诸国暨河道、海口新制，皆未订补。咏幼奉先征君指示，近承乏各馆收掌、纂修，谨按《典训》《方略》《会典》《一统志》诸书，又与同里杨编修禹江共参酌之，绘为全图，以志圣代大一统之盛。[④]

---

① 秦国经、刘若芳：《清朝舆图的绘制与管理》，曹婉如等编《中国古代地图集（清代）》，文物出版社，1997，第75~77页；李孝聪《国立故宫博物院图书文献处藏清代舆图的初步整理与认识》，《故宫学术季刊》第25卷第1期，2007。

② 汪前进编选《中国地图学史研究文献集成（民国时期）》第五册，附录《萝图荟萃》《造办处舆图房图目续》，西安地图出版社，2007，第1873、1883页。《萝图荟萃》虽载有一部“天下全图”，但当即《清内务府造办处舆图房图目初编》列出的“舆地”第一种“天下全图一幅 墨印纸本 纵0.8公尺横1.11公尺，康熙三十三年印”，分见汪前进编选《中国地图学史研究文献集成（民国时期）》第五册，附录《萝图荟萃》，第1873页；国立北平故宫博物院文献馆编《清内务府造办处舆图房图目初编》，第2页。

③ 秦国经、刘若芳：《清朝舆图的绘制与管理》，曹婉如等编《中国古代地图集（清代）》，第77页。

④ 阎咏：《〈大清一统天下全图〉识语》。

阎咏是清初著名学者阎若璩（字百诗，1638～1704，山西太原人）的长子。阎若璩祖籍山西，侨居淮安府山阳县，“生平长于考证”[①]。他不仅“殚精经学，佐以史籍”，以《尚书古文疏证》名世，而且“于地理尤精审，凡山川形势、州郡沿革瞭如指掌”。[②] 康熙二十五年，礼部尚书徐乾学（字原一，江南昆山人，1631～1694）充任一统志馆、会典馆、明史馆三馆总裁，阎若璩受邀入局纂修。二十八年，徐乾学罢官返乡。次年归家，开局洞庭东山，纂辑《一统志》，仍延请阎与精擅地理之学的胡渭（字朏明，浙江德清人，1633～1714）、顾祖禹（字瑞五，南直隶常州人，1631～1692）等分纂。[③] 由此可见，阎若璩舆地之学的造诣已深为时人所推重。“咏幼奉先征君指示”指的当是阎咏自幼就随其父学习舆地之学。

阎咏克绍家学，又富文学，中康熙己丑（四十八年，1709）科进士，任中书舍人。[④] 中书舍人为内阁中书科官员，亦称内阁中书，顺治初置，“职专缮写册宝诰敕等事”。[⑤] 康熙朝例开实录馆、圣训馆、玉牒馆等，常开国史馆、方略馆、上谕馆和特开会典馆、明史馆、一统志馆等纂修史籍。中书舍人常充诸馆所修史籍的誊录、收掌等职。康熙四十七年（1708）修成的《亲征平定朔漠方略》，在“汉文誊录”的名录下便有“内阁中书 臣阎咏”。[⑥]“近承乏各馆收掌、纂修”当指其承充某些史馆的收掌和纂修。但诚如后文引证的汪日昂《大清一统天下全图》识文所显示，阎咏只做到中书舍人，并未升任纂修，此处多少有些自夸。不过，正因为拥有乃父的学术资源和自身出入史馆的经历，他能够见到《典训》《方略》《会典》《一统志》等纂而未成或已成编的国家典志。

阎咏最后能绘成《大清一统天下全图》，还要得益于杨开沅（字用九，江南山阳人）的帮助，“与同里杨编修禹江共参酌之”。杨开沅，号禹江，同阎氏父子相若，祖籍山西，世居山阳县，康熙四十二年（1703）中进士，官翰林编修，故被阎咏称为“同里杨编修禹江”。“余姚黄黎洲先生旧有舆

① 李元度：《国朝先正事略》卷三十二《经学·阎百诗先生事略》，易孟醇点校，岳麓书社，1991，第905页。

② 张穆：《阎潜丘先生年谱》，道光二十七年寿阳祁氏刊本，第65页b。

③ 可参王大文《康雍乾初修〈大清一统志〉的纂修与版本》，《历史地理》第35辑，2016。

④ 张穆：《阎潜丘先生年谱》，西寨阎氏家族、西寨历史文化研究会，2016，第109页a。

⑤ 伊桑阿等：《康熙朝大清会典》卷一百六十《中书科》，台北，文海出版社，1992，第7726～7727页。

⑥ 温达等：《进方略表》，《亲征平定朔漠方略》，中国藏学出版社，1994，第9页。

图”是指康熙十二年（1673）黄宗羲（字太冲，浙江余姚人，1610～1695）刊刻的地图。杨开沅不仅是阎咏的同里，而且同属黄宗羲学问一脉，杨是黄宗羲的及门弟子，阎父若璩则被黄许纳门墙。[①] 杨开沅亦精通舆地，并得益于阎若璩。[②] 故能与阎咏共同参酌黄宗羲地图，改绘成《大清一统天下全图》。

黄宗羲地图今已不可见，但在康乾时期颇流行于士大夫之间。康熙年间，据其改绘的除阎咏《大清一统天下全图》外，似乎还有二十六年（1687）后绘制的《中国地图》（图2）和六十一年（1722）吕抚（字安世，浙江新昌人，？～1742）校绘的《三才一贯图》之《大清万年一统天下全图》。不过，据笔者考证，吕抚虽然参考过黄宗羲地图，但实际仍以罗洪先（字达夫，江西吉水人，1504～1564）嘉靖三十三至三十四年（1554～1555）完稿的《广舆图》之《舆图总图》为底本，采用“每方五百里，止载府州，不书县”的计里画方绘法。《中国地图》最接近黄宗羲地图原貌，在绘法上基本采用“每方百里，下及县、卫”的计里画方法，糅合扬子器跋《舆地图》山水画法；在内容上则是将《广舆图》中的各省舆图和《九边舆图》《海运图》《黄河图》《东南海夷图》《西南海夷图》《西域图》《朔漠图》等拼合。它亦未绘出“蒙古四十九旗屏藩口外……及红苗、八排、打箭炉之开辟，并哈密、喀尔喀、西套、西海厄鲁特、俄罗斯、达赖喇嘛、西洋荷兰诸国暨河道、海口新制”，所绘南海中的“长沙”和两个“石塘”及“婆利”“干陀利”“三万六十屿”，也明显依循《广舆图》之《东南海夷图》的绘法。因此，黄宗羲地图很可能还是袭用《广舆图》的旧南海知识，并未吸收17世纪新的南海知识。[③]

阎咏《大清一统天下全图》大体沿袭这一知识传统，不但绘出“婆利”“干陀利”等南海诸国，还订补了“西洋荷兰诸国暨河道、海口新制”。康

---

① 阎若璩：《潜邱札记》卷四《南雷黄氏哀词序》，《清代诗文集汇编》第141册，乾隆九年眷西堂刻本影印，上海古籍出版社，2010，第133页。

② 石冰洁：《清代私绘“大清一统”系全图研究》，第17页。

③ 相关研究请参见拙文《吕抚〈三才一贯图〉之〈大清万年一统天下全图〉源流考》《黄宗羲地图考》（未刊稿）。有关吕抚《三才一贯图》的研究，亦可参考李孝聪《欧洲收藏部分中文古地图》，第17页；氏著《美国国会图书馆馆藏中文古地图叙录》，第12页；欧阳楠《中西文化调适中的前近代知识系统——美国国会图书馆藏〈三才一贯图〉研究》，《中国历史地理论丛》2012年第3期；杨雨蕾《〈天地全图〉和18世纪东亚社会的世界地理知识：中国和朝鲜的境遇》，《社会科学战线》2013年第10期；〔日〕海野一隆著、要木 （转下页注）

熙二十一年（1682），阎若璩客游福建，见到荷兰国人。他将所见荷兰人服饰写入《尚书古文疏证》卷五中。① 阎咏在任中书舍人期间曾尝试刊刻《尚书古文疏证》，惜未果。② 这或许是阎咏特别注意荷兰国，在《大清一统天下全图》中增绘的原因之一。不过，他并未关注南海诸岛，其《大清一统天下全图》连“长沙”都不见踪迹。

阎咏《大清一统天下全图》行世后，流传也颇广。如吕抚似乎就耳闻过，结合《三才一贯图》中《历代帝王图》之“大清皇帝万万世”，将其所绘之图名为《大清万年一统天下全图》。阎的好友傅泽洪（字育甫）对其所绘之金沙江也颇为赞许，在雍正三年（1725）成书的《行水金鉴》中辨析“金沙江”时专门引述：

> 吾友阎中书咏刊《大清一统天下全图》。据云“本之《政治典训》《方略》《会典》《一统志》诸书”，其山川位置自无苟且。③

傅泽洪显然非常熟识阎咏的《大清一统天下全图》。从前文所引盛百二的见闻可知，阮学濬（字澂园，江南山阳人）曾重订阎咏《大清一统天下全图》。阮学濬，雍正十一年（1733）中进士，乾隆元年（1736）任翰林编修，乾隆七年（1742）充贵州省乡试主考官，后因事谪居吴中。④ 因其曾任翰林编修，故盛二百称其为“太史”。阮学濬是淮安山阳人，恰与共同参酌

（接上页注③）佳美编《地図文化史上の広輿図》第四章第三节，第240页。石冰洁也已指出，吕抚的《三才一贯图》之《大清万年一统天下全图》在比例、修订者、行政建置、地名、图例符号和文字注记上，同其他《大清万年一统天下全图》系列迥异，见石冰洁《清代私绘“大清一统”系全图研究》，第29～30页。有关康熙二十六年后绘制的《中国地图》的研究，可参王庸编《国书馆特藏清内阁大库 新购舆图目录》，北平图书馆，1934，第1～2页；国立北平故宫博物院文献馆编《清内务府造办处舆图房图目初编》，“凡例”，第2页；李孝聪《国立故宫博物院图书文献处藏清代舆图的初步整理与认识》，第152页；〔日〕青山定雄《古地誌地圖等の調查》（续编），《东方学报》1935年第5册，第162～169页；〔日〕海野一隆著、要木佳美编《地図文化史上の広輿図》，第238～239页；Walter Fuchs，“Materialien zur Kartographie der Mandju-Zeit Ⅰ，” pp. 394－395；Von Walter Fuchs，“Materialien zur Kartographie der Mandju-Zeit Ⅱ，” pp. 208－216。海野一隆并未追查到该图后来归藏台北故宫博物院，因此收藏地记为“北京图书馆?”。

① 张穆：《阎潜丘先生年谱》，第51页a。

② 张穆：《阎潜丘先生年谱》，第112页b。

③ 傅泽洪：《行水金鉴》卷九十一《运河水》，《文渊阁四库全书》本，第24页a。

④ 秦国经等主编《清代官员履历档案全编》卷一，华东师范大学出版社，1997，第219页。

绘制阎图的翰林前辈杨开沅同里。阮学濬得获并重订阎咏的《大清一统天下全图》，不仅得益于《大清一统天下全图》的流行，还可能得益于其身所处的乡里士人知识网络和全国的知识中心翰林院。其重订本当在雍正、乾隆之际，惜今无遗存，也未见诸其他记载，无法窥其一二。雍正朝另一重要改绘本便是汪日昂《大清一统天下全图》，后文再叙。

乾隆朝以后，阎图仍有流传。清宫内务府造办处舆图房所收、今中国第一档案馆所藏便是明证，但行世者日少。张穆（字石舟，山西平定人，1808～1849）在道光二十六年（1846）完成的《阎潜丘先生年谱》中"（长咏）纂修天下全图一幅"下就无奈地注明"案：图未见"。[①] 之所以如此，相当大的原因是乾隆三十二年（1767）黄千人刊刻的《大清万年一统天下全图》确立起的新一统图典范。[②]

黄千人《大清万年一统天下全图》集此前几种一统舆图之大成。其名当采自吕抚的《三才一贯图》之《大清万年一统天下全图》，此后的天下舆图大都会冠以"大清万年一统"之名。[③] 其依据底图和增绘内容则在乾隆三十二年初刻本、后刻本《大清万年一统天下全图》的题识中有所陈述：

> 康熙癸丑，先祖黎洲公旧有舆图之刻，其间山川、疆索（原刻讹为"桊"）、都邑、封圻靡不绮分绣错，方位井然。顾其时，台湾、定海未入版图，而蒙古四十九旗之屏藩，红苗、八排、打箭炉之开辟，哈密、喀尔喀、西套、西海诸地及河道、海口新制犹阙焉。
>
> 既自圣化日昭，凡夫升州为府、改土归流、厅县之分建、卫所之裁并，声教益隆，规制益善。近更安西等处扩地二万余里，悉置郡县。千人不揣固陋，详加增辑，敬付开雕，用彰我盛朝大一统之治，且亦踵成祖志云尔……塞徼荒远莫考，海屿（原刻讹为"与"）风汛不时，仅载方向，难以里至计。鲜见寡闻，恐多舛漏，幸海内博（原刻讹为"博

① 张穆：《阎潜丘先生年谱》，第109页b。

② 可参见鲍国强《清乾隆〈大清万年一统天下全图〉辨析》《大清万年一统地理全图》《清嘉庆拓本〈大清万年一统地理全图〉版本考述》及〔日〕海野一隆《黄宗羲の作品とその流布》。据石冰洁统计，自乾隆朝至光绪朝，黄千人《大清万年一统天下全图》系列舆图现存的馆藏至少就有59幅，见石冰洁《清代私绘"大清一统"系全图研究》，附录，第118～120页。

③ 石冰洁认为，其名源自黄千人在康熙五十二年摹绘的《天长地久图》，见石冰洁《清代私绘"大清一统"系全图研究》，第27页。

博”）雅君子厘正（原刻讹为“工”）为望也。乾隆三十二年岁次丁亥，清和月吉，余姚黄千人证孙氏重订。①

黄千人系黄宗羲子黄百家之次子，监生，考授州同，乾隆二十五年（1760）借补山东泰安县丞，乾隆三十三年（1768）受代而归，三十六年（1771）卒。② 他工诗能文，先后撰有《餐秀集》《希希集》《岱游草》《宁野堂诗草》《竹浦稼翁词》，乾隆二十五年泰安县丞上任伊始即参校厘正《泰安府志》。③ 黄千人以辑校乃祖黄宗羲遗稿为己任，乾隆二十六年（1761）重校黄宗羲晚年所作尚未编定的《病榻集》，刊刻《南雷文定五集》三卷，④ 适值黄千人任泰安县丞的第二年。而据前文摘引盛百二的谈论，黄千人重订黄宗羲地图“刊之于泰安”，时乾隆三十二年四月（“清和月”）⑤，正是其离任泰安县丞的前一年。

“先祖黎洲公旧有舆图之刻”自然是黄千人的重要参考，但是否其底图呢？稍加观览其后文指正乃祖地图缺憾之语“顾其时，台湾、定海未入版图，而蒙古四十九旗之屏藩，红苗、八排、打箭炉之开辟，哈密、喀尔喀、西套、西海诸地及河道、海口新制犹阙焉”便发现，这完全脱胎于阎咏《大清一统天下全图》题识所表。因此，黄千人肯定见过阎咏的《大清一统天下全图》。既然阎咏以黄宗羲为底本订补了诸多陆疆和海域的新知，黄千人又完全接受，他当不至于因尊崇乃祖而选择已经过时的黄宗羲地图作为底本。

---

① 黄千人：《〈大清万年一统天下全图〉镌语》，转引自鲍国强《清乾隆〈大清万年一统天下全图〉辨析》，孙靖国《舆图指要：中国科学院图书馆藏中国古地图叙录》，第22~23页。

② 黄钤修、萧儒林等纂《（乾隆）泰安县志》卷八《职官·县丞》，乾隆四十七年刻本，第9页a；黄政敷等辑《余姚竹桥黄氏宗谱》卷十一《文苑列传·谔哉先生（讳千人）》，余姚市档案馆藏道光四年惇伦堂木活字本。对黄千人生平的考证，可参见鲍国强《清乾隆〈大清万年一统天下全图〉辨析》；孙靖国《舆图指要：中国科学院图书馆藏中国古地图叙录》，第23页；石冰洁《清代私绘“大清一统”系全图研究》，第26~28页；华建新《余姚竹桥黄氏家族研究》，浙江大学出版社，2017，第260~261页。

③ 颜希深修、成城等纂《（乾隆）泰安府志》卷首《纂修姓氏》，乾隆二十五年刻本，第2页a；黄炳垕纂辑《黄氏世德传赞》，光绪十六年庚寅洞留书种阁刻本；周炳麟修、邵友濂等纂《（光绪）余姚县志》卷十七《艺文下·黄千人》，光绪二十五年刻本，第15页a-b。

④ 沈善洪主编《黄宗羲全集》第11册《南雷诗文集》（下）、《南雷诗文五集序》（沈廷芳）、《南雷诗文五集议言》（黄千人）、《黄宗羲遗著考（六）·南雷诗文诸集及散佚诗文考》（吴光），浙江古籍出版社，1993，第447~449、480页。

⑤ 美国国会图书馆藏嘉庆十六年增刻本《大清万年一统天下全图》的识语将黄千人地图系于乾隆丁亥年二月，见林天人编撰《皇舆搜览：美国国会图书馆所藏明清舆图》，第87页。

那么，阎咏《大清一统天下全图》是否其底图呢？答案也是否定的。与阎咏《大清一统天下全图》没有绘出南海诸岛形成鲜明对照的是，黄千人《大清万年一统天下全图》不仅以“南澳气”“干豆”“万里长沙”“万里石塘”分绘南海诸岛，而且在沙洲环绕的环状岛礁“南澳气”下注明“水至此趋下不回，船不敢近”之语。其所绘的南海诸国亦非“婆利”“干陀利”，而是“吕宋”“大泥”“旧港”“咖嚠吧”等。海上的欧洲诸国也不只是“荷兰”，还增绘了“英圭黎”“干丝腊”“和兰西”等国。黄千人《大清万年一统天下全图》呈现一整套崭新的南海知识。这套新知识在其后的《大清万年一统天下全图》系列舆图中都得到相当彻底的贯彻。可以说，它构成乾嘉以降清朝士大夫南海知识的重要组成部分。黄千人所用的底图既非黄宗羲地图，亦非阎咏《大清一统天下全图》，那么究竟是何种地图呢？答案正是阎咏《大清一统天下全图》的雍正朝重要改本，本文要重点讨论的雍正三年（1725）汪日昂《大清一统天下全图》。

汪日昂《大清一统天下全图》目前仅见于韩国首尔大学奎章阁图书馆。该图为手绘彩图，尺寸138×117cm。右下角镌有汪日昂的识文：

> 粤稽禹步，仰溯成平，西被东渐，朔南攸暨，固已功昭罔外矣。昔中翰阎复申先生刻《一统全图》，行于海内。悬诸座右，满目河山，瞭如指掌。今圣天子御极以来，至德神功，弥纶六合，每于要地，锡号画疆，版章之盛，超于千古。日昂（图中书写为“昻”）承乏户曹，躬逢熙泰，自公之暇，每见旧图而惜其未备，爰于添置之所，按其疆界，补入新名。其省从……一仍其旧。而于新设之府州县，则另添入字面，以昭四表光被之象。其分设县治，仍与凡例同符。付之剞劂，俾志在游览者同申其瞻玩。交庆皇舆之大迈于禹迹，诚万世承平之极致也。雍正三年乙巳嘉平上浣，海阳汪日昂（图中书写为“昻”）识。①

“嘉平”即腊月，这篇识文当写于雍正三年十二月上旬。汪日昂在识文

① 韩国首尔大学奎章阁图书馆藏汪日昂《大清一统天下全图》，编号M/F81-103-463-Q，版数字地址http：//kyujanggak. snu. ac. kr/home/MOK/CONVIEW. jsp? type=MOK&ptype=list&subtype=sm&lclass=AL&mclass=&sclass=&ntype=pf&cn=GR33484_ 00。

中书写为“昴”，石冰洁比对史料后因无法断定“汪日昂”是否为“汪日昴”的误刻，故暂据落款以“汪日昂”名之。[①] 不过，中国第一历史档案馆藏宫中全宗雍正履历折明载：

> 臣汪日昂，江南徽州府休宁县人，年四十七岁。由岁贡于康熙五十一年三月内遵请旨补足等事例，在户部捐兵马司副指挥用。康熙五十五年八月，选授北城副指挥，历俸三年零七日。任内获选，议叙加六级。康熙五十八年，遵奏闻具呈事例，在户部以现任副指挥捐升员外郎。康熙六十一年三月，分选授户部四川司员外郎。本年四月十三日到任，连闰历俸二年七个月零七日，今升兵部职方司郎中缺。[②]

这份履历折虽由书手抄写，但事关汪日昂的身家性命，应当书其正名。履历折中自称“江南徽州府休宁县人”，海阳为休宁县治所在，同识文所称“海阳汪日昂”若合符节。汪日昂在康熙五十一年（1712）三月，由岁贡“遵请旨补足等事例，在户部捐兵马司副指挥用”，此后一直在户部当差，康熙六十一年（1722）四月十三日到任户部四川司员外郎，“连闰历俸二年七个月零七日，今升兵部职方司郎中缺”，即雍正二年（1724）约十月十九日升兵部职方司郎中。兵部职方司的工作之一便是整理舆图和档案。他很可能在兵部职方司任上得睹朝廷库藏的舆图和档案资料，以资增补。汪日昂在识文中自道“承乏户曹”，《（道光）休宁县志》提及“汪日昂，字希赵，西门人，户部广东司郎中”，因此他很可能在雍正三年底已回到户部，担任户部广东司郎中。[③] 或许如石冰洁所推测，他掌核广东钱粮奏销，“对于广东的地理位置与地情应比其他官员更为了解，对于海洋以及海上航道的重要性也理应更为关注和敏感”。[④]

“中翰”为内阁中书之别称，前文即由此判断阎咏最后所任仍只是中书舍人。汪日昂对阎咏的《大清一统天下全图》颇为推崇，但惋惜其没有反

① 石冰洁：《清代私绘“大清一统”系全图研究》，第 21 页。
② 秦国经等主编《清代官员履历档案全编》卷十四，第 64 页。
③ 何应松修、方崇鼎纂《（道光）休宁县志》卷十一《仕宦》“汪日昂”条，道光三年刻本，第 30 页 a。
④ 石冰洁：《清代私绘“大清一统”系全图研究》，第 21 页。

映雍正朝政区的变动，便在旧图上“于添置之所，按其疆界，补入新名”，“于新设之府州县，则另添入字面”。显而易见，他所绘的地图是以阎咏《大清一统天下全图》为底本改绘而成的。

返诸汪图，发现“添置之所”“新设之府州县”的改绘，主要围绕雍正二年政区调整的重点——江南苏、松二府诸县一析为二，甘肃宁夏、西宁、凉州、肃州诸卫裁置府县——展开（见表1）。苏、松二府新设诸县添入新名，甘肃宁夏、西宁、凉州、肃州诸卫则主要是更换图例。当然，汪日昂还对阎图绘成的康熙五十三年（1714）之后的变动进行了些许修订。如康熙五十七年（1718）置柳沟、靖逆二直隶厅，雍正二年柳沟直隶厅裁撤，故只标出靖逆直隶厅；康熙五十九年（1720）岳池县复置，亦在大致方位添入县名与图例。

表1　汪日昂《大清一统天下全图》据雍正二年政区调整之改绘

时间	区域	政区调整	汪日昂《大清一统天下全图》
雍正二年九月	苏州府	析太仓州地置镇洋县，析长洲县地置元和县，析吴江县地置震泽县，析常熟县地置昭文县，析昆山县地置新阳县，析嘉定县地置宝山县	长洲县、元和县、吴江县、震泽县、常熟县、嘉定县、宝山县，昆山、新阳县
雍正二年九月	松江府	再割华亭县地置立奉贤县，并析娄县地设金山县，分上海县地设立南汇县，析青浦县置立福泉县	华亭县、奉贤县、娄县、金山县、上海县、南汇县、青浦县
雍正二年十月二十六日	宁夏卫	裁宁夏卫，置宁夏府，属甘肃布政使司；裁左屯卫置宁夏县，裁右屯卫置宁朔县，均为府之附郭县；裁灵州所置灵州，裁宁夏所入之；裁平罗所置平罗县；裁宁夏中卫置中卫县，均属宁夏府	宁夏府、宁朔县、灵州、平罗县、中卫县
雍正二年十月二十六日	西宁卫*	裁卫置西宁府，置府之附郭西宁县；裁碾伯所置碾伯县，于北川营地置大通卫，一并属府	西宁府、西宁县、碾伯县
雍正二年十月二十六日	凉州卫	裁卫置凉州府，置府之附郭武威县；裁镇番卫置镇番县，裁永昌卫置永昌县，裁庄浪所置平番县，裁古浪所置古浪县，一并来属	凉州府、武威县、镇番县、永昌县、平番县、古浪县

续表

时间	区域	政区调整	汪日昂《大清一统天下全图》
雍正二年十月二十六日	甘州卫	裁左、右二卫，置甘州府，同置张掖县为府之附郭县，裁山丹卫置山丹县；裁高台所置高台县，裁镇彝所入之；裁肃州卫置肃州厅，一并来属	甘州府、张掖县、山丹县、高台县、肃州厅

* 石冰洁已注意到西宁卫改为西宁府的行政建置变化，见《清代私绘“大清一统”系全图研究》，第19页。

资料来源：牛平汉、陈普《清代政区沿革综表》，中国地图出版社，1990。

有意思的是，汪在图例上“一仍其旧”，以致其改绘之处遗下诸多阎图的痕迹。如裁卫置县，汪基本都将标识卫的图例□改为标识县的○。但山丹县却仍袭用卫时的图例。又如康熙朝末年至雍朝初年大量新设、改设直隶厅，阎图没有相关的图例，汪图只得沿用卫的图例标识厅。当然，汪日昂的重订工作不只是在变动的政区上添入新名和更改图例，还依据南海知识重新绘制南海诸岛、诸国地图。

二　汪日昂《大清一统天下全图》的南海知识及其源流

汪日昂《大清一统天下全图》重绘入的南海知识，无论在南海诸国还是在南海诸岛上，都有非常充分的呈现。汪图绘出28个南海番国，包括“广南”“占城”“柬埔寨”“暹罗”“大泥”“六坤”“斜仔”“彭亨”“柔佛”“麻六甲”“旧港”“丁机宜”“万丹”“哑齐”“下港”“咖嚁吧”“宋丰朥（讹作“勝”）”“思吉港”“巫来由”“池闷”“马神”“速巫”“米六合”“蚊蛟虱”“吕宋”“网巾礁脑”“苏禄”“文莱”。

为完整绘出南海诸国但又不至影响大清一统天下的中心位置，该图大概以中南半岛与马来半岛的“暹罗”“大泥”“六坤”一线为中间点，其东部从“安南”至“暹罗”的部分大约沿顺时针90度斜摆，其南部从“地盘山”以下则沿逆时针90度横折，导致中南半岛的濒海地域、马来半岛的南段和巽他群岛发生偏移。如果照式将其复位，会惊奇地发现汪图所绘的南海诸国同其实际位置大体一致。因此，汪日昂选用的南海地图的底本应当是相当精确而翔实的。

不仅如此，汪日昂还标注了其中17国的来历、旧名或别名，如“广南，本安南地……"，"占城，即林邑，古越裳氏之界"，"柬埔寨，即真（讹作"占"）腊"，"暹罗国，即古赤土"，"大泥，即渤泥"，"彭亨（讹作"亭"），即彭坑"，"柔佛，一名乌丁樵林"，"麻六甲，即满（讹作"蒲"）剌加"，"旧港，即三佛齐故址"，"哑齐，即苏门答剌"，"下港，古阇婆，元爪哇"，"巫来由，一名白头番"，"池闷，即吉里地闷"，"马神，古称文狼"，"文莱，即（婆）罗国"；"吕宋"和"咖嚁吧"更是分别直指"今为干系腊所属之国，一名敏林腊"，"系荷兰互市之地，亦称红毛"。

稍检这些注文，可清楚看到"广南""占城""柬埔寨""暹罗""大泥""彭亨""柔佛""麻六甲""旧港""哑齐""下港""马神""文莱"13国的名实都来自《东西洋考》；"吕宋"条中前半句"今为干系腊所属之国"亦然。[①] 没有注文的"六坤""思吉港""苏禄""丁机宜"4国也是《东西洋考》中书写的正式名称。[②] 显而易见，汪日昂重点参考《东西洋考》，以标注南海诸国的地名与文字。考虑到张燮编订《东西洋考》的笔法，"舶人旧有航海针经，皆俚俗未易辨说；余为稍译而文之。其有故实可书者，为铺饰之"，[③] 汪选择这一更能代表士人文化的航海文献来订正、注解南海诸国的国名、地名也就不足为奇了。不过《东西洋考》所载《东西海洋诸夷国图》与之相比实有云泥之别，其所据底图当另有出处。[④]

汪图所绘的南海诸国有10个国名不同于《东西洋考》的写法或称谓。标注文的有2个：一是"池闷"，《东西洋考》正书为"迟闷"，但在卷九《舟师考》"西洋针路"中亦有"池闷（即吉里地闷）"之语；[⑤] 一是"咖嚁吧"，《东西洋考》正书为"加留耙"，不过在卷九《舟师考》"西洋针路"中也有"再进入为咖嚁吧"的记载。[⑥]《东西洋考》中的针路本就是张燮搜集整理"舶人旧有航海针经"而成的，"池闷""咖嚁吧"当是"舶人"所书的俗名。这在"米六合"的称谓上表现得更为直白："绍武淡水港（此处

① 张燮：《东西洋考》卷一至卷五，谢方点校，中华书局，2000，第9、21、31、41、48、55、59、66、70、77、80、85、89页。
② 张燮：《东西洋考》卷四、卷五，第82、83、96页。
③ 张燮：《东西洋考》，凡例，第20页。
④ 张燮：《东西洋考》，万历四十六年序刊本，第1页b至第5页a。
⑤ 张燮：《东西洋考》卷四、卷九，第87、181页。
⑥ 张燮：《东西洋考》卷三、卷九，第41、179页。

大山凡四，进入即美洛居，舶人称米六合）。"[①]

在这3个国名上，汪日昂并未遵从张燮的意见，反而更偏好"舶人"的俗名。剩下的7个国名的写法则没有在《东西洋考》出现过。"网巾礁脑"，《东西洋考》作"网巾礁老""魍根礁老"。[②] 此种写法较早见诸顾祖禹康熙三十一年（1692）前成书的《读史方舆纪要》之《沙漠海夷图》，不过《沙漠海夷图》应在康熙三十一年之后。[③] "万丹"，不见诸《东西洋考》和《读史方舆纪要》之《沙漠海夷图》，较早载诸17世纪上半叶成书的《顺风相送》，最接近汪日昂绘刻时代的是康熙五十一年（1712）至六十年（1721）之间福建水师提督施世骠（字文秉，福建晋江人，1667～1721）向朝廷进呈的《东洋南洋海道图》及以之为底本绘制、由其上司闽浙总督觉罗满保（字凫山，满洲正黄旗人，？～1725）进呈的《西南洋各番针路方向图》。[④]《读史方舆纪要》之《沙漠海夷图》以及《东洋南洋海道图》《西南洋各番针路方向图》都是以欧洲测绘的南海地图为底本，绘制的南海诸国位置皆相当精确。[⑤] 但就标绘的南海的名称而言，《东洋南洋海道图》《西南洋各番针路方向图》要比《沙漠海夷图》和其他几种海图丰富许多（见表2）。后文将要讨论的东洋、南洋航路和南海诸岛的地名更是如此。职是之故，《东洋南洋海道图》或《西南洋各番针路方向图》极有可能就是汪日昂绘制《大清一统天下全图》南海诸国的底图。

---

① 张燮：《东西洋考》卷九，第184页。另"美洛居，俗讹为米六合，东海中稍蕃富之国也"，见张燮《东西洋考》卷五，第101页。

② 张燮：《东西洋考》卷五、卷九，第98、183页。

③ 顾祖禹：《读史方舆纪要》之《舆图要览·沙漠海夷图》，贺次君、施和金点校，中华书局，2005，第6237～6259页。《读史方舆纪要》之《沙漠海夷图》的成图年代，一般都依据《读史方舆纪要》成书时间判断为康熙三十一年前，但林珂博士认为如果从该图所绘的库页岛和北海道来看，时间应该在康熙三十一年以后，笔者从之。

④ 中国第一历史档案馆、澳门一国两制研究中心选编《澳门历史地图精选》，华文出版社，2000，第15、18页；陈佳荣等编《古代南海地名汇释》，中华书局，1986，第123页。李孝聪教授将施世骠编绘《东洋南洋海道图》、觉罗满保进呈的《西南洋各番针路方向图》分别系于康熙五十六和五十五年，见李孝聪《中外古地图与海上丝绸之路》，《思想战线》2019年第3期。

⑤ 有关两图的基本概况和南海诸国地名，可参见朱鉴秋等编著《中外交通古地图集》，第193～195页。

表2 17～18世纪数种南海文献的南海诸国名称对照

张燮《东西洋考》（1616年）	《塞尔登明末彩色航海图》（约1624年）	顾祖禹《读史方舆纪要》之《沙漠海夷图》（1692年后）	《东洋南洋海道图》、《西南洋各番针路方向图》（1712～1721年）	汪日昂《大清一统天下全图》（1725年）
广南	广南		广南	广南
占城	占城	占城	占城	占城
柬埔寨	柬埔寨	真腊	柬埔寨	柬埔寨
暹罗	暹罗	暹罗	暹罗	暹罗
大泥	大泥	大泥	大哖（大呢）	大泥
六坤			六坤	六坤
			斜仔	斜仔
彭亨	彭坊	彭亨	彭亨	彭亨
柔佛	乌丁礁林	柔佛	柔佛	柔佛
麻六甲	麻六甲	满剌加	麻六甲	麻六甲
旧港	旧港	三佛齐	旧港	旧港
丁机宜	丁机宜		丁佳奴	丁机宜
			万丹	万丹
哑齐	亚齐	苏门答腊	亚齐	哑齐
下港		爪哇	爪蛙	下港
加留吧	咬嚁吧	交留巴	咬嚁吧	咖嚁吧
			宋龟膀	宋圭膀
思吉港 蘇吉丹			蘇吉丹（吉蘭丹）	思吉港
				巫来由
迟闷 池闷	池汶		吉里文	池闷
马神	马辰	马神	马辰	马神
朔雾 宿雾	束务		淑务	速巫
美洛居 米六合	万老高	美洛居	万老高	米六合
	傍伽虱		芒加虱	蚊蛟虱
吕宋	吕宋	吕宋	吕宋	吕宋
网巾礁老 魍根礁老	马军礁老	网巾礁脑	蚊巾礁荖	网巾礁脑
苏禄	苏禄	苏禄	苏禄	苏禄
文莱	汶莱	文莱	文来	文莱

资料来源：依据表中文献整理。

最值得注意的是，《东洋南洋海道图》《西南洋各番针路方向图》是较早绘出“斜仔”“宋龟朥”的舆图文献。[①]“斜仔”写法相同，“宋龟朥”显然就是“宋圭朥”。汪日昂或许嫌“龟”字太俗，便擅改为同音的“圭”。这种擅改在《东西洋考》没有出现过的“速巫”和“蚊蛟虱”上就犯下错误。“速巫”，今菲律宾宿务岛（Is. Cebu）；《东西洋考》作“朔务”，“俗名宿务”；《塞尔登明末彩色航海图》（“The Selden Map of China”）作“束务”；《东洋南洋海道图》《西南洋各番针路方向图》作“淑务”。[②]“蚊蛟虱”，今印度尼西亚苏拉威岛西南端的望加锡（Macassar），《塞尔登明末彩色航海图》作“傍伽虱”；《东洋南洋海道图》《西南洋各番针路方向图》作“芒加虱”。[③]可汪图将“速巫”放入南洋航线，“蚊蛟虱”绘入东洋航线，同实际情况南辕北辙。这便牵涉到汪图标绘南海诸国的另一个突出之处：较形象绘出自福建前往南海诸国的航线。

更具体地说，是“厦门”经“澎湖”“将军澳”与“南澳气”之间海域；从“打狗子山”与“沙马崎头”出发，来往“吕宋”“网巾礁脑”“苏禄”“文莱”“蚊蛟虱”的东洋航路；“铜山”经“南澳”与“南澳气”之间海域；“七洲洋”“大洲头”“万里石塘”海域，在“外罗山”分四路的南洋航路。四条南洋航路：一条直达“安南”；一条依次分达“广南”“顺化港”“占城”“浦梅”“毛蟹洲”“柬埔寨”；一条径往“浦梅”“毛蟹洲”“柬埔寨”；一条经“玳瑁洲”“鸭洲”“大昆仑”“小昆仑”。第四条在“大昆仑”“小昆仑”又分两路：一路经“大真屿”“小真屿”“笔架山”达“暹罗”，或经“笔架山”至“大泥”“六坤”“斜仔”；一路经“彭亨”外的“地盘山”，分抵“柔佛”“麻六甲”“旧港”“丁机宜”“万丹”“哑齐”“下港”“咖嵧吧”“宋圭朥”“思吉港”“池闷”“马神”“速巫”，并由此至“西洋诸国”。

尽管汪日昂擅改“速巫”“蚊蛟虱”与实际有差池，但其所绘航路大体无误。以东洋航路来说。福建来往“吕宋”“网巾礁脑”“苏禄”“文莱”的东洋航路，在明中后期已经成熟。《东西洋考》详细记录自“太武山”出

---

① 陈佳荣等编《古代南海地名汇释》，第452页。

② 张燮：《东西洋考》卷五，第96页；陈佳荣：《〈明末疆里及漳泉航海通交图〉编绘时间、特色及海外交通地名略析》，《海交史研究》2011年第2期；朱鉴秋等编著《中外交通古地图集》，第193页；陈佳荣等编《古代南海地名汇释》，第716页。

③ 朱鉴秋等编著《中外交通古地图集》，第193页；陈佳荣等编《古代南海地名汇释》，第312页。

发，经“澎湖屿”“沙马头澳”至“吕宋国”，再由“吕宋国”入“磨荖央港”“以宁港”“高药港”，又从“以宁港”入“屋党港”，经“交溢”分抵“魍根礁老港”“千子智港”“绍武淡水港”“苏禄国”，以及从“吕蓬”达“文莱国”的针路。[①]《塞尔登明末彩色航海图》也明确绘出“泉州”经“澎湖”“南澳气”海域至“吕宋王城”，再分达“束务”“福堂”“马军礁老”“苏禄”“万老高”“文莱”的针路。[②] 不过当时始发港并不在厦门，如《东西洋考》和《塞尔登明末彩色航海图》分别标为“太武山”“泉州”，《顺风相送》书为“太武”“（泉州）长枝头”，《指南正法》则录为“大担”“浯屿”。不过，《东西洋考》卷九《舟师考》中已出现“中左所，一名厦门”。[③]

康熙二十三年（1684）统一台湾、开放海禁后，厦门至吕宋等地的东洋贸易重新活跃。[④] 厦门便成为主要的始发港。《东洋南洋海道图》更是细致绘出厦门经“澎湖”、“气”海域、“表头”至“吕宋”，再由“吕宋”分达“苏禄”“淑务”“文来”的航路，亦注明“往吕宋从此也：用丙午针一百四十四更取圭屿入吕宋港”“往苏禄从此路：庚酉五十四更取苏禄港”“往淑务从此路：巽巳针四十五更取淑务港”“往文来从此路：坤未针一百五十更取文来港”等文字。[⑤]

稍加比较上述各航海文献中的东洋航路，唯有《东西洋考》弗载“宿务”而又有“吕宋”“网巾礁脑”“苏禄”“文莱”。因此，汪日昂是以《东洋南洋海道图》以厦门为出发点所绘出“气”的新针路图为依据，并结合《东西洋考》的标准来绘制东洋航路的。

南洋航路亦复如是，航线与沿路航标、港口名称大都参照《东西洋考》。如“大小真屿”，《东西洋考》书为“真屿”“假屿”，《顺风相送》作“真屿”“假屿”和“真糍”“假真糍山”，《塞尔登明末彩色航海图》作“真、（假）慈”，《指南正法》作“真糍山、假糍山”，《东洋南洋海道图》作“真薯、假薯”。始发点“铜山”，更是只在《东西洋考》卷九之“西洋

① 张燮：《东西洋考》卷九《舟师考》“东洋针路”，第182～184页。

② Robert Batchelor, “The Selden Map Rediscovered: A Chinese Map of East Asian Shipping Routes, c. 1619,” *Imago Mundi-The International Journal for the History of Cartography*, 65: 1 (January 2013), 37－63.

③ 张燮：《东西洋考》卷九，第171页。

④ 可参廖大珂《福建海外交通史》第五章，福建人民出版社，2002，第351页。

⑤ 朱鉴秋等编著《中外交通古地图集》，第228～229页；李孝聪：《中外古地图与海上丝绸之路》。

针路”第二站“大小柑橘屿”中载有“内是铜山所”。[①] 稍稍溢出《东西洋考》者，“浦梅”不可考，“鸭洲”为汪图首见，稍晚陈伦炯（字次安，福建同安人，1687～1747）的《海国闻见录》[②] 有载；“斜仔”“万丹”“咬嵧吧”“宋圭（龟）塄”则都见诸《东洋南洋海道图》，“大洲头”亦仅在《东洋南洋海道图》标出，书为“大州”[③]。

结合上文对汪图南海诸国知识的分析来看，《东西洋考》一书和《东洋南洋海道图》一图，毫无疑问是汪日昂重绘南海诸国的主要资料；尤其是后者很可能就是其重绘南海诸国的底图。这在南海诸岛的重绘上表现得更加鲜明。

汪图重绘的南海诸岛及其附近海域，包括“南澳气”“万里长沙”“万里石塘”“干豆”“喽古城”。“南澳气”是17世纪福建濒海人群对东沙岛的称呼，构成17世纪中国南海新知识的重要一环。[④]《塞尔登明末彩色航海图》较早完整绘出环括“南澳气”“万里长沙”“万里石塘”的南海诸岛。《东洋南洋海道图》结合中西航海图，亦描出“气”“长沙”“石塘”。不仅如此，《东洋南洋海道图》还添绘了“矸罩”“猫士知无呢诺”“猫士知马升愚洛”。韩振华先生很早就已对勘的，“矸罩”即葡文 Cantao 或 Canton 的对音，亦即中文“广东”的译音，今西沙群岛之永乐群岛；“猫士知无呢诺”即葡文 Mar S. de Bolinao 的译音，意即“无呢诺”的南海，指吕宋岛西北部在北纬16°余的“无呢诺岬”（Cap Bolinao）；“猫士知马升愚洛”，即葡文 Mar S. de Masingaru 的译音，意即“大中国的南海”，指今中国黄岩岛。[⑤] 汪日昂或许还是觉得“矸罩”太过拗口，改之以“干豆”，“猫士知无呢诺”“猫士知马升愚洛”不知所谓，干脆弃之不用。这也更加确证《东洋南洋海道图》是汪日昂重绘南海知识的底图。

当然，他接触到的南海诸岛知识来源不只是《东洋南洋海道图》。汪日昂在“南澳气”下注明“水至此趋下不回，船不敢近”，“喽古城”下也有“舟误入，不能出”。《塞尔登明末彩色航海图》虽然较早绘出“南澳气”，

① 张燮：《东西洋考》卷九，第171页。
② 陈佳荣等编《古代南海地名汇释》，第648页。
③ 朱鉴秋等编著《中外交通古地图集》，第229页。
④ 可参见拙文《“南澳气”：17～18世纪初中国东沙岛知识的新机》（未刊稿）。
⑤ 韩振华：《十六世纪前期葡萄牙记载上有关西沙群岛归属中国的几条资料考证 附：干豆考》，原载《南洋问题》1979年第5期，收入氏著《南海诸岛史地论证》，香港大学亚洲研究中心，2003，第360～367页。李孝聪教授认为韩先生所持“‘猫士知马升愚洛’”指今中国黄岩岛”的看法并不准确，参见李孝聪《中外古地图与海上丝绸之路》。

但并无文字说明。比汪图稍早用文字描述“南澳气”的航海文献当推《指南正法》。可二者之间并无相似之处。[①] 章巽先生收藏并考释的清康雍年间航海图抄本中，图文并茂地绘出“南澳气”，亦是如此。[②] “喽古城”更是鲜见。不过，如果我们稍稍后顾就会发现，比汪图稍晚五年即雍正八年（1730）陈伦炯完成的《海国闻见录》是目前所见康雍时期甚至18世纪载述“南澳气”最翔实的文献，其中记曰：

> 南澳气，居南澳之东南，屿小而平，四面挂脚，皆嵝岵石，底生水草，长丈余。湾有沙洲，吸四面之流，船不可到，入溜则吸，搁不能返……气悬海中，南续沙垠，至粤海，为万里长沙头。南隔断一洋，名曰长沙门。又从南首复生沙垠至琼海万州，曰万里长沙。沙之南又生嵝岵石，至七洲洋，名曰千里石塘。[③]

陈伦炯描述“南澳气”周边的沙洲“船不可到，入溜则吸，搁不能返”，与汪日昂在“南澳气”下注明的“水至此趋下不回，船不敢近”颇相吻合。在其笔下，南海诸岛的地质主要由“沙垠”和“嵝岵石”构成。此“嵝岵石”即珊瑚礁。汪日昂所绘的“喽古城”同“干豆”“万里石塘”都表现南海中珊瑚礁的形态，和《东洋南洋海道图》中地处沙垠状“长沙”与珊瑚礁状“石塘”之间的无名珊瑚礁位置也非常接近。因此，此“喽古城”当即汪日昂依照《东洋南洋海道图》，并结合当时获闻的最新南海知识命名和绘制的。陈伦炯的《海国闻见录》虽然是雍正八年才完成，但据其自陈，有关“南澳气”的新知识在康熙末年便已在广东沿海为人所知：

> 余在台，丙午年时，有闽船在澎湖南大屿，被风折桅，飘沙坏，有二十人驾一三板脚舟，用被作布帆回台，饿毙五人。余询以何处击碎，彼仅以沙中为言，不识地方。又云潮水溜入，不得开出。余语之曰：此万里长沙头也，尚有旧时击坏一呷板……余又语之曰：呷板飘坏，闻之

---

① 向达校注《两种海道针经》之《指南正法》，“南澳气”条，中华书局，2000，第121～122页。

② 章巽：《古航海图考释》图六十九，海洋出版社，1980，第142～143页。有关该航海图抄本的年代考证，可参周运中《章巽藏清代航海图的地名及成书考》，《海交史研究》2008年第1期。

③ 陈伦炯撰、李长傅校注《〈海国闻见录〉校注》，“南澳气”条，中州古籍出版社，1984，第73页。

粤东七、八年矣。①

丙午年为雍正四年（1726），陈伦炯正由台湾副将升任台湾总兵。② 他碰到一艘漂风船破、死里逃生的福建商船。这些福建商人不知漂风船破何处。但陈依据他们船坏“沙中”“潮水溜入，不得开出”的只言片语就判断出失事的地点在“万里长沙头”。那里还残存有“旧时击坏一呷板”。他口中的“呷板”是指欧洲人驾驶的海船。③ 早在七八年前，陈伦炯便在广东听闻这艘失事的欧洲海船。由此上推，他听闻的时间应在康熙五十七年（1718）至五十九年（1719）间。当时陈伦炯正在广东，陪侍乃父广东右翼副都统陈昴（字英士，福建同安人）。④

陈昴少为海商，“屡濒死，往来东西洋，尽识其风潮土俗、地形险易”。⑤ 康熙二十一年（1682）随施琅征台。二十二年（1683）台湾统一，又奉施琅命，“出入东西洋，招访郑氏有无遁匿遗人，凡五载”。⑥ 叙功授苏州游击，“寻调定海左军，两迁至碣石总兵”。⑦ 康熙五十六年（1717）十月，特典升为广东右翼副都统。⑧ 无论是经商还是从军，他都一直与海为伍，始终关注并熟识东西洋和沿海形势。陈伦炯自小便从父出入波涛，康熙四十九年（庚寅，1710）亲游日本，得识东西洋。⑨ 陈昴调任广东碣石总兵，他又侍奉左右，由此尽识广东沿海形势：

---

① 可参见王静《对〈海国闻见录〉中“南澳气”的考释》，《兰台世界》2008 年第 14 期。

② 《清世宗实录》卷四十九，雍正四年十月丁卯条，中华书局，1985，第 739 页。

③ “中国洋艘，不比西洋呷板，用混（浑）天仪、量天尺，较日所出，刻量时辰，离水分度，即知某处”；见陈伦炯撰、李长傅校注《〈海国闻见录〉校注》“南洋记”条，第 49 页。

④ 陈昴，笔者依照《清实录》等资料书作“陈昴”；但据林珂博士告知，当作“陈昴”，并提示参见 Paul Pelliot，“‘Tchin-Mao’ ou Tch'en Ngang?” *T'oung Pao* 27，no. 4/5（1930）：424－426；陈国栋《陈昴与陈璸：康熙五十六年禁止南洋贸易的决策》，陈熙远主编《第四届国际汉学会议论文集 覆案的历史：档案考掘与清史研究》，台北，中研院历史语言研究所，2013，第 433～467 页。

⑤ 方苞：《方苞集》卷十《广东副都统陈公墓志铭》，刘季高校点，上海古籍出版社，1983，第 266 页。

⑥ 陈伦炯撰、李长傅校注《〈海国闻见录〉校注》，序，第 18 页。

⑦ 陶元藻：《泊鸥山房集》卷四《都统陈昴传》，《清代诗文集汇编》第 341 册，清乾隆衡河草堂刻本影印，第 61 页。

⑧ 《清圣祖实录》卷二百七十四，康熙五十六年十月丁未条，第 692 页。

⑨ 陈伦炯撰、李长傅校注《〈海国闻见录〉校注》序，第 19 页。

> 臣世受国恩，少随臣父陈昂在碣石总兵暨广东副都统任所，其于粤东地形人事熟悉，于听闻中都觏（睹）记之。①

自康熙二十三年（1684）开海以后，日益蓬勃的海上贸易与庞大的流动人群，引起康熙君臣和士大夫对海洋局势与海洋知识的关注、讨论。在“开”与“禁”之间，康熙帝尽管强调严加管理，但总体仍采取鼓励开海的态度。② 但就在陈伦炯于广东获闻“呷板飘坏”之际，海上人群的活动与海洋局势的变化却开始超越康熙君臣的心理底线。五十五年（1716）十月二十五、二十六日，康熙帝连续两日就福建巡抚陈瑸（字文焕，广东海康人，1656~1718年）条奏的海防一事谕示，决意禁止南洋贸易，“朕意内地商船，东洋行走犹可，南洋不许行走。即在海坛、南澳地方，可以截住。至于外国商船，听其自来”③；“出海贸易，海路或七八更，远亦不过二十更，所带之米，适用而止，不应令其多带。再东洋，可使贸易。若南洋，商船不可令往，第当如红毛等船，听其自来耳”④，并“令广东将军管源忠、浙闽总督觉罗满保、两广总督杨琳来京陛见，亦欲以此面谕之”。五十六年（1717）正月二十五日，兵部等衙门遵旨会同广东将军管源忠、闽浙总督觉罗满保、两广总督杨琳等官员议覆海防事：

> 凡商船照旧东洋贸易外，其南洋吕宋、噶啰吧等处，不许商船前往贸易，于南澳等地方截住。令广东、福建沿海一带水师各营巡查，违禁者严拏治罪。其外国夹板船照旧准来贸易，令地方文武官严加防范。⑤

---

① 陈伦炯：《奏为远彝船舶进广贸易请免额外税防以安海疆事》（雍正十三年十二月初五日），中国第一历史档案馆藏，编号04-01-30-0144-026。

② 参见庄国土《清初（1683—1727）的海上贸易政策和南洋禁航令》，《海交史研究》1987年第1期；韦庆远《论康熙时期从禁海到开海的政策演变》，《中国人民大学学报》1989年第3期；李金明《清康熙时期开海与禁海的目的初探》，《南洋问题研究》1992年第2期；刘凤云《清康熙朝的禁海、开海与禁止南洋贸易》，故宫博物院、国家清史编纂委员会编《故宫博物院八十华诞暨国际清史学术研讨会论文集》，紫禁城出版社，2006，第56~70页；王日根《康熙帝海疆政策反复变易析论》，《江海学刊》2010年第2期。

③ 《康熙起居注》第三册，中华书局，1984，第2233页。

④ 《清圣祖实录》卷二百七十，康熙五十五年十月壬子条，中华书局，1985，第650页。

⑤ 《清圣祖实录》卷二百七十一，康熙五十六年正月庚辰条，第658页。另见《明清史料（丁编）·康熙五十六年兵部禁止南洋原案》，国家图书馆出版社，2008。

这便是著名的禁南洋贸易令。[①] 在康熙帝的乾纲独断下，南方沿海地方大员都积极表态支持，并努力筹措海防。福建水师提督施世骠、闽浙总督觉罗满保向朝廷进呈《东洋南洋海道图》《西南洋各番针路方向图》极有可能就是这一政策的产物。五十七年（1718）二月初五，兵部议覆同意闽浙总督觉罗满保奏请的添修炮台、增拨兵弁、严控商船等措施。[②] 二月初八，又议覆同意两广总督杨琳据陈昴调奏的防护来华的欧洲商船、禁止西洋人立堂设教的主张。陈昴奏折早在康熙五十六年三月便已写就。[③] 他在奏折中说：

> 臣详察海上日本、暹罗、广南、噶啰吧、吕宋诸国形势。东海惟日本为大，其次则琉球；西则暹罗为最；东南番族最多，如文莱等数十国，尽皆小邦，惟噶啰吧、吕宋最强。噶啰吧为红毛一种，奸宄莫测，其中有英圭黎、干丝腊、和兰西、荷兰、大小西洋各国，名目虽殊，气类则一。惟有和兰西一族凶狠异常。且澳门一种是其同派，熟习广省情形，请敕督抚关差诸臣设法防备。[④]

如果我们稍加比对陈昴奏折中提及的海上诸国，会惊奇地发现，其重点讲到的在南海海域活跃的欧洲诸国与汪日昂《大清一统天下全图》所绘的欧洲诸国名称竟然不差毫厘。这充分说明汪日昂有关欧洲诸国的知识，实际是当时朝廷掌握并在奏折档案中形成的南海知识的延伸。它们由地方官员从民间亲自采集而来，然后进呈中央，进入朝廷的决策和士大夫的讨论，从而构成康熙末年清朝官方和士大夫阶层的南海知识的一部分。汪日昂采用的南海地图底本施世骠《东洋南洋海道图》及觉罗满保《西南洋各番针路方向图》亦可作如是观。这两幅地图历经公开采集、绘制、确证、进呈和讨论，虽然最后藏入内府，但应有相当的士大夫目见或耳闻，而非不为人所知。

---

① 相关研究除前揭庄国土、韦庆远、李金明、刘凤云、王日根诸论文外，还可参郭成康《康乾之际禁南洋案探析——兼论地方利益对中央决策的影响》，《中国社会科学》1997 年第 1 期；冯立军《“禁止南洋贸易”后果之我见》，《东南亚》2011 年第 4 期；王华锋《“南洋禁航令”出台原委论析》，《西南大学学报》（社会科学版）第 43 卷第 6 期，2017。

② 《清圣祖实录》卷二百七十七，康熙五十七年二月甲申条，第 715 ~716 页。

③ 奏折全文参见陈国栋《陈昴与陈璸：康熙五十六年禁止南洋贸易的决策》。耶稣会士冯秉正（Joseph-Anne-Marie de Moyriac de Mailla）将其全文翻译成法文，见 Paul Pelliot，“‘Tchin-Mao’ ou Tch'en Ngang?” 此亦林珂博士告知，谨致谢忱。

④ 《清圣祖实录》卷二百七十七，康熙五十七年二月丁亥条，第 716 页。

当然，汪日昂《大清一统天下全图》中内地州县的区划，已经更新至雍正二年，其南海知识也更新至雍正二年。最有力的证据便是《东西洋考》及《东洋南洋海道图》等自明万历至清康熙年间参考文献中都没有出现过的“巫来由”国。这一南海国家较早载于雍正二年蓝鼎元（字玉霖，福建漳浦人，1680~1733）所著的《论南洋事宜书》中：

> 南洋番族最多，吕宋、噶啰吧为大，文莱、苏禄、马六甲、丁机宜、哑齐、柔佛、马承、吉里问等数十国，皆渺小不堪，罔敢稍萌异念。安南、占城，势与两粤相接。此外有柬埔寨、六坤、斜仔、大泥诸国，而暹罗为西南之最。极西则红毛、西洋为强悍，莫敌之国，非诸番比矣。红毛乃西岛番统名，其中有英圭黎、干丝蜡、佛兰西、荷兰、大西洋、小西洋诸国，皆凶悍异常。其舟坚固，不畏飓风，砲（炮）火、军械精于中土。性情阴险叵测，到处窥觇图谋人国。统计天下海岛诸番，惟红毛、西洋、日本三者可虑耳。噶啰吧本巫来由地方，缘与红毛交易，遂被侵占，为红毛市舶之所。吕宋亦巫来由分族，缘习天主一教，亦被西洋占夺，为西洋市舶之所。①

《论南洋事宜书》是雍正初年主张“开海”的名篇。其对南海诸国和欧洲诸国的认知较诸陈昴更加细致、深入。汪日昂《大清一统天下全图》中所标国名也大多与《论南洋事宜书》相同，尤其是“巫来由”。不过，汪日昂并未采用蓝鼎元称呼法国的名称“佛兰西”，而是沿用陈昴的写法。这也再次证实陈昴的奏折是汪日昂绘图的重要知识来源。

余 论

17世纪，东亚世界进入海权竞争的时代。② 在东亚海商、欧洲列强和东南亚海岛国家的竞争与合作下，1600年代至1680年代东南亚也迎来“贸易

---

① 蓝鼎元：《鹿洲初集》卷三《论南洋事宜书》，清雍正写刻本，第2页a-b。“巫来由”即马来人自称Melayu的译音，见陈佳荣等编《古代南海地名汇释》，第401页。

② 参见庄国土《17世纪东亚海权争夺及对东亚历史发展的影响》，《世界历史》2014年第1期。

时代”的鼎盛期。① 随着华人海商不断融汇自身与东南亚、欧洲的航海技术、航海知识，航线不断深入南海诸岛，势力不断深入南海诸国，其掌握的南海航线、南海诸岛、南海诸国知识也日益突破16世纪中期《广舆图》构建的经“长沙”、两个“石塘”的南海诸岛，经东西洋针路来往于“百花”“干陀利”“占城”“暹罗”“蒲甘”“渤泥”“满剌加”“三佛齐”“爪哇”等南海诸国与“西洋古里”“阿丹”等西洋诸国的南海知识范式。从张燮《东西洋考》到《塞尔登明末彩色航海图》、《指南正法》、章巽藏古航海图、《东洋南洋海道图》、《西南洋各番针路方向图》可以清楚看到，一整套全新的南海知识于17世纪至18世纪初，在东南沿海的地方航海人和知识人中生长。他们综合中国的东西洋针路、东南洋海道图籍与欧洲的南海航海图，构建起经“南澳气”“万里长沙”“万里石塘”的南海诸岛，从东西洋针路转化为东南洋海道，到达“广南”、“占城”、“柬埔寨”、“暹罗”、“大泥”、“六坤”、“彭亨”、“柔佛”（“乌丁礁林”）、“麻六甲”、“旧港”、“丁机宜”、“哑齐”（“亚齐”）、“下港”、“咖嚁吧”（“咬嚁吧”）、“思吉港”、“池闷”（“池汶”“迟闷”）、“马神”（“马辰”）、“朔雾”（“束务”）、“米六合”（“万老高”）、“傍伽虱”、“吕宋”、“网巾礁老”（“马军礁老”）、“苏禄”、“文莱”等南海诸国与“红毛”（或“荷兰”）、“英圭黎”等西洋诸国的南海知识。特别是康熙二十三年（1684）开海之后，清朝君臣与士大夫围绕“开”与“禁”不断展开讨论，诸多新的南海知识逐渐经由地方官员和士人采集而进入更多士大夫的视野中。

但这种新的南海知识主要还是在航海文献与士大夫绘制的海夷图中传递。就在17世纪新南海知识逐渐生成之际，一种将《广舆图》之《舆地总图》改绘为“一面图”的一统舆图开始在士大夫之间流行。康熙十二年（1673）黄宗羲开其先河，在绘法上基本采用“每方百里，下及县、卫”的计里画方法，糅合扬子器跋《舆地图》山水画法；在内容上则将《广舆图》中的各省舆图及《九边舆图》《海运图》《黄河图》《东南海夷图》《西南海夷图》《西域图》《朔漠图》等拼合。这种新的一统舆图重点关注内地州县，根据政区变动适时更新知识，但在西域、南海等边疆的绘制上还是因袭《广舆图》，仅简单绘出“婆利”“干陀利”等南海诸国与一个

① 参见〔澳〕安东尼·瑞德《东南亚的贸易时代：1450～1680》（两卷），吴小安、孙来臣等译，商务印书馆，2013。

“长沙”。康熙二十六年（1687）后重绘的《中国地图》亦是如此。康熙五十三年（1714），阎咏以黄宗羲地图为底图，绘制《大清一统天下全图》。他尽管利用《典训》《方略》《会典》《一统志》等朝廷档案，重绘内地州县，增补新纳入清朝行政管辖的台湾、定海、蒙古族四十九旗、红苗、八排、打箭炉、哈密、喀尔喀、西套、西海等海陆边地与海陆边地碰见的欧洲列强“俄罗斯”“荷兰”，但其描绘的南海诸国无论数量还是质量，都急剧下降，南海诸岛更是不见踪迹。新的南海知识显然并未被吸收进新的一统舆图中。

康熙五十六年（1717），康熙帝明令禁止南洋贸易，沿海大员和士大夫不得不依据最新的南海资料向上奏报，表达立场与态度。雍正初年，朝野有关这一新南洋政策的讨论继续发酵。《清史稿》卷二百八十四《列传七十一》中入传的施世骠、觉罗满保、陈昴、蓝鼎元、陈伦炯正是康熙末年至雍正初年掌握海洋知识最丰富、处理海洋事务最娴熟的地方官员。[①]他们在这场南洋政策的大转向与大讨论中表现突出，如施世骠、觉罗满保向朝廷进献《东洋南洋海道图》《西南洋各番针路方向图》；陈昴、蓝鼎元上奏畅论南洋事宜，陈伦炯更是详细记录海国见闻。正是通过他们，新的南海知识包括增补的“干丝腊”“和兰西”“大小西洋”等西洋诸国与“巫来由”等南海番国的知识从民间走向朝堂，从地方走向中央，逐渐在朝廷和士大夫之间传布。吕抚在康熙六十一年（1722）校绘的《三才一贯图》之《大清万年一统天下全图》尽管在底图选择和南海知识上见闻浅薄，但他还是用文字标绘出“网巾”“咖嚁吧”“乌丁樵林”“和兰”“英圭黎”。

而将一统舆图与新南海知识进行全面整合的便是汪日昂于雍正三年重订的《大清一统天下全图》。汪日昂在雍正二年（1724）至雍正三年（1725）间升任兵部职方司郎中，雍正三年又转为户部广东司郎中，有机会目睹朝廷库藏的南海舆图和档案资料。他以当时流行的阎咏康熙五十三年《大清一统天下全图》为底图，一方面根据雍正二年最新的区划变动添入新名，并更改图例；另一方面则以施世骠进呈的《东洋南洋海道图》为南海部分的底图，重点参照17世纪最著士人化的航海文献张燮《东西洋

① 赵尔巽：《清史稿》卷二百八十四《列传七十一》，中华书局，1977，第10187～10192、10194页。

考》，并结合康熙五十七（1718）年陈昴奏折与雍正二年蓝鼎元《论南洋事宜书》等档案及广东的见闻，构建起《大清一统天下全图》的南海地图与知识典范。以其为分界点，其后乾隆二十三年黄千人绘制的《大清万年一统天下全图》及其衍生的乾嘉年间系列舆图，都完整承继这一知识传统。[①] 由此同《指南正法》、章巽藏古航海图等民间航海图，以及陈伦炯《四海总图》与《环海全图》等世界海图，共同构成18世纪中国南海知识的重要地图表达。

Wang Ri'ang's *Da Qing Yi Tong Tian Xia Quan Tu* (《大清一统天下全图》) and the Transition of Maritime Knowledge about South China Sea in the 17th and 18th Centuries

Zhou Xin

Abstract: From the 17th to the 19th centuries, many Chinese Literati were interested in drawing, publishing, reading, criticizing, copying and even revising the *Da Qing Yi Tong Tian Xia Quan Tu* map . The map series directly reflected their knowledge, concept, and visions about the maritime China, Qing Empire, and the world, which were produced, transmitted, developed and transited for over 300 years. In these maps, one of the most attractive transition of knowledge was maritime knowledge about South China Sea in the 17th and 18th centuries. However, few scholars paid attention to studying the key point of the transition. Wang Ri'ang's *Da Qing Yi Tong Tian Xia Quan Tu* drew in the Yongzheng 3rd year (1725) . The paper focuses on Wang Ri'ang's map, tracing the base map and the original data, especially its maritime knowledge about South China Sea. It shows that the maritime knowledge about South China Sea in Wang Ri'ang's map derived from the maritime activities by Chinese officers and seafarers

① 石冰洁认为，黄千人所参照的底图并非汪日昂的原图，而是摹绘改订自汪日昂图的乾隆初年的《地舆全图》，见石冰洁《清代私绘“大清一统”系全图研究》，第31～32页。由此可见雍正至乾隆年间相关知识传布的复杂性与多样性。

in the Coastal Southeast China, and spread into the Literati around the Qing Empire.

Keywords: Wang Ri'ang; *Da Qing Yi Tong Tian Xia Quan Tu*; the transition of Maritime Knowledge; South China Sea; 17th and 18th centuries

（执行编辑：江伟涛）

海洋史研究（第十四辑）
2020 年 1 月　第 254 ~ 266 页

1910 ~ 1930 年代日本对南沙群岛政策探析

冯军南*

1910 年代至 1920 年代初，中国的南沙群岛便已进入日本外务省的视野，"二战"前日本政府的南沙群岛政策随后逐步形成，直至 1939 年实现军事侵占。有关这一时期日本南沙群岛政策的研究，学界或围绕"九小岛事件"进行微观个案分析，[①] 或从二战前日本整体的南海政策出发进行宏观阐释，[②] 但尚缺乏中观呈现其形成过程的讨论。本文以日本南沙群岛重要政

---

* 冯军南，南京大学历史学院、中国南海研究协同创新中心博士研究生。

① 关于"九小岛事件"的主要成果有李国强《民国政府与南沙群岛》，《近代史研究》1992 年第 6 期；陈欣之《三十年代法国对南沙群岛主权宣示的回顾》，《问题与研究》1997 年第 11 期；郭渊《南海九小岛事件与中法日之间的交涉》，《世界历史》2015 年第 3 期；郭渊《中法南沙争议及法日之争》，《史学集刊》2015 年第 6 期；郭渊《南海九小岛事件与中日法之间的交涉》，《社会科学文摘》2016 年第 1 期；郭渊《从〈申报〉看中法南沙领土争议及法日交涉》，《国家航海》2016 年第 14 辑；王潞《国际局势下的"九小岛事件"》，《学术研究》2015 年第 6 期；後藤乾一《新南群島をめぐる1930 年代国際関係史》，《社会科学討究》第 42 卷第 3 号，1997；U Granados, "Japanese Expansion into the South China Sea: Colonization and Conflict, 1902 - 1939," *Journal of Asian History*, vol. 42, no. 2 (2008)。

② 关于这方面的主要成果有浦野起央《南海諸島国際紛争史：研究·資料·年表》，東京，刀水書房，1997；康甫《日本南海政策变迁及其影响因素分析》，《国际关系研究》2013 年第 5 期；杨光海《日本南海政策的历史演变及其启示》，《亚太安全与海洋研究》2015 年第 4 期；张艳军《论日本的南中国海政策：1901 ~ 1945》，硕士学位论文，河南师范大学历史学院，2012；张晓华《日本南海政策研究》，博士学位论文，云南大学历史与档案学院，2016；刘洲《20 世纪 30 年代日本侵占南海诸岛研究》，硕士学位论文，武汉大学历史学院，2017。

策的制定和实施部门外务省为切入点，通过系统梳理1910～1930年代日本外务省有关南沙群岛政策的档案、文书，重建其具体的形成过程，进而展开更深入的探析。

一 1910～1920年代：认识模糊与不甚关心

1918年5月至9月，日本商人小松重利、池田金造对南海进行探险，探查了在中国南部“海南”和英领“婆罗洲”之间的5个岛。5个岛屿中，有3个属于南沙群岛，即中北险礁、费信岛和马欢岛。这是在日本外务省档案中所见的由日本民间人士对南沙群岛最早进行的有计划的探查记录。[①] 据小松的调查：

> 这五岛屿距离日本门司港1250～1400里，距离台湾打狗仅550～750里，航程只需三天。虽然岛屿面积不大，但是含有相当丰富的磷矿和鸟粪，且成分比较良好。此地区距离日本仅有六七日的航程。[②]

同年10月，小松等委托老友桥本圭三郎和神山闰次向外务省提出申请：

> 如同刚刚编入日本领土的南鸟岛、硫磺岛、大东岛等那样，将五岛编入日本版图。[③]

日本外务省对此没有采取任何措施，仅把事情整理、记录作罢。[④] 1919

---

① 日方档案中出现日本人对南沙群岛的第一次探险是1917年。但据《朝日新闻》（大阪）于1933年8月10日刊登的《新島の発見者は語る 新南群島とは別 帝国領有の標識も埋設 二十群島発見の池田氏談》新闻中，池田回忆，1917年春小松重利单独组织探险队到达的是西沙林岛（亦称多树岛，今永兴岛）。关于日本人第一次到达南沙群岛的时间，详见嶋尾稔《20世紀前半における南シナ海への日本人の関与に関するメモ》（慶應義塾大学言語文化研究所，2016年3月31日）。

② 《支那南部海上ニ於ケル新島発見ノ儀ニハ神山閏次外一名ヨリ願出ノ件大正七年十月》，JACAR アジア歴史資料センター，帝国版図関係雑件 B03041153300，外務省外交史料館藏。

③ 《支那南部海上ニ於ケル新島発見ノ儀ニハ神山閏次外一名ヨリ願出ノ件大正七年十月》。

④ 《大正8年5月13日から大正8年6月2日》，JACAR アジア歴史資料センター，各国領土発見及帰属関係雑件/南支那海諸礁島帰属関係第一巻 B02031158100，外務省外交史料館藏。

年5月，桥本圭三郎和神山闰次再次向外务省申请将包含南沙西沙部分岛屿的24个岛编入日本版图，在诸岛开发磷矿、鸟粪以及植树。[①] 这次申请也没有得到切实结果。此时，日本最关心的还是接管太平洋岛屿中的密克罗尼西亚群岛，南沙群岛尚未进入其特别关注的范围。

1918年11月，以小仓卯之助为队长的日本拉萨岛磷矿株式会社探险队，又对南沙群岛进行了探查。随后，拉萨岛磷矿株式会社任命副岛村八为队长，继续进行了两次探查。在确认太平岛等岛屿上的磷矿后，拉萨岛磷矿株式会社在南沙群岛[②]展开采掘鸟粪的经济活动。1921年8月，已经成为该会社职员的副岛村八到访外务省，向村井事务官说明，拉萨岛磷矿株式会社希望在万一的特殊情况下能寻求外务省的保护，并递交了该会社的作业计划。[③] 拉萨岛磷矿株式会社主张日本政府“领有”该区域岛屿，但当时日本政府对此事暂时搁置。[④] 对民间日本人提出的“领土编入”申请，外务省也一直保持束之高阁的态度。

日本此时对南沙的政策深受外务省对外政策的影响。在日本外务省内，外相币原喜重郎从20世纪20年代中后期开始，推行协调主义的经济外交路线。[⑤] 即“日本应该顺应时代发展，以共存共荣的精神，谋求和平的国家经济利益”。[⑥] 因南沙群岛周边海域涉及美、英、法三大国利益，所以日本的南沙群岛政策亦贯彻这一外交理念。1926年10月24日，《马尼拉时报》刊登美国军舰在南海海域的活动情况，且在此之前的5月，拉萨岛磷矿株式会社就向外务省汇报，疑似美国军舰在南海进行测量活动。[⑦] 综合这些信息，

---

① 《大正8年6月17日から大正9年11月5日》，JACARアジア歴史資料センター，各国領土発見及帰属関係雑件/南支那海諸礁島帰属関係第一巻B02031158200，外務省外交史料館藏。

② 日本拉萨岛磷矿株式会社将探查的12个岛屿命名为“新南群岛”，后成为“二战”前日本对南沙群岛的称呼。本文在涉及日文原文翻译等情况时，为方便起见和保持原文意思等，酌情采用“新南群岛”一词。

③ 《大正9年8月23日から大正14年3月11日》，JACARアジア歴史資料センター，各国領土発見及帰属関係雑件/南支那海諸礁島帰属関係/第一巻B02031158400，外務省外交史料館藏。

④ 《大正15年11月26日から昭和2年4月9日》，JACARアジア歴史資料センター，各国領土発見及帰属関係雑件/南支那海諸礁島帰属関係/第一巻B02031158500，外務省外交史料館藏。

⑤ 幣原平和財団：《幣原喜重郎》，東京幣原平和財団，1955，第263页。

⑥ 入江昭：《日本の外交——明治維新から現代まで——》，東京中央公論社，1984，第86页。

⑦ 《大正15年11月26日から昭和2年4月9日》。

且考虑到该区域与菲律宾群岛较近的关系，日本政府认为美国可能对上述群岛有领土扩张计划。在此情况下，外务省方才委托驻美的松平大使、驻西班牙的太田公使、驻马尼拉的缝田总领事等，详细调查南沙群岛归属及同他国或者同他国领土间的历史地理关系，并收集关于美国等其他国家在此处企图等相关信息。[①] 但这些举动仅停留在资料收集层面。

综上所述，1910 年代至 1920 年代，日本政府在初识南沙群岛时，并未给予过多关注，对南沙群岛的认识尚处于模糊阶段，尚未形成明确的南沙群岛政策。

二 1930 年代前半期：抗议法国占领与持续关注

1933 年因法国挑起的南海“九小岛事件”，南沙群岛被推向国际舞台。“九小岛事件”发生后，英、美及菲律宾当局并未发声，虽然中日均进行了抗议，但日本并未对国民政府的抗议，请他们予以重视，法国成为此时日本制定南沙群岛政策的重点针对方。

此时，日本驻法大使馆密切关注法国国内报道该事件的报纸等媒体所反映的舆论动向，并及时汇报给外务省。驻法大使馆在将收集到的信息致电外务省时，同时也转电驻英国、美国、荷兰等各领事馆，请他们予以参考。这些信息成为日本此时制定南沙群岛政策的重要信息来源。法国宣布“先占”后，为避免刺激他国而产生纠纷，法国国内对此事件的新闻报道寥寥无几。此时靠近纽芬兰南岸的法国领土圣皮埃尔和密克隆群岛发生暴动，更令法国的新闻界无暇他顾。[②] 日本驻法大使收集、整理了当地为数不多的报道，如 7 月 26 日《泰晤士报》及 27 日《晨报》《小巴黎人报》等报道称，日本外务省正在研究此事的动态。29 日《巴黎日报》刊登社论，着重为法国的行为辩解，称法国占领该区域岛屿完全基于航海上的利益，丝毫没有军事占领之意。[③]

不仅如此，驻南京、广东、河内、马尼拉、旧金山和柏林的日本大使馆均积极关注当地政府动态及报纸报道。日本驻华吉田总领事代理称，“中央

① 《大正 15 年 11 月 26 日から昭和 2 年 4 月 9 日》。

② 《新南群島問題　日本主張は抗議的で無い　仏外務当局の態度》，《朝日新聞》（東京）1933 年 8 月 28 日。

③ 《参考資料》，JACAR アジア歴史資料センター，各国領土発見及帰属関係雑件/南支那海諸礁島帰属関係 第二巻 B02031159700，外務省外交史料館藏。

不论何时都绝对控制局部的策动，告诫对该事不敢轻举妄动”。[①] 这显示了日本驻华官员对此事所持的谨慎态度。而从河内的消息看，印度支那官方对该事不太关心。驻马尼拉木村总领事根据报纸报道确认菲律宾当局的态度：此次所涉岛屿不是美国领土。[②] 旧金山《考察家报》、华盛顿《先驱报》、纽约《美国人报》等“赫斯特报团”报纸的社论论调一致，指出：日本对法国“先占”菲律宾沿岸岛礁发出抗议的第一目的是以此为筹码，以求法国承认“满洲国”；第二目的则是以此作为海军根据地，将菲律宾及夏威夷纳入攻击圈内，完全控制南海。美国当局的态度则给日本占领菲律宾提供了方便。[③] 10 月 20 日英国《卫报》社论表达了类似观点。[④]

综上可知，对“九小岛事件”，从新闻舆论上看，除中国外，其他国家的反应都不激烈。事件发生后，日本外务省内部也采取了一些行动，如外务省召集法律专家研究该事件，试图寻求法理上的“依据”。外务省也一度想要对外宣布“占领”南沙群岛，此举最终遭到海军的抗议。[⑤] 日本欲求得法国承认其在中国东北的侵略行为，所以对法国并没有激烈地抗议。加之有相关使馆汇报的各国动态作参考，外务省最终决定“该问题非常敏感，所以需要谨慎的态度。对上述通告权利采取保留的根本方针”。[⑥] 8 月 15 日，日本阁议通过了对法国的照会，并训令长冈大使递交法国政府。

此后，日本驻法大使一直坚持以东京电令为宗旨与法国进行交涉，强调法国行为不符合国际法的实效性。1933 年 11 月，泽田拜访法国外交部“巴热东”局长，除提出日本政府反对法国占领、抗议将其并入“巴里”州外，泽田在本次会见中还提出个人看法，即两国间不要引起“深层次的麻烦”。[⑦] 12 月 11

---

① 《参考資料 昭和 8 年 8 月 18 日から昭和 8 年 9 月 2 日》，JACAR アジア歴史資料センター，各国領土発見及帰属関係雑件/南支那海諸礁島帰属関係 第二巻 B02031160100，外務省外交史料館藏。

② 《参考資料 昭和 8 年 8 月 18 日から昭和 8 年 9 月 2 日》。

③ 《参考資料 昭和 8 年 9 月 3 日から昭和 10 年 9 月 8 日》，JACAR アジア歴史資料センター，各国領土発見及帰属関係雑件/南支那海諸礁島帰属関係 第二巻 B02031160200，外務省外交史料館藏。

④ 《参考資料 昭和 8 年 9 月 3 日から昭和 10 年 9 月 8 日》。

⑤ 详见冯军南、华涛《1930 年代日本南沙群岛政策的演变》，《中国边疆史地研究》，待刊。

⑥ 《数日中に提議　対仏正式抗議を　新南群島先占問題》，《朝日新聞》（大阪）1933 年 8 月 4 日。

⑦ 《参考資料 昭和 8 年 9 月 3 日から昭和 10 年 9 月 5 日》，JACAR アジア歴史資料センター，各国領土発見及帰属関係雑件/南支那海諸礁島帰属関係 第二巻 B02031160200，外務省外交史料館藏。

日，泽田代理大使应“巴热东”局长邀请到访法国外交部，并再次讨论该事。法国提出将该事提交仲裁的解决。泽田回应日本不同意这种做法，并认为此举会对两国关系造成影响，应在两国政府恳谈基础上提出实际的解决方案才妥当。经过多次交涉后，佐藤尚武大使与法国外交部于 1934 年 3 月 28 日达成临时协议。法宣称，所占岛屿不用作军事目的，尊重日本公司的经济权益。双方争论就此告一段落。法日在该地区“共存”。①

1930 年代初期，日本的南沙群岛政策依旧深受其外交政策的影响。日本加紧侵略中国东北的步伐后，1933 年 3 月 27 日，日本政府发表退出国联的公告。自此，日本政府选择了一条所谓的“国际孤立”，实则是我行我素，按照既定的国策执意扩大侵略的路线。② 而在处理同欧美强国的关系时，外务省仍奉行币原外交的理念。它虽然被反对派称为“软弱外交”，却赢得英美的谅解与好感。究其原因主要有以下两方面。

第一，是这一时期日本外交决策使然。在币原外交理念下，日本外务省认为，既然国土安全得到《华盛顿协定》和世界各国和平主义的切实保障，那么确保和扩张海外市场是增进国家利益的根本之道，对外贯彻经济重点主义的外交思想。在处理国际事务上尽可能保持与英美协调。③

第二，是这一时期日本军力实力使然。当时日本海上军事力量羽翼尚未丰满，十分顾忌太平洋上美国的力量，加之有华盛顿海军军缩条约的影响，日本海军虽然已经开始关注南沙群岛，但为避免受美法联盟所带来的威胁，外务省同意海军省提出的解决方案，即将此事以未解决状态留置将来。

三 1930 年代后半期：据点建设与武力侵占

“九小岛事件”发生后，虽然日法之间在某种程度上暂时达成“共存”关系，但是日本并未因此停止“南进”的步伐。1935 年恰逢日本占领中国台湾 40 周年，此时以台湾为基地的“南进”论再次掀起高潮。南沙群岛作

① U Granados, “Japanese Expansion into the South China Sea: Colonization and Conflict, 1902－1939,” p. 133.

② 米庆余：《日本近现代外交史》，世界知识出版社，2010，第 249 页。

③ 陆伟：《日本对外决策的政治学——昭和前期决策机制与过程的考察》，人民出版社，2010，第 104 页。

为从台湾到南洋的渔船补给据点的作用日益凸显。海军省与台湾总督府制定了如下“新南群岛”扩张计划。

一、根据当地从业者所言，预测该地可以作为渔业根据地。因附近海盗出没，需要准备一定的武器。这是基于扩张的考量。海军难以直接给予经济支援，以适当的名义支援初期的扩张。

二、为便于初期的扩张，海军支援以下方面：

（1）以新南群岛为根据地，完成附近的测量；

（2）上述期间内，适宜地进行无线电设施作业后予以交付；

（3）暂且提供同凤山之间的通信；

（4）督促当局者进行气象观测；

（5）根据现状，提供警备用武器，为渔场调查提供旧飞机；

（6）在技术人员方面，提供方便。

三、总督府需要援助的事项大概如下所记：

（1）初期经济上的援助；

（2）特别考虑交通船只；

（3）对物资的进出口予以特别考虑；

（4）加以保护秘密进口（向外国的）；

（5）事业家的管理。

四、国际上的处理：

（1）目前在本邦刊行图书中，附上日本名，不知不觉中改为如日本领土那样的记述；

（2）在新测量的岛屿上建立“日本领”的标识；

（3）在适宜之际，完成编入我领土手续；

（4）根据同外国的交涉、向外宣言等的进展和国际情势，伺机而动。[①]

这个由海军省与台湾总督府共同密谋、由台湾总督府执行的计划，表面对外

① 《昭和 8 年 8 月 23 日から昭和 11 年 1 月 14 日》，JACAR アジア歴史資料センター，各国領土発見及帰属関係雑件/南支那海諸礁島帰属関係/新南群島関係 第一巻 B02031161500，外務省外交史料館藏。

宣称是建设“远洋渔业根据地”，实则是为建设军事据点作准备。在此过程中，海军省在“硬件”方面提供支持，台湾总督府则是“软件”方面具体执行。[①]

虽然台湾总督府对海军省唯命是从，但在对支持海军的平田末治所进行详细调查的报告中，却颇有微词。关于平田与军部关系，该调查报告描述为“平田和军部交往的动机不明……自满洲事变以来，军部势力扩大，平田敏锐地关注到海军对南方防备之关心，向军部提供新南群岛问题等资料，博取其欢心。在东沙岛从事海人草事业，暗自支援军部，利用此来巩固自己的地位”，“毋庸赘言，平田极度迎合陆海军相关人员，对总督府首脑部也采取特别亲密关系的姿态”，“现在高雄市对平田的评价虽然不太好，但是台北及东京对平田的评价是了不起的。但是也有传言，他本人爱夸夸其谈，真心与之不相称，是胆小者，总之是借助他人威望而彰显自己”。[②] 该调查报告中呈现的平田末治，可谓在台湾占有一席之地的“投机商”。不过，在向南沙群岛扩张这一“粗活”中，平田是一种“必要恶”的存在。[③] 由此也反映海军推行的“新南群岛”渔业扩张计划，在执行过程中并非毫无障碍。

1936 年 5 月，平田末治搭乘高雄州水产试验船“高雄丸”号奔赴南沙群岛视察，筹备新会社成立事宜。之前计划的“新拉萨会社”正式命名“开洋产业株式会社”，投入资本金 10 万元。董事是槇（盐水港制糖会社社长）、伊藤（日本矿业社长）、森（日本电气工业社长）和平田末治（常务董事）。海军省则派遣数十名士兵进行各种作业。

外务省从 1933 年委托国际法专家研究“九小岛事件”开始，就已清楚在国际法上，日本主张对南沙群岛占领的依据是无法成立的，故而对海军的扩张计划，极力反对。因此，当 1936 年 1 月，拉萨岛磷矿株式会社向外务省申请重新经营南沙群岛时，虽然委托众议院议员一宫房治郎同外务省会谈，在某种程度上给予外务省压力，但外务省仍坚持认为：因法国方面主张领土主权，若拉萨岛磷矿株式会社重新开始经营，法国必然会对该会社采取课税等行政上的措施；而且，法国政府当年宣布占领之时，拉萨岛磷矿株式会社并没有在该群岛经营事业的意向；因此不允许拉萨岛磷矿株式会社在南沙群岛重新经营的事业。外务省对于海军成立开洋产业株式会社一事，更是

---

① 後藤乾一：《新南群島をめぐる1930 年代国際関係史》，《社会科学討究》1997 年第 42 卷第 3 号。

② 《昭和 8 年 8 月 23 日から昭和 11 年 1 月 14 日》。

③ 後藤乾一：《新南群島をめぐる1930 年代国際関係史》。

极力反对。在台湾外事课课长向外务省汇报的文件上，有一批注称“将来一定产生问题”。[①] 暂时没有资料显示批注原因，不过外务省一直认为，此举会让日法关系更加恶化，亦会引起美、英、荷领东印度等对日本谋求南洋的真实意图有种种揣测。[②]

日本外务省坚持1934年与法国达成在南沙区域“共存”的临时协议的政策，但至1936年末开始发生改变。该年12月，外务省同意台湾总督府于1937年将“新南群岛”渔业补助金5万元、气象观测所设施4.9万元，列入预算。外务省的南沙群岛政策开始向海军省靠拢。这主要是因为1936年11月《日德防共协定》的签订，这表明日本公开走上与苏、美、英对抗的道路。12月，《华盛顿海军军缩条约》以及第一次《伦敦海军军缩条约》到期失效，日本拒绝再次签字。英、美、日各国海军军备竞赛的时代就此开启。1937年8月25日，日本宣布封锁中国海岸线。日本反复抗议法国向中国提供物资过境便利，法国政府则希望取得美英共同防日的保证，该要求被英美拒绝。[③] 因而，日本政府判断即使日本稍微积极地向南沙群岛有所动作，法国应该不会采取行动。英国应该也不会采取强硬的态度。而且，美国对此事是持毫不关心的态度。鉴于以上原因，日本外务省决定对南沙群岛政策做出以下转变：

> 日本外务省一直以来的外、海意见不一致不利于将来对外政策，在某种程度上承认海军的行动，积极开发该群岛，今后在日法间再发生纷争的情况下，可以增强日本立场。[④]

此时正值七七事变，法国乘机在南海地区采取积极行动。法国以从事渔业为名，向太平岛派遣人员，并在岛上建设无线电台等设施。面对法国的积极行动，日本海军省极力说服国策会社之台湾拓殖株式会社出资100万日

① 《昭和11年1月18日から昭和12年12月4日》，JACAR アジア歴史資料センター，各国領土発見及帰属関係雑件/南支那海諸礁島帰属関係/新南群島関係 第一巻 B02031161600，外務省外交史料館藏。

② 《昭和11年1月18日から昭和12年12月4日》。

③ 徐万民：《战争生命线——抗战时期的中国对外交通》，人民交通出版社，2015，第118页。

④ 《昭和12年12月5日から12月14日》，JACAR アジア歴史資料センター，各国領土発見及帰属関係雑件/南支那海諸礁島帰属関係/新南群島関係 第一巻 B02031161700，外務省外交史料館藏。

元，用来加强太平岛上设施建设及增派海上船只。同时，日本海军省计划于 8 月 3 日从台湾派遣 5 名巡查前往该区域。对此，外务省石泽课长提出，应先请外务次官向驻东京法国大使提出撤离法国警察的要求，在法国警察不撤离时再考虑从台湾派舰巡查。可见，外务省虽然在政策上向海军靠拢，但仍有些许顾忌。海军负责此事的法西斯分子神重德中佐表示，“法国已经派遣了巡查，我方如果这样置之不理，恐怕会对我方造成不利的既成事实”。[①] 海军省则是坚持 1930 年代后半期的强硬政策，派遣“胜力”舰搭乘台湾警察及水兵前往该地，并留在南沙群岛附近海域监视法国警察的举动。同时，向太平岛上法国人传达日本海军当局的指令，并与之交涉。对日本政府强硬的做法，驻法大使杉村认为，当前在南沙群岛地区“法国当局最近行为不涉及领土权，只是焦虑地在当地防止发生不幸的冲突。这正中我方下怀”；他建议日本政府“抨击一切法律论及形式论，主要是加强对既成事实的维护，等待时机到来”。[②] 因对印度支那防备热高涨有所顾忌，为了防止美国、英国、荷兰与法国组成共同战线阻碍日本“南进”，日本没有直接宣布占领南沙群岛，而是先派驻武力对之强行控制，企图以这种“事实上的占领”给法国施加压力，让法国承认日本的“主权”主张，这也是日本在各项政策、措施预热之后的进一步行动。

虽然日本外务省照会法国，海军省派“胜力”舰前往该地，并多次要求法国警察撤离，但似乎没有引起法国政府的重视。法国船只依旧在南沙继续构筑工事，建设无线电台。8 月 23 日，法国商船 Franois Garnier 运送物资到太平岛并卸载货物。24 日，“胜力”舰舰长派人与该船船长交涉。海军省直接训令“胜力”舰舰长，向法国商船传达在日法两国政府的交涉结束前停止卸载货物；并警告其若不服从或强行上岸及卸货则会导致恶性事态发生。[③] 外务省完全支持海军做法，打算若法国继续积极行动强化既成事实，则采取对抗策略，迫使法国自发地撤离。驻法大使杉村向外务大臣汇报该事交涉时更是明确地表示：

---

① 《昭和 13 年 7 月 24 日から昭和 13 年 8 月 13 日》，JACARアジア歴史資料センター，各国領土発見及帰属関係雑件/南支那海諸礁島帰属関係/新南群島関係 第二巻 B02031162300，外務省外交史料館藏。

② 《昭和 13 年 8 月 15 日から昭和 13 年 8 月 25 日》，JACARアジア歴史資料センター，各国領土発見及帰属関係雑件/南支那海諸礁島帰属関係/新南群島関係 第二巻 B02031162400，外務省外交史料館藏。

③ 《昭和 13 年 8 月 15 日から昭和 13 年 8 月 25 日》。

> 法国方面只是以微不足道的手续为挡箭牌，主张新南群岛的领有权。这种做法对多年占据远海之孤岛并为之奋斗的日本人是无效的。[①]

面对日本强硬态度，西贡渔业公司管理人（安南人）、该公司无线电技师（法国人）及其他16名安南人，仍坚持在太平岛的东端构筑无线电信机设施及200坪（约662平米）从业场地。法国在太平岛上的活动，刺激了日本加快了对该地区的侵占步伐。1938年11月，日本动用武力控制了西沙群岛。12月23日，阁议决定将“新南群岛”编入日本领土。1938年1月，驻美大使致电日外务省，因考虑关岛防备案问题，日本应该推迟对美宣布占领“新南群岛”。不过日本此时已经开始一意孤行，日本外务省的回复如下：

> 该事基于帝国独自的立场及考虑各种形式之后而决定。不应被是否赞同“关岛”问题而左右。若考虑直至“关岛”问题决定而遏制该事，则有可能失去时机。同时，经去年末阁议的决定及御裁，已经通过编入的方针，故难以长期推迟该事。[②]

1939年2月，日本侵占海南岛。虽然美、英、法都注意到了日本占领西沙群岛及海南岛一事，但都并未做出有力回应。在此情况下，日本政府于1939年3月30日将“新南群岛”编入台湾[③]高雄州，归台湾总督府管理。

结　语

1910年代至1920年代初，日本民间人士前往南沙群岛进行调查、开采，并向外务省提出将南沙群岛编入领土范围的申请。日本政府由此关注到中国的南沙群岛。但此时日本对南沙群岛的认知比较模糊，且对国际关系复杂的南海局势保持警惕心理，因此外务省对这类申请都采取不甚关心的态度。

---

① 《昭和13年7月24日から昭和13年8月13日》。

② 《昭和13年8月26日から昭和14年2月4日》，JACARアジア歴史資料センター，各国領土発見及帰属関係雑件/南支那海諸礁島帰属関係/新南群島関係 第二巻 B02031162500，外務省外交史料館藏。

③ 台湾此时被日本侵占，实则为中国领土。

1933年“九小岛事件”发生之际，日本外务省通过驻外机构，及时获得相关情报，了解各国反应，并适时提出抗议，同法国展开积极交涉。为获得法国在中国东北问题上的支持，日本外务省不愿采取激烈的抗议方式。海军省虽已有意占领南沙群岛，但受海军军缩协议的影响，主张不承认法国“先占”，将该问题留至将来解决。这也恰好符合外务省“协调外交”路线的原则。经过多次交涉后，1934年3月日本与法国达成妥协。法宣称所占岛屿不用作军事目的，尊重日本公司的经济权益，法日在该地区“共存”。

1930年代后期，“南进”论逐渐高涨并成为日本国策。日本海军省对南沙群岛的战略价值进行重估，力主实施支持台湾总督府建设南沙群岛渔业根据地的扩张计划，以便将来在南沙群岛建立军事基地。在此过程中，台湾总督府充当了海军政策的台前执行者。外务省起初认为，海军省的做法会引发英、美、法等国而极力反对，但伴随海军内部法西斯化的加强，国际局势进入海军军备竞赛时代，外务省的南沙群岛政策逐渐向海军省的主张靠拢，抛开“协调外交”，默认海军占领南沙群岛、建立军事基地的行动。军事占领由此成为日本南沙群岛政策的主调。七七事变后，日本海军向太平岛派驻武力和军舰，驱逐法国势力，外务省配合其行动，于1939年3月宣布将南沙群岛划归台湾总督府管理。

Research on Japan's policy to the Nansha (Spratly) Islands from 1910s to 1930s

Feng Junnan

Abstract: At the beginning of the 20th century, Japanese Ministry of Foreign Affairs persisted in the line of "Coordinated diplomacy", and Ministry of Navy focused on taking over the Mieronesia Islands as an important part of the Pacific. Because of this, Japanese Ministry of Foreign Affairs and Ministry of Navy paid little attention to Nansha (Spratly) Islands, and had a vague understanding of the Nansha (Spratly) Islands. When the "Nine-islands Event" was initiated by France in 1933, although Japan protested, Japanese Ministry of Foreign Affairs and Ministry of Navy did not have a special demand for the Nansha (Spratly)

Islands at this time, then agreed with France. In 1936, the policy of "Southern Expansion" became the national policy of Japan, and Ministry of Navy expanded to Nansha (Spratly) Islands to build military base. Despite the initial opposition of Japanese Ministry of Foreign Affairs, with the change of international and domestic situation, Japanese Ministry of Foreign Affairs and Ministry of Navy expelled French forces and occupied Nansha (Spratly) Islands by force in the second half of the 1930s, and to make preparations for advancing the "Southern Expansion Doctrine Policy" route.

Keywords: Nansha (Spratly) Islands; Japanese Ministry of Foreign Affairs; South China Sea policy

（执行编辑：周鑫）

海洋史研究（第十四辑）
2020 年 1 月　第 267 ~ 286 页

1925 ~ 1931 年东沙岛海产纠纷问题再探

——以日本外务省档案为中心

许龙生*

1920 ~ 1930 年代中国东沙岛海产纠纷是民国南海诸岛争端的重要事件。学界对这一问题的研究主要从民国北京政府、广东当局和当事渔民、商人的策略、行动进行分析，展现各方围绕主权维护及利益开发的合作与竞争。①

---

* 许龙生，华中师范大学历史文化学院讲师。

① 梁朝威于 1937 年 7 月在《新粤周刊》上发表的文章《东沙岛海人草问题——中日交涉事件从国际法观点研究》，主要就东沙岛海域究竟为中国领海还是公海的问题，分析日本渔民采集东沙岛海人草是否符合国际法。张维缜的论文《20 世纪 20 ~ 30 年代东沙群岛海产纠纷案新探——以中国海产商人与日本渔民关系为中心》（《中国边疆史地研究》2010 年第 3 期）、《民国时期东沙群岛海产纠纷刍议：以中国海产商人内争为中心》（《史学月刊》2012 年第 8 期），主要利用广东省档案馆所收藏的民国时期广东省建设厅的档案资料，从中国海产商人与日本渔民的“合作—竞争”关系以及中国海产商人内部的竞争入手，分析了对东沙群岛海产承办权多次易手的过程和日本渔民在其中扮演的角色，重点在于剖析此事件演化过程中政府及市场发挥的作用；刘永连、刘旭《从 1927—1937 东沙群岛争端看近代中国海疆制度——以领海制度与岛礁定名为中心》（《中国边疆史地研究》2016 年第 2 期），该文以 1927 ~ 1937 年发生的中日东沙群岛海产品采集纠纷为切入点，从近代中国政府对领海宽度与渔业界线设置上的疏漏、对东沙群岛岛礁定名的混乱等几个方面来分析中国近代海疆制度所存在的缺陷；刘永连的数篇论文（《从东沙群岛领土主权和开发权之争看广东地方政府的作用》，《广州社会主义学院学报》2013 年第 1 期；《广东地方政府与东沙群岛管辖权之争》，《民国档案》2013 年第 1 期；《地方与外交——从东沙岛问题看广东地方政府在主权交涉中的作用》，《国家航海》第七辑，2014；《从海洋意识看中国海疆问题——以广东地方力量对东沙群岛的认知与管理为例》，《国家航海》第十辑，2015）则着眼于广东地方政府在东沙群岛主权维护与资源开发中发挥的作用；郭渊《东沙观象台的建立 （转下页注）

但囿于资料的限制，此前的研究大多未系统地利用日本外务省的相关档案，仅将日本政府视为交涉事件的“被动者”及日本渔民、商人的“共谋者”，而非一能动的政策主体，难以呈现中日两国各级政府及不同渔民与商人在纠纷事件中利益考量和竞争的复杂过程。本文立足上此一视角，依据日本外务省的相关档案，重新探讨 1925 ~ 1931 年东沙岛海产纠纷事件的过程及其背后的行为逻辑。

一　东沙岛海产“采取权”之争

东沙岛及其附近浅海区域海产资源丰富，包括由鸟粪堆积形成的磷矿以及珊瑚、海人草、高濑贝等资源。[①] 中国渔民很早就在这一海域开展捕捞采集活动。20 世纪初，日本商人西泽吉次来到东沙岛，不仅大肆盗采，而且意图侵占，最终在清政府的交涉和赎买下收回东沙岛。但在东沙岛海产品开发问题上，中国政府尽管不断尝试改良经营与管理策略，但自清末至民初始终未找到良方。

1917 年，原籍日本、定居台湾高雄的海产物商人石丸庄助[②]与东沙岛无线电建设局长兼岛务督办许庆文达成协议，在缴纳一定租金的条件下获准采收该岛海产。[③] 其后每年 3 月至 7 月，石丸庄助都在东沙岛附近采集海人草、高濑贝等海产运回大阪销售。1925 年 3 月，石丸又向广东当局提出申

（接上页注①）及对海洋权益的维护》（《国家航海》第九辑，2014），分析了东沙岛观象台及中国政府、海军在东沙岛主权维护与开发中的复杂角色；王琦《北洋政府时期日人对东沙岛海人草的盗采活动——以石丸庄助为中心的考察（1917—1928）》[《齐齐哈尔大学学报》（哲学社会科学版）2016 年第 9 期]，主要对日人盗采海人草活动的始作俑者石丸庄助的相关活动进行论述。

① 有关东沙岛和东沙环礁的地理位置与自然资源概况，可参考广东省地名委员会编《南海诸岛地名资料汇编》第二编，广东省地图出版社，1987，第 164 ~ 167 页；《中国海岛志》编纂委员会编著《中国海岛志·广东卷》第 1 册之第四篇《东沙岛》，海洋出版社，2013，第 654 ~ 663 页。海仁草又名海人草，药品原料，对治疗痢疾有显著效果，参见《東沙島ニ関スル調査》，JACAR（アジア歴史資料センター）Ref. B09040864600，東沙島及西沙島ニ於ケル本邦人ノ利権事業関係雑件/漁業及海産物採取業関係（E－4－2－1－1－1），外务省外交史料馆。高濑贝又名云母壳，是制作贝壳纽扣的重要原料。

② 关于石丸庄助的身份考证，参见王琦《北洋政府时期日人对东沙岛海人草的盗采活动——以石丸庄助为中心的考察（1917—1928）》，《齐齐哈尔大学学报》（哲学社会科学版）2016 年第 9 期。

③ 《東沙島ニ於ケル内地人台灣人漁業ニ関スル件》（1925 年 8 月 22 日），B09040864400，東沙島及西沙島ニ於ケル本邦人ノ利権事業関係雑件/漁業及海産物採取業関係（E－4－2－1－1－1），外务省外交史料馆。

请，希望获得东沙岛海产品的“采取权”，但未获准，遂禀请台湾总督府致函日本驻广东领事馆探查。[①] 在外务大臣币原喜重郎的亲自过问下，驻广东总领事代理清水亨积极探听相关情况。当时正值孙中山逝世，广东政府内部动荡，因此他建议石丸“等待地方政局的动荡告一段落”后再作打算。[②]

但石丸的采集和申请活动，被前往东沙岛建设无线电台的北洋海军所侦知。5月，北洋海军致函民国北京政府外交部，“务希转达日使，嗣后无论何国人等，非经中国政府允许，不得任意前往该岛，以杜侵越而保主权”。[③] 民国北京政府外交部就此事向日本驻华公使多次提出抗议。石丸庄助所雇的汽船“远洋丸”（15马力）、“基隆丸”（30马力）、“久德丸”（100马力）一行，在东沙岛附近海面与北洋海军的船队相遇。不过双方并没有发生冲突，石丸甚至帮助北洋海军船队中的货轮“江平号”运输无线电通信设施，直至8月7日方返航。[④] 据说石丸庄助由此获得民国北京政府许可的东沙岛海产“采取权”，并将此事汇报给台湾高雄州政府。可高雄州政府却指示石丸“或是撤去设备，或是驶向别的渔场”，并要求其在未获台湾总督府同意的情况下，不许再在东沙岛采集海产。[⑤] 为了能够继续在东沙岛采集海产，石丸还会见许庆文之兄、海路测量局长兼海岸巡防署长许继祥，允诺帮助其搬运器械、引航船只，但以海产品开采权作为交换条件。[⑥]

---

① 币原大臣致驻广东清水总领事代理：《“プラタス”島附近ノ海草採取權ノ出願ニ関スル件》（1925年4月20日）；《清水领事馆事务代理致币原外务大臣函》（1925年4月21日），B09040864400，東沙島及西沙島ニ於ケル本邦人ノ利権事業関係雑件/漁業及海産物採取業関係（E－4－2－1－1－1），外务省外交史料馆。

② 《清水代理总领事致币原外务大臣函》（1925年5月25日），B09040864400，東沙島及西沙島ニ於ケル本邦人ノ利権事業関係雑件/漁業及海産物採取業関係（E－4－2－1－1－1），外务省外交史料馆。

③ 《东沙岛遣离日人一事请人转达日使嗣后无论何国等非经中政府允许不得前往该岛以杜侵越而保主权由》，1925年5月21日，北洋政府外交部档案03－02－073－01－002，台北中研院近代史研究所档案馆藏。

④ 高雄州知事三浦碌郎致总务长官后藤文夫：《東沙島ニ於ケル内地人及本島人漁業ニ関スル件》（1925年12月1日），B09040864400，東沙島及西沙島ニ於ケル本邦人ノ利権事業関係雑件/漁業及海産物採取業関係（E－4－2－1－1－1），外务省外交史料馆。

⑤ 《東沙島ニ於ケル内地人台灣人漁業ニ関スル件》（1925年8月22日），B09040864400，東沙島及西沙島ニ於ケル本邦人ノ利権事業関係雑件/漁業及海産物採取業関係（E－4－2－1－1－1），外务省外交史料馆。

⑥ 据载，石丸庄助运输5吨的机械，松下嘉一郎则运输机械及砖瓦。币原大臣致驻香港村上总领事：《東沙島本邦人漁業問題ニ関スル件》（附件），B09040864400，東沙島及西沙島ニ於ケル本邦人ノ利権事業関係雑件/漁業及海産物採取業関係（E－4－2－1－1－1），外务省外交史料馆。

石丸庄助之所以在1925年3月向广东当局申请“采取权”，或许是因为得闻广东当局正积极招引商人开发东沙岛。但他判断错误，以为承办方式是“单独或同中国人联名”。实际上，据领事馆的探查，广东当局的态度是，“该事业严禁外国资本的参加，并严厉禁止违反该项规定的行为”[①]。但当时的华商并无资金和技术进行开发，这一两难境地或许是广东当局搁置其申请的重要原因。

次年2月，日本海军出身的冲绳县宫古岛居民松下嘉一郎，以香港华商冯德安的名义向许庆文提出申请，获得5年内在东沙岛采集海产的许可。[②]已经营多年的石丸不愿放弃到手的利益，于5月潜往广东，在广东当局中开展活动。日本驻广东领事馆知晓石丸与松下竞争东沙岛海产“采取权”之后，担忧其行动会对日本的既有利益产生负面影响。[③] 果不其然，《台湾日日新报》就有报道质疑石丸并未获得“采取权”：

> 东沙岛竞争采取螺贝及海草者基隆石丸氏与大阪松下某二氏，此次冒险向南海东沙岛采取螺贝及海草。目下民国北京政府与某强国密约建设大无线电台及灯台于东沙岛。基隆石丸氏多年在该岛采取螺贝及海草，诸暗礁甚熟识，代（带）建设者引导水路。今旦大阪事业家松下某受广东政府许可东沙岛螺贝及海草采取，拟已备“第三竹丸”（百吨）发动机船一只，又“宝珊”（二十马力）、“改福”（二十马力）电船二只，买入粮食及日常必需品，雇琉球人潜水夫百二十名从基隆向东沙岛出发，但前记石丸氏所有采取特权未审，究竟如何？[④]

---

① 驻广东总领事代理须磨弥吉郎致驻厦门领事寺岛广文：《東沙島ノ海草盗取ニ関スル件》（1930年4月10日），B09040864800，東沙島及西沙島ニ於ケル本邦人ノ利権事業関係雑件/漁業及海産物採取業関係（E-4-2-1-1-1），外务省外交史料馆。

② 根据日方的情报判断，松下嘉一郎很有可能在继续从事偷采活动。“松下个性奸谲，从台湾借入汽船，怀疑其目前有时进行偷采活动。其还向该岛的无线电台监理黄琇支付了相当的捐纳，以获得黄琇的默认。”参见《邦人ノ東沙島ニ於ケル海産物採物ニ関スル件》，B09040864400，東沙島及西沙島ニ於ケル本邦人ノ利権事業関係雑件/漁業及海産物採取業関係（E-4-2-1-1-1），外务省外交史料馆。

③ 驻广东总领事森田宽藏致外务大臣币原喜重郎：《東沙島ニ於ケル本邦人ノ海草採取ニ関スル件》（1926年5月15日），B09040864400，東沙島及西沙島ニ於ケル本邦人ノ利権事業関係雑件/漁業及海産物採取業関係（E-4-2-1-1-1），外务省外交史料馆。

④ 译自《台湾日日新报》，B09040864400，東沙島及西沙島ニ於ケル本邦人ノ利権事業関係雑件/漁業及海産物採取業関係（E-4-2-1-1-1），外务省外交史料馆。

除石丸与松下的竞争外，通过福建省主席许卓然之手获得广东当局经营执照的南洋华侨、福建海产商人周骏烈见其利益受损，也向广东当局实业厅与日本驻广东领事馆致函表示不满与抗议，要求禁止日人在东沙岛采集海产。[①] 5月9日，全国海岸巡防署发表布告，申明东沙岛由巡防署管辖，应经过其许可方才能够开展渔业及其他活动。[②]

针对这一时期东沙岛海产品的“采取权”，出现了日商石丸庄助同松下嘉一郎以及华商周骏烈同前两者的权利诉求与利益纠纷。三方皆声称获得中国政府的许可，但其所获得的行政许可并非来自同一官方机构。因为当时中国尚未完全统一，南北政府间存在政权的争夺。对此，日本驻香港的总领事村上义温在致日本外务省的报告中建议：

> 邦人今后继续此事业，须先让邦人与正式确实获得该岛采收权的中国人（北京广东两政府公认）签订专卖合约（市价、供给限度、交易地等有明确约定）。邦人的采收实施与本邦渔船或者渔夫的雇用等条款由合约约定，并由中日双方官员认可。如此则邦人可以得到现实的利益而且在条约上不会招致中国侧的抗议。[③]

村上的方案是寻求与民国北京政府和广东当局共同承认的中国人合作，签订海产专卖合同，以增加开采行为的合法性与稳定性。

日本外务省直接斥责石丸、松下等人在民国北京政府与广东当局中的“运动”为“盲动”。6月29日，外务省致函大阪府知事，提及松下嘉一郎的采集作业遭到民国北京政府的抗议，“担忧中日之间产生相当严重的纷争问题”，希望

---

① 《周骏烈致日本驻广东总领事馆函》（1926年5月13日），B09040864400，東沙島及西沙島ニ於ケル本邦人ノ利権事業関係雑件/漁業及海産物採取業関係（E－4－2－1－1－1），外务省外交史料馆。

② 《プラタス島の管轄爭ひ》，《東日新聞》，1926年6月12日，B09040864400，東沙島及西沙島ニ於ケル本邦人ノ利権事業関係雑件/漁業及海産物採取業関係（E－4－2－1－1－1），外务省外交史料馆。

③ 驻香港总领事村上义温致外务大臣币原喜重郎：《東、西沙島ニ於ケル無電建設問題ト邦人ノ事業ニ関スル件》（1926年5月25日），B09040864400，東沙島及西沙島ニ於ケル本邦人ノ利権事業関係雑件/漁業及海産物採取業関係（E－4－2－1－1－1），外务省外交史料馆。

大阪府详查，并给予松下严重告诫。[①] 外务省除直接要求松下嘉一郎赴东京官厅配合调查之外，还要求台湾总督府询问参与采集作业的陈其壁、山里加那等人。

同年 10 月，石丸庄助前往东京，向日本外务省就其与松下嘉一郎之间的纠纷进行申诉，但是日本政府的态度是希望双方达成妥协与谅解，共同捕捞，最大限度地扩张日本的渔业范围。根据日本政府的判断，随着广州国民政府的控制范围在华南地区的不断扩大，将逐渐与英国在华利益产生直接冲突。在南方政府反英情绪高涨的情况下，“最近中国极力迎合我日本的好意，意欲共同接近”，以张作霖为首的安国军政府需要日本的援助以维系统治，日本将此作为扩大在华影响力的良机。[②] 实际控制着东沙与西沙群岛的广州国民政府，在北伐的过程中将北洋军阀作为主要的征讨对象，同英国以及香港政府也产生了激烈的冲突。尽快获得主要列强的承认与收回主权，则是广州国民政府及后来武汉国民政府的主要外交课题。此时日本最为关心的则是如何从中国动荡的政局中获得最大利益。

1927 年 1 月，松下嘉一郎以支付 6.5 万日元为条件，以广东商号志昌行的名义，从东沙群岛管理官员许庆文处获得了西沙群岛未来 5 年的渔业专有权。此外，松下还将其所拥有的发动机船“第三竹丸”号，以 4 万元的价格转卖给了北洋海军，之后该船经过香港船厂的改造用于海岸巡防。[③] 在获得了民国北京政府的许可之后，松下回到高雄开始物色渔船与渔民准备前往东沙群岛捕捞海产品。1927 年 12 月，居住于香港的日本人松永民雄以冯英彪（冯德安的别名）的名义，声称其通过缴纳租金的方式从广东实业厅

---

① 齐藤代理局长致中川大阪府知事：《プラタス島ニ於ケル邦人事業ニ関シ松下某取調方ノ件》（1926 年 6 月 29 日），B09040864400，東沙島及西沙島ニ於ケル本邦人ノ利権事業関係雑件/漁業及海産物採取業関係（E－4－2－1－1－1），外务省外交史料馆。

② 高雄州知事高桥亲吉致警务局长、各州知事等：《パラセル プラタス島ニ於ケル漁業家石丸庄助ノ言動ニ関スル件通報》（1927 年 2 月 10 日），B09040864500，東沙島及西沙島ニ於ケル本邦人ノ利権事業関係雑件/漁業及海産物採取業関係（E－4－2－1－1－1），外务省外交史料馆。

③ 台北州知事吉冈荒造致警务局长、各州知事、厅长：《松下嘉一郎ノ言動ニ関スル件》（1927 年 2 月 11 日），B09040864500，東沙島及西沙島ニ於ケル本邦人ノ利権事業関係雑件/漁業及海産物採取業関係（E－4－2－1－1－1），外务省外交史料馆。

获得了东沙群岛海产品的采集权，并开始相关的准备工作。①

1928年4月4日，广东交涉公署向日本驻广东领事馆发出公函，抗议石丸庄助在东沙岛的非法捕捞活动，并对此提出严重交涉。广东交涉公署早在1926年5月13日向该领事馆提出过类似的交涉文件，要求石丸庄助等人立即离开东沙岛海域，但是日本领事馆的回复则是“该岛距离太远，需要仔细调查才能判明”，之后则一直未再回复，因而此次广东交涉公署的态度更为强硬。② 翌日，日本驻广东领事馆的回函则以“当下对于石丸的住所（情况）不明”继续对此事敷衍应付。③

虽然该群岛拥有丰富的海人草资源，预计可以取得很大的经济利益，但是由于中国国内政权尚不统一，来自民国北京政府巡防署的行政许可是否长期有效是日本一直所担忧的。④

> 民国北京政府一直通过在华的北京公使对于邦人在该岛的活动屡屡提出正式抗议，邦人以其他人的名义向派驻该岛的官员（北京方面派遣）提供若干的资金，依据官员个人的决定，获得该岛海产物采取的“认可”。邦人一直认为东沙岛的（海产品）捕捞事业可以获得相当大的收益，常常出现驱逐之前的承办者取而代之的情况。利权争夺者的策动方法或者是向管理该岛的官吏提供比之前承办者更有利的条件，或者是对广东当局运动的同时，物色中国人作为名义上的申请人获得许可，以广东政府的名义同民国北京政府管理该岛的官吏进行对抗。邦人或是投入自己的资产、借用中国人的名义从事捕捞作业，或是劝诱中国人作为名义人参与投资者的作业。对利益敏感的中国官员与迫于财政穷困的

① 《邦人ノ東沙島ニ於ケル海産物採物ニ関スル件》，B09040864400，東沙島及西沙島ニ於ケル本邦人ノ利権事業関係雑件/漁業及海産物採取業関係（E－4－2－1－1－1），外务省外交史料馆。

② 《广东交涉署公函交字第一九号（译文）》（1928年4月4日），B09040864600，東沙島及西沙島ニ於ケル本邦人ノ利権事業関係雑件/漁業及海産物採取業関係（E－4－2－1－1－1），外务省外交史料馆。

③ 《驻广东总领事森田宽藏致广东交涉员朱兆莘函》（1928年4月5日），B09040864600，東沙島及西沙島ニ於ケル本邦人ノ利権事業関係雑件/漁業及海産物採取業関係（E－4－2－1－1－1），外务省外交史料馆。

④ 台湾知事三浦碌郎致警务局长、各州知事、厅长：《要注意人石硅章ノ言動ニ関スル件》（1928年2月13日），B09040864600，東沙島及西沙島ニ於ケル本邦人ノ利権事業関係雑件/漁業及海産物採取業関係（E－4－2－1－1－1），外务省外交史料馆。

中国政府为了获得利益，利用（邦人）相互排斥的间隙，占有所谓的渔夫之利。邦人明白其并未拥有国际的正当利权，日后一旦产生纠纷，帝国政府并未有保护其利益的途径。[①]

台湾总督府的报告分析了日本商人参与东沙岛海产品开发的几种途径，即或是从民国北京政府海军部门或是从广东当局获得开采许可。由于东沙群岛面积狭小，不具备共同开采的条件，因此不同承办者之间常常陷入“零和博弈”的状态。此处可以很明显看出，台湾总督府对中国政府及官员怀有很大的不信任；对于日商之间的相互竞争，日本政府也难以实现有效的管理与控制。对东沙岛海产品开发所存在的不确定性，台湾总督府官方的态度十分谨慎，认为一旦出现纠纷，日本政府缺乏合法的方式来保护日本人的利益。

6月，台湾总督府再次向日本外务省发报，针对解决东沙岛海产品开采问题，提出了建议：“一、承认获得广东政府许可的中国人在东沙岛海产品的捕捞权；二、许可日本人与获得权利者共同经营。”[②] “东沙岛在行政上属于广东省，从地理上来考虑当然并无异议，从中国的现状来看，本事件只能寻求与广东政府的妥协。”[③] 时逢国民革命军占领北平，新生的南京国民政府处于政权确立的过渡时期。由于对中国未来的政局变化怀有诸多疑虑，加之中日关系自“济南事件”发生之后趋于紧张。台湾总督府建议日本政府以广东当局作为主要的谈判对象，尽可能回避中央政权变动所带来的风险。日本政府认为日本（包括台湾）对东沙岛海产品开采事业上的投资，存在很大的风险，日本商人针对捕捞权的各种交涉活动也难以取得成功。

东沙岛海产品捕捞的合法授权与管理机构是整个事件中的核心问题，围绕该问题展开的纷争，其源头在于捕捞权来于民国北京政府海军部门还是广

① 台湾总督府总务长官代理内务局长丰田胜藏致高雄州知事太田吾一：《支那領海ニ於ケル漁業ニ関スル件》（1928年2月27日），B09040864600，東沙島及西沙島ニ於ケル本邦人ノ利権事業関係雜件/漁業及海産物採取業関係（E-4-2-1-1-1），外务省外交史料馆。

② 台湾总督府总务长官代理内务局长丰田胜藏致外务次官出渊胜次：《邦人ノ東沙島ニ於ケル海產物採取業ニ関スル件》（1928年6月20日），B09040864600，東沙島及西沙島ニ於ケル本邦人ノ利権事業関係雜件/漁業及海産物採取業関係（E-4-2-1-1-1），外务省外交史料馆。

③ 台湾总督府总务长官代理内务局长丰田胜藏致外务次官出渊胜次：《邦人ノ東沙島ニ於ケル海產物採取業ニ関スル件》（1928年6月20日），B09040864600，東沙島及西沙島ニ於ケル本邦人ノ利権事業関係雜件/漁業及海産物採取業関係（E-4-2-1-1-1），外务省外交史料馆。

东当局，两者同时对不同的商人进行授权，使得经济纠纷与政权的正统性问题纠缠在一起，事件因而变得更加复杂。日本政府与台湾总督府对此则一直持谨慎与怀疑的态度，但是并未直接干预日本商人的行为。

二 日本渔民的雇用问题

海人草的采割需要渔民潜入水下在珊瑚或礁石上作业，这一工作的特殊要求使得具有长时间潜水能力的琉球渔民成为承办商的优先雇用对象。[①] 1928年2月6日，广东当局交涉公署致函日本驻广东领事馆："敝国商人陈荷朝经过广东实业厅的许可，开始在东沙岛进行云母壳、海产品的捕捞与采集。为了筹备该事业，需要善于潜水的'琉球人'。关于雇用五十六名琉球潜水员，近期已向台湾总督发出了照会，请求在潜水员雇用上提供方便……"[②] 但是日本驻广东领事馆对此并未给予正面回复。

对陈荷朝雇用琉球潜水员的计划，日本政府主要关心的是陈荷朝本人是否取得了中国政府的正式许可，该项雇用契约能否保护被雇用日籍潜水员的利益。11月，广州领事馆向日本外务省报告，为避免在手续上耗费太多时间，驻广东领事馆希望陈荷朝直接雇用潜水员，而非之前提出的间接雇用方式。"本年六月上海海岸巡防处派人前往广东与省政府进行协商，其结果是如今该岛的管理权在于广东省建设厅。"[③] 随着东沙群岛的管辖权从海军部门正式转给广东省政府，广东省地方政府成了东沙群岛的合法管理者，而陈荷朝也以每年缴纳一千余元税金为条件，从广东省建设厅获得了东沙岛海产品的捕捞权。[④]

南京国民政府建立之后，随着民族主义思潮的高涨与利权回收运动的推

---

① 参见郑应时《开发东沙岛海人草的经过》，中国人民政治协商会议广东省委员会、文史资料研究委员会编《广东文史资料》第20辑，1965；张维缜《20世纪20—30年代东沙群岛海产纠纷案新探——以中国海产商人与日本渔民关系为中心》，《中国边疆史地研究》2010年第3期。

② 《广东交涉公署公函第一四四号》（译文）（1928年2月6日），B09040864600，東沙島及西沙島ニ於ケル本邦人ノ利権事業関係雑件/漁業及海産物採取業関係（E－4－2－1－1－1），外务省外交史料馆。

③ 驻广东总领事矢野真致外务大臣男爵田中义一：《支那側ヨリ東沙島海產物採取ノ為潜水夫雇入方照會並同島ニ於ケル海產物採取權ニ関スル件》（1928年11月9日），B09040864600，東沙島及西沙島ニ於ケル本邦人ノ利権事業関係雑件/漁業及海産物採取業関係（E－4－2－1－1－1），外务省外交史料馆。

④ 参见刘永连《广东地方政府与东沙群岛管辖权之争》，《民国档案》2013年第1期。

进，日本在华特权的巩固与扩张也遭到了来自国民政府的抵抗。“鉴于目前排日热潮与利权回收运动高涨的情况，对于此次日本人与中国人共同开发东沙岛，我方多次商谈的结果认为此时时机并不好。随着局势的推移，充分探查中方的态度很有必要。”① 虽然陈荷朝本人也有与日本人合作的意向，但是受到中国国内政治与社会局势的影响，日本对中日共同开发东沙岛海产品的计划还是表现了克制与观望的态度。

在周骏烈与陈荷朝就东沙岛海产品的开采权发生纠纷之际，广东省建设厅派遣调查员前往该岛做实地调查，发现陈荷朝与日本人松下嘉一郎之间存在勾结行为，广东省政府委员会于 1928 年 10 月决议，取消陈荷朝的承办资格。省建设厅向省政府提交了东沙岛海产招商承办章程及预算书，并提议将捕捞的优先权再次给予周骏烈②。③ 1929 年 6 月 30 日，周骏烈重获广东省政府采集东沙岛海产品的许可，其个人出资两万元，与其他投资人设立骏记东沙岛海产公司。④ 周骏烈以每年缴纳一万元税金为条件，获得了广东省建设厅 15 年的开采权许可，但是需要先行试办一年。⑤ 其预计在 1929 年可以收

① 驻广东总领事矢野真致外务大臣田中义一：《東沙島ニ於ケル海產物採取ノ為潜水夫雇入方支那側ヨリ申出ノ件》（1928 年 12 月 10 日），B09040864600，東沙島及西沙島ニ於ケル本邦人ノ利権事業関係雑件/漁業及海産物採取業関係（E-4-2-1-1-1），外务省外交史料馆。

② 根据日本外交档案的记录，周骏烈获得该项权利的内情为：周骏烈与陈铭枢的秘书长及担任福建省政府要职的许卓然、秦望山等相识多年，为革命运动奔走，有着同志情谊。关于本次捕捞权获得之事，除周骏烈之外，许卓然也同行到广东与陈的秘书长进行斡旋，因此排挤了之前获得捕捞权的陈荷朝而使周骏烈获得此项权利。驻厦门领事寺岛广文致驻广东总领事矢野真：《東沙島ニ於ケル高瀬貝、海仁草採取權ニ関スル件》（1929 年 6 月 24 日），B09040864600，東沙島及西沙島ニ於ケル本邦人ノ利権事業関係雑件/漁業及海産物採取業関係（E-4-2-1-1-1），外务省外交史料馆。

③ 驻广东总领事矢野真致外务大臣田中义一：《東沙島ニ於ケル海産物採取權ニ関スル件》（1929 年 2 月 10 日），B09040864600，東沙島及西沙島ニ於ケル本邦人ノ利権事業関係雑件/漁業及海産物採取業関係（E-4-2-1-1-1），外务省外交史料馆。

④ 日方的调查资料显示，骏记东沙海产公司主要的股东及其出资额为：周骏烈 2 万元、杨家园 3 万元、蔡镜波 1 万元、黄容 6000 元、许卓然 5000 元、秦望山 5000 元、陈赞商 5000 元、黄宝甫 3000 元。参见驻厦门领事寺岛广文致驻广东总领事矢野真：《東沙島ニ於ケル高瀬貝、海仁草採取權ニ関スル件》（1929 年 6 月 24 日），B09040864600，東沙島及西沙島ニ於ケル本邦人ノ利権事業関係雑件/漁業及海産物採取業関係（E-4-2-1-1-1），外务省外交史料馆。

⑤ 驻厦门领事寺岛广文致外务大臣田中义一：《支那人雇傭邦人漁夫通厦ニ関スル件》（1929 年 5 月 21 日），B09040864600，東沙島及西沙島ニ於ケル本邦人ノ利権事業関係雑件/漁業及海産物採取業関係（E-4-2-1-1-1），外务省外交史料馆。

获 20 万斤海人草与 5 万斤高濑贝，其中海人草在香港以每百斤 27 元以上的价格销售给德国或日本商人。[①]

周骏烈计划雇用琉球潜水员从事海产品捕捞，并将此事报告给广东省建设厅，获得了官方许可。[②] 以支付保证金 10 万元为先决条件，周骏烈可以在该年内雇用 40 名琉球潜水员，但必须向每人支付日币 50 元以及日常的交通、生活费用，除此以外，每月须再支付工资港币 40 元。[③] 但是由于天气恶劣，周骏烈的出航计划被迫不断推延，在实际作业的 46 日内，骏记东沙岛海产公司共采集海人草 16 万斤、贝类 3 万余斤，在香港售予日本商人之后结算发现，此阶段的作业最终亏损一万余元。

不久，广东省建设厅又命令周骏烈解雇其琉球潜水员，代之以广东本地工人，以救济省内的失业者。[④] 5 月 24 日，广东交涉公署向日本驻广东领事致函，请求协助调查琉球潜水员奥滨加那志等 48 人从基隆出航转经厦门前往东沙岛的事宜。[⑤] 之前被剥夺了捕捞权的陈荷朝，也依靠其代理人冯德安向广东省建设厅呈文，指责周骏烈为台湾人且雇用琉球潜水员，意图恢复其承办资格权利。[⑥] 8 月 20 日从基隆起航的琉球渔民，由于作业中受伤以及水

---

① 驻厦门领事寺岛广文致驻广东总领事矢野真：《東沙島ニ於ケル高瀬貝、海仁草採取權ニ関スル件》（1929 年 6 月 24 日），B09040864600，東沙島及西沙島ニ於ケル本邦人ノ利権事業関係雑件/漁業及海産物採取業関係（E－4－2－1－1－1），外务省外交史料馆。

② 周骏烈申请雇用琉球潜水员是因为他们对于海产品捕捞事业的成功至关重要，周骏烈预计先雇用一半琉球人一半本国人，等本国人技术逐渐熟练之后再逐步淘汰所雇用的外国人。驻厦门日本领事馆警察署外务省巡查范忠常致驻厦门日本领事馆警察署外务省警部和久井吉之助：《東沙島駿記公司ニ関スル件》（1930 年 4 月 14 日），B09040864800，東沙島及西沙島ニ於ケル本邦人ノ利権事業関係雑件/漁業及海産物採取業関係（E－4－2－1－1－1），外务省外交史料馆。

③ 驻广东总领事矢野真致外务大臣田中义一：《東沙島ニ於ケル海產物採取ニ関スル件》（1929 年 4 月 16 日），B09040864600，東沙島及西沙島ニ於ケル本邦人ノ利権事業関係雑件/漁業及海産物採取業関係（E－4－2－1－1－1），外务省外交史料馆。

④ 驻广东总领事矢野真致外务大臣田中义一：《東沙島海產物採取用琉球人解雇ニ関スル件》（1929 年 5 月 6 日），B09040864600，東沙島及西沙島ニ於ケル本邦人ノ利権事業関係雑件/漁業及海産物採取業関係（E－4－2－1－1－1），外务省外交史料馆。

⑤ 《广东交涉员来函（译文）》（1929 年 5 月 24 日），B09040864600，東沙島及西沙島ニ於ケル本邦人ノ利権事業関係雑件/漁業及海産物採取業関係（E－4－2－1－1－1），外务省外交史料馆。

⑥ 驻广东总领事矢野真致台湾总督川村竹治：《東沙島ニ於ケル琉球人潜水夫取調方支那側ヨリ申出ノ件》（1929 年 5 月 25 日），B09040864600，東沙島及西沙島ニ於ケル本邦人ノ利権事業関係雑件/漁業及海産物採取業関係（E－4－2－1－1－1），外务省外交史料馆。

土不服等缘故，相继造成了10多人的死亡，引起了日本政府的关注。①

1929年12月下旬，广东省政府依据冯德安的告发，就与外人勾结、雇用日本汽船与琉球渔民之事，要求周骏烈当面说明情况。骏记东沙岛海产公司派出许卓然、秦望山为代表，前往南京向教育部与农矿部提出抗议。不久，南京国民政府相关部门即要求广东省政府提交该案相关文件，并停止执行之前的命令。② 但是广东省政府（主要是省建设厅）拒绝服从中央政府的命令，并向东沙岛无线电台台长致函，请求其协助中止骏记东沙岛海产公司的开采作业。广东省政府与中央政府之间就东沙岛管辖问题上的矛盾显露无遗。

1930年4月9日，广东省建设厅长邓彦华致函日本驻广东总领事代理须磨，向广州领事馆通报取消周骏烈捕捞权之事。周骏烈由于存在"接受捕捞执照以后，违反规定并有与外人勾结的嫌疑"，③ 经过广东省建设厅的调查与报告，广东省政府决定取消周骏烈在东沙岛的海产品捕捞权，将之转授陈荷朝、冯德安。此时恰逢海产品捕捞的旺季，周骏烈在其许可权被取消之后依然与奥田蒲三、仲间武男达成协议，由此二人出面雇用琉球宫古岛的渔民前往东沙岛进行盗采。由于担心雇用琉球渔民的行为有可能导致中日两国之间的矛盾，广东省政府希望日本政府出面干预此事。④ 日本驻广东领事馆也回函广东省建设厅，表示其会为了"预防纠纷的发生而阻止日本人前往东沙岛"，"日本渔民只是单单为周骏烈所雇用，贵方（广东省建设厅）对于周骏烈的不法行为进行直接阻止才最为紧要"。⑤ 周骏烈所雇用的日本

① 驻厦门领事寺岛广文致外务大臣币原喜重郎：《東沙島ニ於ケル海人草等採取ニ関スル件》（1929年9月2日），B09040864600，東沙島及西沙島ニ於ケル本邦人ノ利権事業関係雑件/漁業及海産物採取業関係（E-4-2-1-1-1），外务省外交史料馆。

② 驻厦门日本领事馆警察署外务省巡查范忠常致驻厦门日本领事馆警察署外务省警部和久井吉之助：《東沙島駿記公司ニ関スル件》（1930年4月14日），B09040864800，東沙島及西沙島ニ於ケル本邦人ノ利権事業関係雑件/漁業及海産物採取業関係（E-4-2-1-1-1），外务省外交史料馆。

③《東沙島海草盗采阻止方ニ関スル支那側來信譯文》（1930年4月9日），B09040864800，東沙島及西沙島ニ於ケル本邦人ノ利権事業関係雑件/漁業及海産物採取業関係（E-4-2-1-1-1），外务省外交史料馆。

④《東沙島海草盗采阻止方ニ関スル支那側來信譯文》（1930年4月9日），B09040864800，東沙島及西沙島ニ於ケル本邦人ノ利権事業関係雑件/漁業及海産物採取業関係（E-4-2-1-1-1），外务省外交史料馆。

⑤《驻广东总领事代理须磨弥吉郎致广东省建设厅长邓彦华函》（1930年4月10日），B09040864800，東沙島及西沙島ニ於ケル本邦人ノ利権事業関係雑件/漁業及海産物採取業関係（E-4-2-1-1-1），外务省外交史料馆。

渔民，计划分乘3艘渔船经由厦门驶向东沙岛，日本外务省紧接着与驻厦门领事馆密切联系以关注事件的走向。1930年4月11日，搭载有日本渔民的轮船到达东沙岛，日本政府需要面对的问题则是如何尽快地从该岛撤离日本渔民，避免扩大与中国政府的矛盾。

4月15日，广东省建设厅再次致函日本总领事代理须磨弥吉郎："希望贵国领事即刻向东沙岛发出电报，制止贵国渔船与渔夫等作业，并尽快撤离该岛，避免为周骏烈所利用，预防纠纷之发生而重两国之邦交。"① 翌日，须磨总领事代理回电广东省建设厅，日本外务省已将相关信息通报驻厦门领事馆，同时台湾基隆的警察署也阻止了另外一批渔民起航。对于周骏烈雇用的日本渔民，日本政府则希望广东当局能够给予妥善保护。② 4月24日，广东省建设厅再次致电日本驻广东总领事代理须磨，要求赴东沙岛的渔船与船员尽快撤离。③ 5月1日，须磨弥吉郎直接致函广东省主席陈铭枢，表示日方已经按照广东方面的要求采取相关措施，并希望处理此事的官员能够解除周骏烈与日本渔民之间的雇用合约，并确保日方人员安全撤离。④

与此同时，广东省建设厅派员张杰山前往该岛实施调查，根据5月2日的电报，东沙岛上依然居住有39名台湾人、76名琉球人与20余名日本人，而且之前基隆警察署禁止出航的渔船也违抗命令擅自前往东沙岛。因此广东省建设厅再次致电日本驻广东领事馆，希望日本渔民与渔船迅速撤离。⑤ 此外，还有消息称，中央政府也派出了军舰"平征号"前往东沙岛海域进行

① 《广东省建设厅长邓彦华致总领事代理须磨弥吉郎函》（1930年4月15日），B09040864800，東沙島及西沙島ニ於ケル本邦人ノ利権事業関係雑件/漁業及海産物採取業関係（E-4-2-1-1-1），外务省外交史料馆。

② 《驻广东总领事代理须磨弥吉郎致广东省建设厅长邓彦华函》（1930年4月16日），B09040864800，東沙島及西沙島ニ於ケル本邦人ノ利権事業関係雑件/漁業及海産物採取業関係（E-4-2-1-1-1），外务省外交史料馆。

③ 《广东省建设厅长邓彦华致总领事代理须磨弥吉郎函》（1930年4月24日），B09040864800，東沙島及西沙島ニ於ケル本邦人ノ利権事業関係雑件/漁業及海産物採取業関係（E-4-2-1-1-1），外务省外交史料馆。

④ 《驻广东总领事代理须磨弥吉郎致广东省政府主席陈铭枢函》（1930年5月1日），B09040864800，東沙島及西沙島ニ於ケル本邦人ノ利権事業関係雑件/漁業及海産物採取業関係（E-4-2-1-1-1），外务省外交史料馆。

⑤ 《广东省建设厅长邓彦华致须磨总领事代理函》（1930年5月3日），B09040864800，東沙島及西沙島ニ於ケル本邦人ノ利権事業関係雑件/漁業及海産物採取業関係（E-4-2-1-1-1），外务省外交史料馆。

监视和调查。[①] 5 月 5 日，冯德安以及 2 名广东省政府官员、6 名士兵、40 名广东劳工到达东沙岛，要求周骏烈雇用渔民，停止作业，并返航撤离。5 月 19 日，日本渔民分乘两艘渔船从该岛驶离，于 5 月 21 日全部顺利抵达厦门。据统计，日本渔民在此阶段共采得海人草 13.2 万斤，除 7.4 万斤运抵厦门外，剩下的海人草则转交给冯德安。在解决工资问题之后，相关日本渔民驶离厦门返航基隆。[②]

5 月 23 日，日本驻广东领事馆就日本渔民参与东沙岛海产品捕捞之事，再次向广东省政府做出说明："该日本渔船及渔夫等只是从周骏烈处获得一定工资而为其所雇用，因此与该人的捕捞事业全然无关。厦门的某日本药商与骏记（东沙海产）公司之间存在收购海人草的合约。总而言之，此次事件与日本毫无关系，以上所述还望谅解。"[③] 日本外交机构一再表明，日本渔民在此事件中与周骏烈之间只是单纯的雇用关系，并未主动参与其中，且日本方面对广东省政府的要求也是尽量配合。5 月 29 日，广东省建设厅在回函中向日本领事馆表示"盛意感谢"。[④]

随着日本渔船与渔民从东沙岛撤离返回基隆港，此事件似乎就此终结。但是 5 月底至 6 月初，中国国内新闻中连续出现了《日本人又偷采海草》《请禁日人私偷海产》《日人在东沙岛偷采海草情形》等文章，报道日本人在东沙岛的盗采行为。日本政府就此再次向广东省政府提出严重抗议。[⑤] 周骏烈所获得的开采权再次转移至陈荷朝与冯德安之后，后者雇用了数百名工

① 驻香港总领事代理吉田丹一郎致外务大臣币原喜重郎：《東沙島ニ於ケル日本漁船ニ對スル支那側監視ニ関スル件》（1930 年 5 月 14 日），B09040864800，東沙島及西沙島ニ於ケル本邦人ノ利権事業関係雑件/漁業及海産物採取業関係（E-4-2-1-1-1），外务省外交史料馆。

② 驻厦门领事寺岛广文致驻广东总领事代理须磨弥吉郎：《東沙島ノ海人草採取邦人漁夫引揚ニ関スル件》（1930 年 5 月 26 日），B09040864800，東沙島及西沙島ニ於ケル本邦人ノ利権事業関係雑件/漁業及海産物採取業関係（E-4-2-1-1-1），外务省外交史料馆。

③ 《驻广东总领事代理须磨弥吉郎致广东省政府主席陈铭枢、广东省建设厅长邓彦华函》（1930 年 5 月 23 日），B09040864800，東沙島及西沙島ニ於ケル本邦人ノ利権事業関係雑件/漁業及海産物採取業関係（E-4-2-1-1-1），外务省外交史料馆。

④ 《東沙島海產盜採ニ関スル廣東建設廳長來信譯文》（1930 年 5 月 29 日），B09040864800，東沙島及西沙島ニ於ケル本邦人ノ利権事業関係雑件/漁業及海産物採取業関係（E-4-2-1-1-1），外务省外交史料馆。

⑤ 驻广东总领事代理须磨弥吉郎致外务大臣币原喜重郎：《邦人關係ノ東沙島海產盜採ニ関スル新聞記事ニ関スル件》（1930 年 6 月 10 日），B09040864800，東沙島及西沙島ニ於ケル本邦人ノ利権事業関係雑件/漁業及海産物採取業関係（E-4-2-1-1-1），外务省外交史料馆。

人在东沙岛从事海产品开采，并获得了良好的经济效益。[①] 与周骏烈的经营方式相同，冯德安也暗中寻求日本资本的支持。1930 年 9 月 17 日，冯德安与厦门中和盛药房的马场五十次、奥平蒲三签订合作协议，中日双方共同出资开采东沙岛的海人草。[②]

海人草采割作业的特殊性，使得承办东沙岛海产品开采的中国商人倾向于雇用琉球渔民。在海产品开采承办权易手的过程中，中日两国之间就琉球渔民的生产作业是否合法展开多次外交交涉。出于保护利权的目的，广东省政府禁止承办海产商人雇用外国渔民，但在现实条件的限制与经济利益的驱使下，广东省政府的禁令难以落实，遂同日本政府展开交涉，要求其约束琉球渔民的行为。特别是周骏烈的承办资格被取消之后，对在岛作业以及后续赴岛的琉球渔民的处置，就成了中日两国政府需要处理的现实问题。

三 海人草销售纠纷与广东省政府打击盗采的行动

对中日海产商人而言，承办权的获得以及实际的开采作业，只是获得经济利益的前提，海产品的销售对于实现经济利益同样至关重要。东沙岛所出产的海产品中，海人草、高濑贝等严重依赖日本市场，海产商人在市场销售、资金结算过程中，常常要与日本经销商打交道，交易过程中也时常出现商业纠纷。

1930 年 4 月，兴中行（经理莫兆池）作为拥有东沙岛海产品承办权的东沙岛海产有限公司（总经理冯德安、副经理陈荷朝）的代理商，与日本北海物产公司代表河村惠津子签订海人草销售协议，双方议定海人草的价格为每担 25 元港币，高濑贝为每担 30.5 元。[③]

1931 年 1 月 7 日，东沙岛海产有限公司总代理店安利公司（经理冯仲虞）与中和盛药房（实际由日本商人涩谷刚、马场五十次经营）也签订协议，约定以港币 1.5 万元为订金，前者为后者独家供应海人草一年，每担价

① 驻广东总领事代理吉田丹一郎致外务大臣币原喜重郎：《東沙島ノ現狀ニ関スル件》（1930 年 8 月 13 日），B09040864800，東沙島及西沙島ニ於ケル本邦人ノ利権事業関係雑件/漁業及海産物採取業関係（E－4－2－1－1－1），外务省外交史料馆。

② 《契约证书》（1930 年 9 月 17 日），B09040864900，東沙島及西沙島ニ於ケル本邦人ノ利権事業関係雑件/漁業及海産物採取業関係（E－4－2－1－1－1），外务省外交史料馆。

③ 《东沙海产公司对契约书》（1930 年 4 月 4 日），B09040864900，東沙島及西沙島ニ於ケル本邦人ノ利権事業関係雑件/漁業及海産物採取業関係（E－4－2－1－1－1），外务省外交史料馆。

格为 43 港币。[①]

1 月下旬，日商涩谷刚与马场五十次一同前往日本驻广东领事馆，申述东沙岛海产有限公司销售海人草之事。“去年来中国方面，一方面经常宣传日本人有盗采海人草的行为；另一方面该公司与河村惠津子也约定以每担 25 元交易海人草，损害了其既得权利。日本人相互竞争为中国人所利用而提高价格，希望引起领事馆的注意。”[②] 2 月上旬，北海物产公司的河村惠津子也同样多次来到驻广州日本领事馆说明其与兴中行之间的销售合约，申诉涩谷刚与马场五十次对其权利造成了侵害，并要求中国商人做出改正。2 月 22 日，河村惠津子以个人名义致函广东省主席陈铭枢与建设厅长邓彦华，申述冯德安与马场五十次相互勾结、毁约并将海产转卖他人之事：

> 敝国人马场以资本操纵贵国商人、无视贵国法律与国际信义已是事实。去年曾在东沙岛发生杀人事件，引起了贵我两国之间的不愉快，其责任者在于马场与冯德安两人，其卑劣行尽为人周知。敝公司陈述敝国人的劣情奸计，实在惭愧不堪。（中略）兹愿查实冯德安无视国法的一切奸计，先停止其经营事业，再取消其捕捞权。与上文相关事实，敝公司持有证据，必要时可在立于证人台进行证明，绝无空言。[③]

河村在其商业利益受损的情况下，一方面向日本驻广东领事馆进行申诉，希冀日本外交机构从中调停；另一方面向广东省政府申诉，告发冯德安存在借用日本资本、雇用日本工人的不法行为，请求广东省政府取消冯德安及其渔业公司的海产品承办权。

日本驻广东领事馆认为：“这是中国奸商的常用手段，使用双重契约来损害邦人的利益。中国方面很明显是在利用邦人之间的相互竞争。”[④] 日本

---

① 《合约》（1931 年 1 月 7 日），B09040864900，東沙島及西沙島ニ於ケル本邦人ノ利権事業関係雑件/漁業及海産物採取業関係（E－4－2－1－1－1），外务省外交史料馆。

② 驻广东总领事代理须磨弥吉致驻厦门寺岛广文：《東沙島海人草ニ関スル件》（1931 年 3 月 13 日），B09040864900，東沙島及西沙島ニ於ケル本邦人ノ利権事業関係雑件/漁業及海産物採取業関係（E－4－2－1－1－1），外务省外交史料馆。

③ 《河村惠津子ノ陳銘樞、鄧彥華宛書翰譯文》（1931 年 2 月 22 日），B09040864900，東沙島及西沙島ニ於ケル本邦人ノ利権事業関係雑件/漁業及海産物採取業関係（E－4－2－1－1－1），外务省外交史料馆。

④ 驻广东总领事代理须磨弥吉郎致驻厦门寺岛广文：《東沙島海人草ニ関スル件》（1931 年 3 月 13 日），B09040864900，東沙島及西沙島ニ於ケル本邦人ノ利権事業関係雑件/漁業及海産物採取業関係（E－4－2－1－1－1），外务省外交史料馆。

领事馆遂要求陈荷朝与河村惠津子于3月5日一同到领事馆当面说明情况。陈荷朝称，1930年5月1日将独家售卖权给予兴中行，该销售合约是有律师在场证明的情况下正式签订的，其并不知晓与中和盛药房之间的销售合约。但是东沙岛海产有限公司总经理冯德安却声称，该公司将独家销售权给予安利公司，去年与兴中行之间的合约只是口头协议。

由于河村惠津子与陈荷朝各执一词，河村以不履行契约为由要求冯德安做出赔偿，并向中国政府密告与事件相关日本人的不法行为。为了避免事件的进一步恶化，日本驻广东领事馆决定先暂停协调此事。

3月8日，冯德安将河村惠津子致陈铭枢、邓彦华的信函送达日本驻广东领事馆。翌日，领事馆就该信函质询河村，河村对此予以承认，领事馆以"向中国政府密告同胞的罪行不妥至极"向河村提出严重警告，该事件最终也以不了了之收场。

日本驻广东总领事代理须磨弥吉郎在致厦门领事寺岛广文的信函中写道："过去数年来，围绕东沙岛本国人对中国方面协调运动所取得的利益，总的来看，如蚂蚁般微小。为此本国人相互竞争，不惜以同胞之血为代价。如此丑态继续延续下去，实在难以忍受。这暴露了帝国臣民之间的不信任，更不用说去年以来关于日人盗采东沙岛海草的反日报道，这更加明显地伤害了帝国的威信。关于此事件的真相需要进行彻底调查。"① 从之前日本政府的态度与行动来看，日本政府一直不希望直接介入此类事件，避免与中国政府产生直接冲突。但是海人草销售纠纷事件中，日本商人之间不择手段的竞争与倾轧反映市场秩序的失控，并让日本政府觉察到日本商人的行为会影响其整体的在华利益，由于难以对涉事日商进行有效管理，日本政府陷入了进退两难的困境中。

东沙岛海产品开采与销售的事件有逐渐升温、恶化的趋势，日本政府督促在华领事馆与台湾总督府加大对相关事件的监视和关注力度。根据台湾总督府的报告，有多艘台湾渔船计划于3月17日驶向东沙岛采集海产，台湾总督府紧急要求相关渔船不得起航。② 冯德安则于3月27日在两艘中国军舰的护卫下前

① 驻广东总领事代理须磨弥吉郎致驻厦门寺岛广文：《東沙島海人草ニ関スル件》（1931年3月13日），B09040864900，東沙島及西沙島ニ於ケル本邦人ノ利権事業関係雑件/漁業及海産物採取業関係（E-4-2-1-1-1），外务省外交史料馆。

② 《须磨总领事代理致币原外务大臣函》（1931年3月15日），B09040864900，東沙島及西沙島ニ於ケル本邦人ノ利権事業関係雑件/漁業及海産物採取業関係（E-4-2-1-1-1），外务省外交史料馆。

往东沙岛进行调查取证，验证是否存在其雇用外人之情况。为避免日本渔船出现在东沙岛海域而为中国军舰所扣留，继而成为中国政府指责日本渔船盗采之证据，日本外务省也要求本国渔船不得进入东沙岛海域。[①] 由于当时台湾的渔业并不景气，海人草捕捞所隐含的巨大利润吸引着很多渔船继续铤而走险。

4月6日，日本驻广东总领事代理须磨弥吉郎在致外务大臣的电文中建议：今后禁止台湾渔船前往东沙岛捕鱼，对于违反规定的船只，将渔船与船员均予以扣留；台湾总督府对于在台（在东沙岛从事行海人草采集）琉球人实行严格管理。由于当下广东省建设厅对于在东沙岛采集海人草的承办申请者，以“不使用日本人的资本，不雇用日本人”为绝对条件，日本人参与该项事业的难度持续加大，日本政府也担心继续出现日本人之间相互竞争而为中国人所利用之情况。[②]

5月4日，广东省建设厅向日本驻广东领事馆发函，称其抓获了在东沙岛盗采海人草的日本渔船“松竹丸”号及3名日本船员。中国方面在表达严重不满的同时希望日本政府能依法严惩，并保证以后不再发生此类事件。[③] 须磨总领事代理在回函中表示，日本方面将会彻底调查事件真相。[④] 5月10日，3名日本船员乘船回到台湾。“松竹丸”号渔船不顾台湾总督府警察署的警告，在广东省政府打击日本渔船盗采海产资源的时期内继续作业而为中国政府扣留。虽然此事件在中日双方的协调下得到了妥善解决，但为了避免此类事件的再次发生，台湾总督府向日本政府建议：“对于出航前往东沙岛进行海人草捕捞的嫌疑船只一律严厉取缔。”[⑤]

---

① 驻广东总领事代理须磨弥吉郎致外务大臣币原喜重郎：《東沙島海人草盗採ニ関スル件》（1931年3月26日），B09040864900，東沙島及西沙島ニ於ケル本邦人ノ利権事業関係雑件/漁業及海産物採取業関係（E-4-2-1-1-1），外务省外交史料馆。

② 驻广东总领事代理须磨弥吉郎致外务大臣币原喜重郎：《東沙島海人草盗採ニ関スル件》（1931年4月6日），B09040864900，東沙島及西沙島ニ於ケル本邦人ノ利権事業関係雑件/漁業及海産物採取業関係（E-4-2-1-1-1），外务省外交史料馆。

③ 《广东省建设厅公函第四一三号（译文）》（1931年5月4日），B09040864900，東沙島及西沙島ニ於ケル本邦人ノ利権事業関係雑件/漁業及海産物採取業関係（E-4-2-1-1-1），外务省外交史料馆。

④ 《驻广东总领事代理致建设厅长邓彦华函》（1931年5月6日），B09040864900，東沙島及西沙島ニ於ケル本邦人ノ利権事業関係雑件/漁業及海産物採取業関係（E-4-2-1-1-1），外务省外交史料馆。

⑤ 台湾总督府警务局长井上英致拓务省管理局长生驹高常、外务省亚细亚局长谷正元等：《中國官憲ニ逮捕サレタル東沙島海人草採取邦人ニ関スル件》（1931年5月14日），B09040864900，東沙島及西沙島ニ於ケル本邦人ノ利権事業関係雑件/漁業及海産物採取業関係（E-4-2-1-1-1），外务省外交史料馆。

虽然台湾总督府一直希望能加强对于台湾渔船的管理，禁止渔船前往东沙岛采集海产，避免同中国政府再起冲突，但由于殖民政府难以对各港渔船及渔民形成真正有效地管理，加上经济利益的诱惑，盗采活动依然不断，中日两国政府和商人之间关于东沙岛海产品的纠纷与交涉也依旧持续。

结　语

从本文所涉及的时段来看，涉及东沙岛海产品采集、交易的事件主要包括：石丸庄助以协助北洋海军修建东沙岛无线电台来换取采集许可；日商石丸庄助与松下嘉一郎之间的开采权竞争；周骏烈与陈荷朝、冯德安之间的承办权纠纷；中国商人雇用琉球渔民问题；陈荷朝、冯德安与日本商人的海人草销售纠纷；等等。从一系列事件的演变过程来看，涉及海产商人的合法承办权、雇员实际采集、产品销售等完整的“生产—销售”链条。民国北京政府及广东当局，南京国民政府海军部门及广东政府，一直存在着对东沙群岛管辖权的争夺。“权出多门”的局面也造成了东沙岛实际监管的困难与混乱，为中日商人相互勾结盗采海产提供了机会。中国政府一直鼓励有实力的中国商人独立承办开采，但是由于国内商人资本薄弱，加上东沙岛海产品特别是海人草，从采集技术、渔船设备、市场销售等方面都对日本存在依赖关系，这就造成了东沙岛海产品开采过程中始终存在日本因素。

商人以赢利为其行为之动机，国家则以维护领土与主权完整为行动准则。不仅中日商人之间，而且即使同一国家的商人之间也存在着市场竞争与利益冲突，彼此矛盾与冲突的协调则需要市场、行业与政府多方面的参与。市场协调机制的失灵不仅导致失信与投机行为的发生，而且导致对国家主权与国家利益遭受损害。商人之间的交易纠纷在市场内部难以调解之时，常常寻求政府的仲裁与调解。国家权力的干涉则使得单纯的商业纠纷转入政权竞争与外交纠纷的困局中。中日海产商人与渔民前往远离大陆的海岛从事海产品的捕捞采集，其行动本身很易受到气候、灾害、技术等诸多方面的限制与干扰，海产品价格的波动更加大了采集活动的市场风险。市场风险与南北政府的政权之争在东沙群岛出现了重叠，不稳定性因素的叠加更使得此事件出现了多维的面向。

日本驻广东领事馆与台湾总督府在这一系列事件之中，主要负责与广东地方政府的协调和交涉，但是从事件的发展过程来看，日方态度一直都是较为谨慎与保守，尽量不干预日本商人的市场活动。广东地方政府多次就日本渔民盗采海产事向日本驻广东领事馆提出抗议，但是日本政府的态度多为敷衍应付。但当日本商人之间出现恶性竞争之时，日本政府方才出面干预，并选择同广东省政府进行协调，运用行政手段约束日台商人、渔民的行为。日本政府及其外交机构在多数情况下避免同中国中央与地方政府直接对抗和冲突。对于东沙岛海产品的开采，日本政府希望日本商人之间协作开发，以使日本获得最大利益，但是在中国国内复杂变动的政局以及中日关系日趋紧张的环境之中，市场风险与外交危机的叠加，造成中日围绕东沙岛海产品开采接连不断地产生冲突与摩擦。

The Re-exploration of the Disputes in the Seafood Industry in Dongsha Island (1925 –1931): Centered on the Archives of the Japanese Ministry of Foreign Affairs

Xu Longsheng

Abstract: Dongsha Islands had a wealth of Marine products, while the Guangdong government hoped it to be mined by Chinese businessmen, but the Japanese businessmen and fishermen also wanted to get benefit from it. As the Guangdong local government and the Navy of Beiyang Government had claimed ownership of the Dongsha Islands, it caused the competition of right of fishery between Ishimaru Shousuke and Matsushita Kaichirou. After the Guangdong provincial government had the jurisdiction, there also came the repeating competition between Zhou Junlie and Chen Hechao, Feng De'an. Japanese businessmen and the impact of Japanese capital had been accompanied by the development of the event. The Japanese government, the governor of Taiwan and the Japanese consulate in Guangdong had to negotiate with the Chinese government, but also to coordinate the interests of Japanese businessmen conflict.

Keywords: Dongsha Islands; fishery; Digenea simplex; Japan; Guangdong government

（执行编辑：周鑫）

学术述评

海洋史研究（第十四辑）
2020 年 1 月　第 289 ~ 298 页

“2018 海洋史研究青年学者论坛”综述

吴婉惠*

为庆祝广东省社会科学院历史与孙中山研究所成立 60 周年，同时为进一步推动海洋史学及相关问题研究，促进青年学者间的交流与合作，搭建学术研究、思想碰撞的海洋史研究交流平台，广东省社会科学院历史与孙中山研究所、广东海洋史研究中心、《海洋史研究》编辑部联合主办“2018 海洋史研究青年学者论坛”。会议于 2018 年 12 月 8 ~ 9 日在广东阳江海陵岛召开，中山大学党委书记、历史系教授陈春声、复旦大学历史地理研究中心教授周振鹤、南京大学历史系教授刘迎胜、中国社会科学院大学教授李红岩、国家文物局水下文化遗产保护中心研究员孙键、暨南大学华侨华人研究院教授钱江、广东海洋史研究中心研究员李庆新等特邀嘉宾，以及来自中国社会科学院、复旦大学、南开大学、南京大学、中山大学、厦门大学、郑州轻工业大学、福建师范大学、聊城大学、吉林师范大学、上海师范大学、山东省社科院及广东省社会科学院等高校和科研院所的青年学者 30 余人出席会议。

这次会议是首次全国性海洋史研究青年学者学术会议，引起国内学界热切关注。征文期间，共收到青年学者提交论文 50 多篇，因会议规模所限，经主办方邀请专家匿名评审，遴选出 19 篇论文的作者作为正式代表出席会议。会议聚焦亚洲—太平洋海域海岛历史，围绕海岛经略与海权维护、海洋

* 吴婉惠，广东省社会科学院历史与孙中山研究所（海洋史研究中心）助理研究员。

经济与区域发展、海洋网络与岛域交流、海洋知识与技术传播等议题，以互评、讨论和专家点评的形式展开热烈的学术交流。会后《中国社会科学报》《海洋史研究通讯》均报道了会议信息。[①] 2019 年 1 月 10 日，中国人民大学书报资料中心、《学术月刊》杂志社、《光明日报》理论部共同主办 2018 年度“中国十大学术热点”发布会，将此次会议列为中国十大学术热点之一的“海洋史研究的拓展”的代表性会议。

一 海岛经略与海权维护

海岛作为海洋社会的重要载体，其相关环境的改变、贸易形态的变迁对海洋社会的发展有着重要的影响。厦门大学张侃教授《航路望山与外洋盗穴：明清闽浙海域格局与南麂岛的社会形态演变》一文，以南麂岛为个案，探讨了海洋社会文化形成进程中，海岛所扮演的重要角色。南麂岛位于温州南端，面积小、远离大陆，处于闽浙交界洋面、内外洋交界处，是南北航线必经之地。作者系统整理和分析了南麂岛在历代针路上的指向功能以及其地位的演变。南麂岛在针路上虽处重要指向地位，但由于其地理特征因素，明清王朝一直无法有效管理南麂岛及其附近洋面，导致南麂岛成为海匪交替盘踞的外洋巢穴以及私舶贸易的重要区域之一，因此也成为王朝统治者们的心腹大患。从明中叶开始，地方官员和军事将领便一直希望加强海防建设，通过巡洋会哨、拨兵屯田等方式以实现对南麂岛及周边海域的控制，但在治理措施上出现了反复与困境。南麂岛的发展历程具有海洋流动性的历史内涵，“治理困境”恰恰说明了明中叶以后海洋社会与陆地社会之间复杂博弈进程。

明清时期海岛开发与治理的过程和国家权力紧密相关，海岛的封禁和解禁反映了古代中国海洋政策的变化。海疆经略的政策演变对沿海社会产生了深刻的影响。中山大学谢湜教授《明清浙江南田岛的政治地理变迁》一文从南田岛弃置封禁到开禁设厅的历史切入，认为明清王朝的海岛政策经历了强制徙民、厉行肃清以及永远封禁的三番转变，集中反映了明清帝

① 阮戈：《提升海洋史研究水平》，《中国社会科学报》2018 年 12 月 17 日。阮戈、王潞：《中心举办 2018 海洋史研究青年学者论坛》，《海洋史研究通讯》第 14 辑，广东海洋史研究中心编印，2018。

国面临内外形势调整海疆战略的曲折过程。乾隆年间，海岛经略着重于开荒利弊和行政负担之间的权衡。18～19 世纪，不少官员在关于浙江海岛开禁问题中转向注重实地调查，阐述建立常规行政管理、将资源配置与人口控制结合的必要性。鸦片战争后，东南海岛的迁弃问题逐渐上升到国家疆域安全层面。19 世纪后期，海岛垦复和人户管理最终归入行政事务范围。南田岛的政治地位变迁恰恰反映作为传统疆域型国家对领土与人口的治理观念和政策。

复旦大学博士研究生朱波《清代分防体制在海岛地区的推行与海岛厅的设置》一文，通过梳理清代海岛厅的历史沿革，探讨清代开发沿海岛屿的具体过程。文章从整体性视角出发，分别讨论了清代海岛厅设置的地理基础与制度背景、海岛厅设置的原因和过程、海岛厅的政区地理特征以及海岛政区化的历史。作者认为，农业生产条件和地理位置是影响海岛管辖方式最为重要的因素，清代的分防体制则是海岛政区生成的制度渊源。文中以澎湖厅、南澳厅、玉环厅、海门厅、定海厅、南田厅的设置过程为例，论证海岛厅设置与清代管理海疆政治需求之间的密切联系。清代海岛厅“聚岛为厅”，其设置是中国海岛政区形成史上的重要一环。

海岛社会与王朝权力的联结与互动是理解海岛历史变迁的关键一环。广东海洋史研究中心王潞副研究员《清代上川岛的国家权力与海岛社会》一文，以广东上川岛历史和海岛社会为中心，通过对清代上川岛开发与治理历程的分析，探讨国家权力对海岛社会的渗透以及二者之间的互动。尽管清代上川岛是重要的商贸通道和渔业产地，但出于行政成本等因素的考虑，政府并未在该岛设立驻岛行政机构，仅有若干兵丁驻守。自明代中叶至清前期，上川岛为瑶疍杂居的岛屿。乾隆二年（1737），清政府开立瑶户，岛民成了国家编户齐民。然而，在清后期与外来者的竞争过程中，岛民逐渐强化“上川八户土著”的身份认同，利用“政府行为”实现对海岛资源的占有、开拓、争夺。同时为了和瑶疍划清界限，构建出中原汉人移居迁徙的家族历史。其中，作者以盘氏家族为例，从其由山居瑶人向海上渔民的发展历程，勾勒山海交错下的海岛族群的变迁过程。

吉林大学聂有财博士《清代吉林东南海岛的开发与治理》一文，则利用满文档案及相关朝鲜文献，对清代吉林东南海岛的开发与治理展开了深入探讨。吉林东南海域盛产海参，海上诸岛也有丰富的人参资源。为解决珲春旗人生计，清政府许可其于东南海域从事海参捕捞。不少民人则隐匿于海岛盗采人参，入海捕捞海参，同时垦田构屋驻岛生活。为了保护珲春旗人的渔利，垄断人参资源，清政府对东南海岛开展长期的巡查治理。珲春旗人与岛上民人互有来往及交易，因而即便政府查处，东南海域的偷参者仍屡禁不绝。可以说正是这些偷参人与珲春旗人一同促进了吉林东南海岛渔业、农业乃至商业等方面的多重开发。1860 年，清政府对吉林东南海域的巡查治理戛然而止，但中国民众对该海域和海中岛屿的开发则一直持续到 1938 年。

由于近代中国特殊的历史背景，海岛开发也出现了国际因素。上海师范大学副教授薛理禹《从交通枢纽到避暑胜地：晚清花鸟山的兴衰变迁》一文聚焦于长江口外的一座小岛——花鸟山。鸦片战争前，花鸟山乃地处外洋的荒僻岛屿，并不受政府重视。鸦片战争后，随着国门的打开和远洋航路的开辟，作为航运孔道的花鸟山一度成为中外各方势力关注的热点，引发诸多国际争端和涉外交涉。19 世纪 70 年代，花鸟山上修建灯塔，此后英国人私自在岛上接通电缆、设置电报站，引发外交交涉。地处航道要冲的花鸟山，因灯塔等重要海上交通设施的存在，以及作为上海的一道海上门户，其战略地位得以进一步提高。英国人随后在岛上购置土地，修筑屋舍，开通班轮，欲打造外侨避暑胜地，此举引发了国人对主权的担忧，引起了外交纠纷。经双方反复交涉，最终得以赎回英人所购土地，而花鸟山亦重归沉寂。

南京大学博士研究生冯军南则关注海权研究，将关注点投向南沙群岛。其《20 世纪 30 年代日本南沙群岛政策的形成与演变》一文，以日本外务省档案为基础，考察“二战”前日本对南沙群岛政策的演变。20 世纪初，日本外务省和海军省对南沙群岛认识较为模糊，关注度亦不高。1933 年法国挑起“九小岛事件”，日本持续关注南沙群岛相关事宜并对法国的“先占”提出抗议。但此时外务省、海军省对南沙群岛的诉求尚未发展至军事战略层面，遂与法国达成“共存”妥协。1936 年“南进”政策成为日本的国策，海军省积极向南沙群岛扩张，企图在此建立“南进”的重要军事据点。外务省虽最初反对，但因国际形势及国内政治等因素，20 世纪 30 年代后半期逐渐与海军省达成一致主张，支持驱逐法国势力，用武力侵占南沙群岛，为推进“南进”路线做准备。日本对南沙群岛政策的演变，正是日本借助其对华攻势的进展和世界局势的变化，以海军为中心实现向南方海洋扩张野心的体现。

二 海洋经济与区域发展

学科交叉为海洋史研究提供了全新的视角，海洋资源环境与渔业史成为一大热门。中国社会科学院王楠博士从环境史角度出发，着眼于黄海渔业之争端。其文《环境史视域下的黄海渔业争端》以黄海渔业问题为个案，在长时段中考察跨区域的“海上公地”。明清之际的越海捕鱼活动主要是为了占据更有利的开发场所，缺乏国家意志介入，与海权盈缩之间关系不大。民国时期，官方发展新式渔业，实业救国，采取强硬的护渔措施。中日之间就海界与海权问题陷入了旷日持久的谈判。当代渔业的博弈则以技术竞争为核心。作者力图追溯不同时期黄海公地位置的推移及其表现形式、资源波动、国力博弈与技术发展的影响，以及政府、实业家和渔民等对渔业争端的回应。黄海渔业争端反映生态与社会的交融不会随政治时代更迭而终止，当人们通过政治手段裁决争端时，还应该关注这片海域所承载的生产与生活方式的延续性。

郑州轻工业大学陈亮博士在《朝鲜半岛东岸鲱鱼资源数量的变动及原因（1545～1765）》一文中，对这一时期内朝鲜东岸鲱鱼资源变动的状况、发生剧烈变动的次数、频率、关键时间点，以及分布范围的伸缩变化，展开了详细研究。认为1545～1765年，朝鲜半岛东岸鲱鱼资源经历了明显的盛衰变化。1545～1669年，朝鲜半岛东的鲱鱼资源持续兴盛。然而1670～1725年，鲱鱼的产量有明显波动，鲱鱼资源由盛转衰，减产至少持续了半个世纪，沿海渔民的生活和政府的税收都受到了比较大的影响。自1726年开始至1765年，鲱鱼资源重新兴盛。通过对鲱鱼资源丰歉、水宗变化相关史料的分析，并结合水文数据动力资料，作者认为对马暖流是影响东朝鲜鲱鱼群丰歉的关键因素之一。

盐业研究亦是国家海洋治理、海洋经济和濒海社会人群研究的重要切入点。中山大学李晓龙副教授在《重塑盐场：明后期潮州东界半岛的地方人群与社区变迁》一文，以广东潮州东界半岛为例，考察在明后期华南盐业整体转型的背景下，明初已获得灶户身份的半岛盐户人群们，如何通过提倡“就埕征纳”的策略，达到豁免自身场课、场役的目的；同时，他们又如何利用课盐分离的趋势，借反对盐禁之机将盐场塑造成自由卖盐之区，由此继续成为控制盐场经济的主要地方势力。作者将盐场制度视作一种地方策略，详细追溯潮州东界半岛居民利用盐场制度，重塑盐场社区秩序，并搭建起自身地方社会权力结构的历史过程。

中山大学博士研究生刘巳齐《明清易代之际的皮岛贸易与东北亚》一文探讨了明清易代之际，以皮岛为中心的东江贸易与东北亚地区局势变化的深层联系。随着建州女真的兴起，东北亚贸易重心逐渐实现了由内陆向沿海的空间转移。毛文龙以皮岛为基础建立东江镇后，以官方形式招商引资，开设贸易市场，带动整个东江地区贸易的快速发展。皮岛遂成为东江地区交通和贸易中心，同时形成了官方贸易和走私贸易并存的局面。这一局面最终在毛文龙死后，随各方势力分化而衰落。东江贸易加强了东北亚海陆区域之间的流动与联系，影响了地区局势的变化。明内部出现移镇风波，战略重心转向辽西。后金在战争消耗和经济封锁下，内部出现严重危机；朝鲜因经济上受制于东江，国家运转一度遭受危机。皮岛由于其滥用官方信用，在发展过程中未能有效地将内部稳定和经济发展相结合，最终丧失其贸易中心地位。至此，以东江为中心的区域势力有了新的整合。

三　海洋网络与岛域交流

目前中国学界对大洋洲地区，尤其是大洋洲岛屿国家和华人的关注不多，为中国海洋史研究中的一块空白。中山大学费晟副教授《海洋网络与大洋洲岛屿地区华人移民社会的生计》一文，从概述大洋洲岛屿地区华人社会发展演变的过程与特点出发，以太平洋岛国瓦努阿图为具体个案，用田野调查和口述史调研的研究方法，分析海洋网络中华人移民生计的发展与变化。作者认为，依赖跨海交流网络发展起来的太平洋岛国华人群体，其生计深受当地局势变革的影响，与广大的内陆人口缺乏直接而密切的融合，始终具有很强的外向性与流动性；随着中国的崛起及其在跨太平洋网络中的影响日益扩大，岛国华人与外部世界的互动逐渐频繁，其对中国的依赖也日渐增加。

聊城大学吕俊昌博士则将目光转向近代早期华人天主教徒在东南亚地区的活动，从新的角度重新审视这一跨域人群角色与作用。《近代早期海岛东南亚华人天主教徒的活动与角色》一文认为，华人天主教徒的华人及华裔身份对天主教在亚洲的传播发挥了不可或缺的作用：他们是东南亚海岛地区传教事业的重要开拓者；同时，得益于教徒身份和语言优势，他们又在国际活动或涉外事务中担任着向导、使者和通事等中间人的角色；商人和手工业者是近代早期海外华人的主体，也是华人天主教徒的主要组成部分，其独特身份进一步扩大了他们自己的活动空间；此外，华人天主教徒也是中西文化的有效传播者。作者认为华人天主教徒的身份能使这一跨域群体更好地适应亚洲海域的社会环境，开拓更广阔的生存与发展空间。

华人在东南亚地区的商业活动为华人华侨史研究的重点之一。中山大学博士研究生黄晓玲在《二十世纪初华人商业与马来半岛的城市经济网络》中，以新加坡为中心，从信局分布、数量的发展、变化探讨华人侨汇业在马来半岛经济网络中的重要意义。华侨华人在马来半岛经商历史悠久，涉及行业类别繁多。新加坡开埠伊始，殖民者便按人群类别划分华人区（大坡）、马来人区（小坡），以及欧洲人、阿拉伯人区（美芝路）；而华人的商业活动，一方面顺应了殖民政府的规划，另一方面又影响着新加坡城市区域的再形成，在新加坡的跨国跨海经济交流中扮演重要角色。

"人"是海域交流活动中最为活跃的因素，也是历史研究之"题眼"。山东省社会科学院童德琴博士着眼于江户时代驻日本出岛荷兰商馆的外籍医师群体，在日兰医药学上的互动和融合中重新审视日欧交流史。《江户时代日本出岛的商馆医师与异域医药文化交流》一文，以日本及欧洲的相关史料为基础，选取三位代表性的外籍医师——汉斯 J. H.（Hans Juriaen Hanke）、恩格尔伯特·坎普法（EngelbertKaempfer）以及西博尔德（Philipp Franz Balthasar Von Siebold），考察其在出岛的医学活动，认为在日本不断固化的锁国体制下，出岛成为日欧交流和互动的特殊空间，带有官方性、组织性和系统性的出岛荷兰商馆的与日本医药学的交流活动成为特例，成功实现了异域医学文化在日本的传播和普及，奠定了日本医药学近代化的基石，并成为欧洲早期了解日本的可靠渠道。

四 海洋知识与技术传播

人类海洋知识的形成和积累是一个漫长的历史过程。不同历史阶段的海洋知识体现当时各个群体对海洋的不同认识。南开大学博士研究生陈刚在《制造异国：〈隋书〉流求国记录的解构与重释》一文中，通过《隋书》中的其他部分和同时代相关史料的整理与对比，指出通过已知史料可知，隋朝和"流求国"通交次数共有五次，且时间上或许相同，但是相互独立进行的，动机甚至目的地皆有所异，相互间亦无必然因果联系。然而《隋书》的编纂体例和基本叙事却以"流求国"为主体，主观选取朱宽、陈稜等人的三次海外活动，建构成隋朝对"流求国"从发现到求访、慰抚、征伐、灭国这一完整且有逻辑性的历史过程。这一对"流求国"形象的主观塑造和其对方位的混乱记载，是导致学界对明以前史籍中的"流求国"具体位置一直存在争议的重要原因。作者力求回归具体的历史语境，从海洋经略角度，重新解读《隋书》及其后相关历史文献中的琉球记录，还原古代中国海洋认知的发展历程和海洋知识体系的建构过程。

针路是人类海洋知识积累到一定程度的具体表现。中琉两国航海交通史上，往来于中琉航路的航海者们留下了诸如针路、山形水势、岛屿情况、季风、洋流、海沟、水文等反映海洋地理的知识系谱。福建师范大学研究员吴巍巍以及博士研究生胡新《岛屿、海沟与针路：古代图籍中的中琉海域分界考释》一文，利用古代中、琉、日及西方图籍文献中有关中琉海域分界的文字和图像记载，严证古代中国与琉球有明确的海疆界限，钓鱼岛及其附属岛屿主权毫无疑问地属于中国。作者分析了中、琉、西方的航海针路，认为其航海针路中皆不少凸显中琉海域分界观念。此外，相关史籍图录在论及航海过程中的岛屿分界时，更是明确阐述了赤尾屿和姑米山是中琉陆地（岛屿）分界点，东海海沟（冲绳海槽）是中琉自然地理分界线，即东海海沟以西，从赤尾屿开始的钓鱼岛及其附属岛屿，皆属于中国的领土和海域范围。

测绘、地图既是海洋知识的具体体现，同时又和国家的海洋观念、海洋权益息息相关。广东海洋史研究中心周鑫副研究员《〈大清万年一统天下全图〉与17～18世纪中国南海诸岛知识的生成传递》一文，重在勾画《大清万年一统天下全图》系列舆图在清康雍乾时期的刊绘脉络与知识源流，讨论舆图对南海诸国与南海诸岛的描绘情况，以呈现17～18世纪中国南海诸岛知识生成、传递的多元面相。文章通过分析吕抚《三才一贯图》之《大清万年一统天下全图》、阎咏《大清一统天下全图》、黄宗羲地图等的刊绘脉络指出，其描绘的南海诸国无论数量还是质量，都急剧下降，相关知识呈现衰退趋势。17世纪中文航海文献对南海诸国和南海诸岛的详细知识只停留在航海人和少数地方士人脑中，并未扩展为知识阶层的普遍习知，更没有进入统治阶层的意识。汪日昂在《大清一统天下全图》中增绘了南海诸国以及前往南海诸国的航线，反映康雍时期士大夫海洋知识的日益增长。

复旦大学丁雁南副研究员《1808 年西沙测绘的中国元素暨对比尔·海顿的回应》一文，以 1808 年英国东印度公司所属的孟买海军执行的、以西沙群岛为中心的南海测绘活动为研究对象，依据此次测绘所发生的内部通信、航海日志、回忆录等一手资料，提取和展示此次测绘中的中国因素，以此回应英国皇家国际事务研究所比尔·海顿副研究员的“与中国在南海问题上所持立场有关的原始文献和次生文献存在可信度问题”的质疑。文章通过研究表明，孟买海军在此次测绘过程中，既见证了中国人在西沙群岛（Paracel Island）的频繁活动，也借用了当地人关于西沙群岛（Paracel Island）的地理知识，还记载了中国人在西沙群岛的生产、生活。中国在西沙群岛的历史权利是建立在扎实、可靠的事实基础上的。

本次会议上，特邀学者和青年学者们展开了充分而热烈的交流、讨论，并就新时期海洋史研究的材料、方法、角度、理论、创新等问题进行了深入探讨，特邀学者分享各自治史心得，勉励青年学者们要敢于深钻、勇于开拓，积极推动海洋史研究的传承与发展。周振鹤教授认为，海洋史研究越来越受到青年学者的关注，民众对于海洋的认识也在逐渐变化，要通过实地调研去研究海洋史，并关注动态的海洋史研究。刘迎胜教授指出，海洋史研究要扩大研究领域，中国学者应该大胆走出去，与世界海洋史学界对话，将海洋史研究推向更高水平，而不能局限于某个专题中，局限在中国或华人的范围之内。陈春声教授强调，海洋史研究要以人为本，从“生活在海洋上的人是怎样生存与延续的”这一问题出发，思考海洋史研究的核心问题。海洋史研究只有对人类共有的历史学产生贡献，才能在世界学术中拥有自己的位置。李红岩教授认为，海洋史研究不仅能推进我们对海洋的认知，理解中国或华人自身的历史，还能更广泛观照人类历史的多样性，甚至对一些社会科学理论提出挑战与重构，更能重塑我们的民族性格、民族精神。海洋史研究既是专家之学也是通人之学，只专注某个点是无法做好海洋史研究的，研究中要有“国际视野、中国视角、长时段视域”，既要对国际格局的变化有透彻了解，也要站在中国的本位与立场上维护国家和民族利益，用发展的眼光看待海洋问题。钱江教授希望中国学者要多走出去做学问，青年学者一要重视外国语言学习，阅读更多外文文献；二要重视其他学科的理论成果，尝试跨学科研究；三要转换视角，从域外观察海洋、观察中国；四要在选题上多下功夫。孙键研究员介绍了海洋考古中沿海聚落、海防遗址、水下遗址等最新考古发掘动态，特别是“南海Ⅰ号”发掘的最新进展，呼吁更为深入的跨学科与多学科合作研究。李庆新研究员指出，此次会议对海洋史学术体系建设、学科建构和学术队伍的培养有诸多启发与推进。在全球史和整体史视野的关照下，在跨学科、多元化的区域研究与专题研究取向下，通过海岛研究开启海洋史学“总体把握、分头推进”的宏观与微观相结合的研究方法，拓展诸如湾区、半岛、海峡等海洋小地理单元的研究，加强濒海地区社会经济史、海上贸易与航海史、海洋环境与海洋生态史、海军与海战史等重要方向和领域的研究，不断建构更为完整、更为生动精彩的海洋历史。[1]

（执行编辑：王路）

① 见阮龙、王潞《中心举办2018海洋史研究青年学者论坛》。

海洋史研究（第十四辑）
2020 年 1 月　第 299 ~ 300 页

后　记

为庆祝广东省社会科学院历史与孙中山研究所成立 60 周年，进一步推动海洋史学及相关问题研究，促进青年学者的交流与合作，搭建学术研讨、思想碰撞的海洋史研究交流平台，广东省社会科学院历史与孙中山研究所、广东海洋史研究中心和《海洋史研究》编辑部联合主办“2018 海洋史研究青年学者论坛”。会议于 2018 年 12 月 8、9 日在广东省阳江市海陵岛召开，来自中国社会科学院、国家文物局、复旦大学、南京大学、中山大学、南开大学、厦门大学、上海师范大学、吉林师范大学、广东省社会科学院等高校和科研机构的 30 余名青年代表参会。中山大学党委书记陈春声教授、复旦大学历史地理研究中心周振鹤教授、南京大学历史系刘迎胜教授、《历史研究》主编李红岩教授、香港大学钱江教授、国家文物局水下文化遗产保护中心“南海 I 号”考古队领队孙键研究员、广东海洋史研究中心主任李庆新研究员等出席会议。

此次会议聚焦“海岛历史”，围绕海岛环境与海洋社会变迁、海岛网络与海域交流、海岛开发与治理、海岛知识与海洋权益等议题，涉及亚洲、南太平洋等广阔海域，并在研究方法、理论等方面展开热烈的交流讨论。特邀专家勉励青年学人勇于理论探索与学术创新，思考海洋史研究的核心问题；重视外国语言学习，阅读更多外文文献，大胆走向世界，与世界海洋史学界对话；大胆尝试跨学科研究，从域外观察海洋、观察中国，推动海洋史研究的传承与发展。专家提示，海洋史研究不仅能推进我们对海洋的认知，理解中国或华人自身的历史，还能更广泛观照人类历史的多样性，甚至对一些社会科学理论提出挑战与重构，更能重塑我们的民族性格、民族精神。海洋史研究既是专家之学也是通人之学，只专注某个点是无法做好海洋史研究的，研究中要有“国际视野、中国视角、长时段视域”，既要对国际格局的变化有透彻了解，也要用发展的眼光看待海洋问题。

青年学者已经成为海洋史研究的主力，此次会议通过海岛专题研究开启海洋史学向纵深发展的新领域，相信今后海洋史研究将不断拓展出新的领域和方向，取得更多进展。

本次会议得到国内青年学人的热烈响应和支持，收到论文 50 余篇，经专家评审，精选与会议主题相关的论文和学术综述 18 篇，以专辑形式出版，敬希垂注，批评指正。王潞、周鑫副研究员为本次会议及本专辑出版做了大量具体的组织编辑工作。

编者

2019 年 5 月 8 日

征稿启事

《海洋史研究》是广东省社会科学院广东海洋史研究中心主办的学术辑刊，每年出版两辑，由社会科学文献出版社公开出版，为中国社会科学研究评价中心中文社会科学引文索引（CSSCI）来源集刊。

广东海洋史研究中心成立于2009年6月，以广东省社会科学院历史研究所为依托，聘请海内外著名学者担任学术顾问和客座研究员，开展与国内外科研机构、高等院校的学术交流与合作，致力于建构一个国际性海洋史研究基地与学术交流平台，推动中国海洋史研究。本中心注重海洋史理论探索与学科建设，以华南区域与南中国海海域为重心，注重海洋社会经济史、海上丝绸之路史、东西方文化交流史，海洋信仰、海洋考古与海洋文化遗产等重大问题研究，建构具有区域特色的海洋史研究体系。同时，立足历史，关注现实，为政府决策提供理论参考与资讯服务。为此，本刊努力发表国内外海洋史研究的最近成果，反映前沿动态和学术趋向，诚挚欢迎国内外同行赐稿。

凡向本刊投寄的稿件必须为首次发表的论文，请勿一稿两投。请直接通过电子邮件方式投寄，并务必提供作者姓名、机构、职称和详细通讯地址。编辑部将在接获来稿两个月内向作者发出稿件处理通知，其间欢迎作者向编辑部查询。

来稿统一由本刊学术委员会审定，不拘中、英文，正文注释统一采用页下脚注，优秀稿件不限字数。

本刊刊载论文已经进入“中国知网”、发行进入全国邮局发行系统、征稿加入中国社会科学院全国采编平台，相关文章版权、征订、投稿事宜按通行规则执行。

来稿一经采用刊登，作者将获赠该辑书刊2册。

本刊编辑部联络方式：

中国广东省广州市天河北路618号　邮政编码：510635

广东省社会科学院 广东海洋史研究中心

电子信箱：hysyj@ aliyun. com

联系电话：86 -20 -38803162

Manuscripts

Since 2010 the *Studies of Maritime History* has been issued per year under the auspices of the Centre for Maritime History Studies, Guangdong Academy of Social Sciences. It is indexed in CSSCI (Chinese Social Science Citation Index).

The Centre for Maritime History was established in June 2009, which relies on the Institute of History to carry out academic activities. We encourage the researches on social and economic history of South China and South China Sea, maritime trade, overseas Chinese history, maritime archeology, maritime heritage and other related fields of maritime research. The *Studies of Maritime History* is designed to provide an academic exchange platform for domestic and foreign researchers, and published papers relating to the above.

The *Studies of Maritime History* welcomes the submission of manuscripts, which must be first published. Guidelines for footnotes and references are available upon request. Please specify the following on the manuscript: author's English and Chinese names, affiliated institution, position, address and an English or Chinese summary of the paper.

Please send manuscripts by e-mail to our editorial board. Upon publication, authors will receive 2 copies of publications, free of charge. Rejected manuscripts are not be returned to the author.

The articles in the *Studies of Maritime History* have been collected in CNKI. The journal has been issued by post office. And the contributions have been incorporated into the National Collecting and Editing Platform of the Chinese Academy of Social Sciences. All the copyright of the articles, issue and contributions of the journal obey the popular rule.

Manuscripts should be addressed as follows:

Editorial Board *Studies of Maritime History*

Centre for Maritime History Studies

Guangdong Academy of Social Sciences

510630, No. 618 Tianhebei Road, Guangzhou, P. R. C.

E-mail: hysyj@ aliyun. com

Tel: 86 - 20 - 38803162

图书在版编目(CIP)数据

海洋史研究. 第十四辑 / 李庆新主编. -- 北京：社会科学文献出版社，2020.1

ISBN 978 - 7 - 5201 - 5955 - 5

Ⅰ. ①海… Ⅱ. ①李… Ⅲ. ①海洋 - 文化史 - 世界 - 丛刊 Ⅳ. ①P7 - 091

中国版本图书馆 CIP 数据核字 (2020) 第 012026 号

海洋史研究（第十四辑）

主　　编 / 李庆新

出 版 人 / 谢寿光
责任编辑 / 吴　超

出　　版 / 社会科学文献出版社 · 人文分社 (010) 59367215
地址：北京市北三环中路甲 29 号院华龙大厦　邮编：100029
网址：www. ssap. com. cn
发　　行 / 市场营销中心 (010) 59367081　59367083
印　　装 / 三河市东方印刷有限公司

规　　格 / 开　本：787mm × 1092mm　1/16
印　张：19.5　字　数：339 千字
版　　次 / 2020 年 1 月第 1 版　2020 年 1 月第 1 次印刷
书　　号 / ISBN 978 - 7 - 5201 - 5955 - 5
定　　价 / 128.00 元

本书如有印装质量问题，请与读者服务中心 (010 - 59367028) 联系